微课
视频版

设计必修课：
Adobe XD移动UI设计

卢 斌 编著

电子工业出版社

Publishing House of Electronics Industry

北京·BEIJING

内容简介

本书从实用的角度出发，全面、系统地讲解了Adobe XD的各项功能和使用方法。书中内容基本涵盖了Adobe XD中大多数工具的使用方法和重要功能，并将多个精彩实例和移动UI设计规范贯穿于全书讲解的过程中，操作一目了然，语言通俗易懂，适合读者自学。

本书适合移动App设计人员、动画制作人员、网页设计人员、大中专院校学生及交互式原型爱好者等参考阅读。

图书在版编目（CIP）数据

设计必修课：Adobe XD移动UI设计：微课视频版 /卢斌编著. -- 北京：电子工业出版社，2022.3
ISBN 978-7-121-43029-9

Ⅰ. ①设… Ⅱ. ①卢… Ⅲ. ①移动终端－人机界面－程序设计②图像处理软件

Ⅳ. ①TN929.53②TP391.413

中国版本图书馆CIP数据核字(2022)第032454号

责任编辑：陈晓婕
印　　刷：中国电影出版社印刷厂
装　　订：中国电影出版社印刷厂
出版发行：电子工业出版社
　　　　　北京市海淀区万寿路173信箱　邮编：100036
开　　本：720×1000　1/16　印张：16　字数：460.8千字
版　　次：2022年3月第1版
印　　次：2025年7月第7次印刷
定　　价：89.00元

前　言

　　Adobe XD是Adobe公司推出的一款专业设计软件，集原型设计、UI设计和UX设计于一体，它可以帮助UI和UX设计师快速构建移动端App和PC端网页的原型与UI设计，包含线框图、UI设计、UX设计、动画制作、预览和共享等功能。无论是在国内还是在国外，Adobe XD都是一款备受瞩目的设计工具。

本书章节及内容安排

　　本书从实用的角度出发，全面、系统地讲解了Adobe XD的各项功能和使用方法，书中内容基本上涵盖了Adobe XD中大多数工具的使用方法和重要功能，并将多个精彩实例和移动UI设计规范贯穿于整个讲解过程中，操作一目了然，语言通俗易懂，适合读者自学。

　　本书共分为7章，各章的主要内容如下。

　　第1章，讲解了Adobe XD的相关入门知识，包括移动端UI设计基础、移动UI设计流程、移动UI设计常用工具、下载和安装Adobe XD、Adobe XD的工作界面和Adobe XD的帮助资源等内容。

　　第2章，介绍了Adobe XD的一些基本操作，如新建、打开、导入和存储文件，以及创建和管理画板、撤销与恢复操作和辅助工具的使用方法等内容。

　　第3章，主要对如何使用Adobe XD完成移动App原型设计进行了详细介绍，包括创建对象、为对象设置样式、编辑对象、创建文本、管理文本和设计画板等内容。

　　第4章，讲解了如何使用Adobe XD完成移动App UI设计，包括使用处理设计系统、使用图层、为对象设置效果、设计UI界面的结构、使用3D变换进行透视设计等内容。

　　第5章，主要讲解了使用Adobe XD完成UX设计的操作方法、使用技巧和设计规范，包括添加交互、制作交互动画、创建定时过渡、添加叠加、创建锚点链接，以及使用Adobe XD预览UI与UX设计等内容。

　　第6章，详细介绍了使用Adobe XD输出、标注和共享UI设计，包括使用Adobe XD输出设计资源、输出iOS系统的UI设计、输出Android系统的UI设计、标注移动App UI设计和共享移动App UI设计等内容。

　　第7章，通过综合的大型商业案例讲解如何使用Adobe XD完成移动App项目，包括设计制作美妆App项目、设计制作社交App项目和设计制作日历App项目。

本书特点

　　本书结构编排合理，内容全面，特别是移动UI设计规范部分，通过特殊的方式进行布局排版，方便读者查找与阅读。

- 案例步骤只有4步，操作简单明了，读者可通过扫描二维码观看当前案例的演示视频，获取案例的素材和源文件。
- 删除了知识点中的大量参数，降低读者的阅读难度。
- 部分案例配备了案例中需要使用的移动UI设计规范。

关于本书

    本书实例丰富，图文并茂，除"综合案例"，每章都为读者提供了解惑答疑的分析，且每章最后还提供一个扩展练习案例，供读者检验学习成果。

    本书配套资源包中提供了书中实例的源文件、素材和相关视频教程。

    由于时间仓促，书中难免有错误和疏漏之处，希望广大读者朋友批评、指正，我们一定会全力改进，在以后的工作中加强和提高。

编著者

目 录

读 者 服 务

读者在阅读本书的过程中如果遇到问题，可以关注"有艺"公众号，通过公众号与我们取得联系。此外，通过关注"有艺"公众号，还可以获取更多的新书资讯、书单推荐、优惠活动等相关信息。

资源下载方法：关注"有艺"公众号，在"有艺学堂"的"资源下载"中获取下载链接。如果遇到无法下载的情况，可以通过以下 3 种方式与我们取得联系。

扫一扫关注"有艺"公众号

1. 关注"有艺"公众号，通过"读者反馈"功能提交相关信息。
2. 请发送邮件至 art@phei.com.cn，邮件标题命名方式为：资源下载＋书名。
3. 读者服务热线：（010）88254161~88254167 转 1897。

投稿、团购合作：请发送邮件至 art@phei.com.cn。

第1章 了解 Adobe XD

随着UI设计的不断发展，特别是移动端UI设计逐渐成为UI设计的主流发展趋势，Adobe公司为了使设计师能够更加轻松、便捷地完成UI设计，推出了集原型设计、UI设计和UX设计于一体的设计工具Adobe XD。

本章将围绕移动端UI设计和Adobe XD的基础知识点，为读者详细介绍移动端UI设计基础、移动UI设计流程、移动UI设计常用工具、下载和安装Adobe XD、Adobe XD的工作界面和Adobe XD的帮助资源等内容，让读者对移动端UI设计与Adobe XD有一个初步的了解。

1.1 移动端UI设计基础

想要设计出好的移动UI作品，首先要了解移动UI的基础知识，包括移动UI设计的概念、移动UI的平台、移动UI的设计流程、移动UI的常用设计工具，以及移动端与PC端UI设计的区别等。

通过了解移动UI设计的基础知识，可以帮助设计师从本质上理解UI设计的内容和原理，从而充分发挥设计师个人的设计理念，最终设计出更多既符合行业需求，又满足用户需求的UI作品。

1.1.1 了解移动UI设计

UI是User Interface的简称，翻译为"用户界面"。简单来说，UI设计是对软件的人机交互、操作逻辑和界面美观的整体设计。而移动UI设计通常是对智能手机、智能手表和平板电脑等移动电子设备中的应用程序的界面设计。图1-1所示为常见的移动电子设备。

智能手机

智能手表

图1-1 常见的移动电子设备

平板电脑

图1-1 常见的移动电子设备（续）

移动电子设备中的应用程序就是大众口中经常提到的App。App是Application的缩写，主要是指安装在智能手机上的软件，用来完善原始系统的不足和个性化，为用户提供更丰富的使用体验。图1-2所示为当当网和小红书的App首页。

图1-2 当当网和小红书的App首页

用户在选择移动端软件时，通常会选择UI视觉效果更美观且具有更好的用户体验的应用软件。目前市场上的移动应用软件非常多，但这些软件良莠不齐，界面各异。如何满足用户要求，如何使自己的软件盈利，都是设计师需要考虑的问题。

1.1.2 iOS系统与Android系统

为移动设备设计UI界面，会受到移动设备采用的系统的影响。目前常见的智能手机和平板电脑系统平台为iOS系统和Android系统，而目前常见的智能手表系统平台为Wear OS系统和Watch OS系统。

◀)) iOS系统

iOS系统是由苹果公司开发的一款操作系统，目前主要应用在iPhone、iPod touch和iPad等设备上。它以Darwin为根底，最初被命名为iPhone OS，在2010年6月7日召开的WWDC大会上宣布将其改名为iOS。

从2010年开始，苹果公司逐步完善并发布iOS系统，截至2020年7月，最新的iOS系统版本为iOS 14。图1-3所示为iOS 6和iOS 14的系统界面。

图1-3 iOS 6和iOS 14的系统界面

> **提示**　Darwin 是由苹果公司于 2000 年开发的一款开放原始码操作系统。Darwin 是 Mac OS X 操作系统和 iOS 操作系统的组成部分。

相对于Android系统而言，iOS系统具有稳定、安全性高、整合度高和应用质量高等特点。

● **稳定**

iOS系统是一个完全封闭的系统，不开源，但是这个系统拥有严格的管理体系和评审规则。由于iOS系统闭源的缘故，更多的系统进程都在苹果公司的掌控之中，因此系统运行较为流畅和稳定。不会出现Android系统那样后台程序繁多并影响系统响应速度的现象。

● **安全性高**

对于用户来说，保障移动电子设备的信息安全具有十分重要的意义，不管是企业信息、客户信息和个人照片，还是银行信息或者地址等，都必须保证其安全。苹果公司对iOS系统采取了封闭的措施，并建立了完整的开发者认证和应用审核机制，导致恶意程序基本没有入侵的机会。

iOS设备使用严格的安全技术和功能，使用起来十分方便。iOS设备上的许多安全功能都是默认的，无须对其进行大量的设置，而且某些关键功能，如设备加密，则不允许配置，这样就会避免出现用户意外关闭这项功能的情况。

● **整合度高**

iOS系统软件与硬件的整合度相当高，大大降低了它的分化性，在这方面iOS系统远胜碎片化严重的Android系统。同时整合度高也增加了整个iOS系统的稳定性，经常使用iPhone的用户会发现，手机很少出现死机和无响应的情况。

● **应用质量高**

作为目前最为流行的移动端操作系统之一，iOS系统与Android系统一样，也拥有大量的用户及开发人员。但由于iOS系统的封闭性和审查制度，iOS系统中的应用相对于Android系统来说，无论是界面设计还是操作流畅方面，质量都会高一些。

> **提示**　由于 iOS 系统的封闭性及其过度依赖 itunes，使系统的可玩性较弱。用户大部分数据的导入和导出都相对烦琐，在如今这个硬件层出不穷、知识共享的年代，苹果公司如果不做出及时应对，或许会严重影响 iOS 的发展。

Android系统

Android公司于2003年在美国加州成立，2005年被Google公司收购。Android是一种以Linux为基础的开放源码操作系统，主要应用于手持设备。2010年年末的数据显示，仅正式推出两年的操作系统Android已经超越了塞班系统，一跃成为全球最受欢迎的智能手机操作系统。

> **提示** 塞班系统是塞班公司为手机设计的一款操作系统，2008年被诺基亚公司收购。由于缺乏新技术支持，塞班系统的市场份额日益萎缩。2013年1月，诺基亚官方宣布放弃塞班品牌，同时不再发布塞班系统手机。

开发者使用甜点的名称为Android系统的各个版本进行命名，从Andoird 1.5发布开始，作为每个版本代表的甜点尺寸越变越大，并按照26个字母进行排序。

从Android 1.5开始到Android 9.0，依次为纸杯蛋糕、甜甜圈、松饼、冻酸奶、姜饼、蜂巢、果冻豆、奇巧巧克力、棒棒糖、棉花糖、牛轧糖、奥利奥、派。图1-4所示为Google公司总部甜点广场的Android版本雕塑。但是从Android Q开始，不再采用"首字母+甜点"的命名方式，而是直接采用数字，如Android Q被命名为Android 10。

图1-4 Google公司总部甜点广场的Android版本雕塑

相对于iOS系统来说，Android系统具有系统开源、跨平台性及应用丰富等特点。

● 系统开源

Android系统的底层使用Linux内核和GPL许可证，也就意味着相关的代码必须开源。开源能够带来快速流行的能力与较低的学习成本，各个手机厂商无须自行开发手机操作系统，因此纷纷采用Android系统，甚至各家厂商可以按照自己的目的进行深度定制。例如三星的One UI系统、小米的MIUI系统和锤子的Smartisan OS系统，如图1-5所示。

One UI   MIUI   Smartisan OS

图1-5 Android深度定制系统

开源促进了学习研究社区的迅速兴起，相比iOS系统，Android系统的开源对于开发者来说，是一个更适合研究与修改的系统，同时还不受不开源系统的限制。

开源带来的另一个优势就是降低了手机厂商的成本。除去操作系统开发的高成本，Android系统厂商的手机价格可以控制在很低的水平；或者在同样价位中相对iOS系统手机拥有更高端的硬件配置。因此在中低端市场，Android系统手机有着绝对的市场占有率；在高端市场与iOS系统手机相比，同样毫不逊色。

● 跨平台性

由于使用Java对Android系统进行开发，所以Android系统继承了Java跨平台的优点。任何Android应用程序几乎无须修改就能运行于所有的Android设备上。简单来说，就是Android系统允许厂商将五花八门的App应用到移动设备中，移动设备不仅包括智能手机，也包括平板电脑、智能手表、电视和各种智能家居等。

Android系统的跨平台性也极大地方便了庞大的应用开发者群体。同样的应用，对不同的设备编写不同的程序是一件极其浪费劳动力的事情，而Android系统的出现很好地改善了这一状况。

● 应用丰富

操作系统代表着一个完整的生态圈，而一个只有系统没有应用的"空壳"，即使设计得再好，也很难成为主流的操作系统。

Android系统由于其本身的特点及Google公司的大力推广，很快就吸引了开发者的注意。时至今日，Android系统已经积累了相当多的应用。丰富的应用使得Android系统更加流行，从而吸引更多的开发者开发出更多、更好的应用，形成良性循环。

> **提示** Android系统是拥有较多优点且被广泛使用的一款操作系统。在iOS系统逐渐开始垄断智能手机市场的关键时刻，Android系统利用其优势完美对抗iOS系统，形成了如今两雄逐鹿的场面。

◀)) Wear OS系统和Watch OS系统

由于Google公司与苹果公司在智能手机市场的强大控制力和智能穿戴设备的兴起，分别由两家公司开发的用于智能穿戴设备的Wear OS系统和Watch OS系统也开始走进大众的视野。

● Wear OS

Wear OS系统是Android系统的一个分支版本，专为智能手表等可穿戴智能设备而设计，首个预览版本于2014年3月公布。图1-6所示为Google智能手表。

图1-6 Google智能手表

● Watch OS

Watch OS是苹果公司基于iOS系统开发的一套用于Apple Watch智能手表的操作系统。在2014年9月的iPhone 6发布会上，苹果公布了一款全新产品——Apple Watch，并运行基于iOS的Watch OS操作系统。图1-7所示为苹果智能手表。

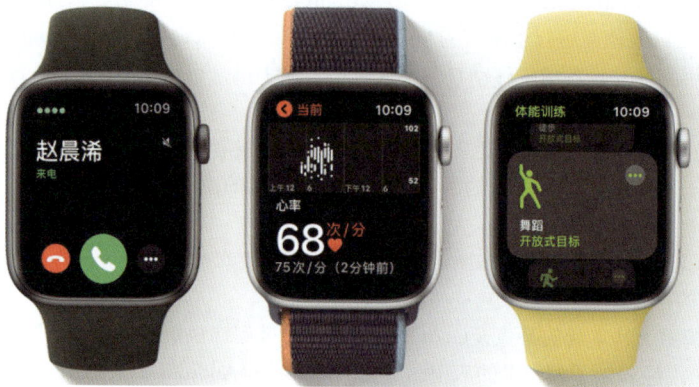

图1-7 苹果智能手表

1.1.3 移动端与PC端UI设计的区别

PC端UI设计是指电子计算机中所有软件的用户界面设计。而移动端UI设计主要是指智能手机和平板电脑中所有App的界面设计。从设计载体的角度来说，两者在屏幕尺寸、设计规范和交互操作上都有很大的不同。

◀)) 屏幕尺寸不同

移动设备的屏幕一般都比较小，受不同系统的限制，每一个页面中所摆放的内容也较少，需要通过多层级的方式扩充内容。而PC端UI设计则没有这个顾虑，每一页中都可以尽量多放东西，从而减少层级。

例如PC端的京东页面，整个页面尺寸较大，可摆放内容的空间也大，用户只需要通过二级页面就可以看到想要的内容，如图1-8所示。

图1-8 PC端的京东页面

6

移动端的京东App层级较多，有5个大的层级，用户想要找到感兴趣的商品，往往需要一层一层地查找。图1-9所示为点击了"京东到家"图标后进入了"京东到家"页面。

图1-9 移动端的京东App页面

🔊 设计规范不同

PC端UI通常使用鼠标操作，而移动端UI则使用手指操作。鼠标操作的精度非常高，而手指操作的精确度则相对较低。因此PC端UI的图标一般都比较小，而移动端UI的图标则要大很多。图1-10所示为微信PC端和移动端界面对比。

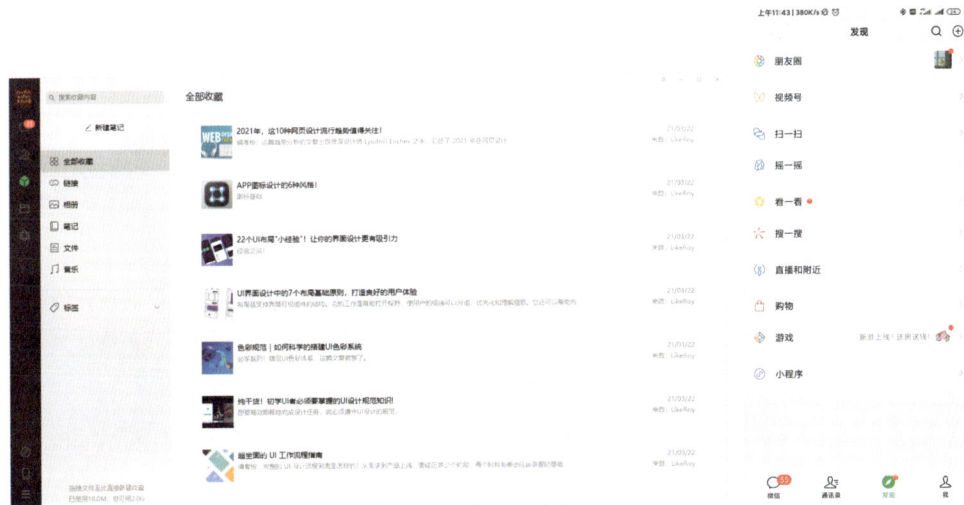

图1-10 微信PC端和移动端界面对比

🔊 交互操作不同

PC端UI中可以展现的UI交互操作习惯更多，如单击、双击、按住、移入、移除、右击和滚轮等多种操作；而移动端UI的功能相对较弱，只能实现点击、按住和滑动等操作。

例如移动端爱奇艺视频，左边上下滑动可以调整亮度，右边上下滑动可以调整声音，最下面左右滑动可以调整视频的进度，双击可以暂停播放。图1-11所示为移动端的爱奇艺UI界面。

图1-11 移动端的爱奇艺UI界面

PC端的爱奇艺视频则可以通过单击、双击、右击和滚轮进行多种操作。图1-12所示为PC端的爱奇艺UI界面。

图1-12 PC端的爱奇艺UI界面

提示 除了上述内容的不同，PC端UI设计与移动端UI设计还有很多地方是不同的，如图片的格式和切片输出要求等，这些内容将在本书后面的章节中进行逐一讲解。

1.2 移动UI设计流程

UI设计（视觉界面设计）只是产品设计中的一个步骤，要想更好地理解UI设计的设计流程，必须先了解产品设计阶段的整体工作流程。一般情况下，完成一款移动UI设计作品按先后顺序需要经历5个阶段，如图1-13所示。

需求分析 》 交互原型设计 》 视觉界面设计 》 开发测试 》 发布运营

图1-13 移动UI设计流程

提示 此处的设计流程针对的是一个大型设计公司。如果是微小的创业公司，则可以作为参考，而不能全盘套用。由于本书主要讲解移动UI设计，因此开发测试和发布运营部分的内容将不再讲解。

1.2.1 需求分析

一款成功的UI设计作品，其产品需求分析尤其重要。一个全面且正确的产品需求分析文档是产品成功的首要条件。

需求分析是一个"烧脑"的工作阶段，这个阶段需要产品经理、交互设计师，甚至公司市场、运营等各个部门的人都参与，做大量的研究和提炼工作。一般通过市场分析、用户需求分析、竞品分析、产品功能设计和功能技术分析等步骤，最终整理和规划出需求文档。图1-14所示为需求分析的主要步骤。

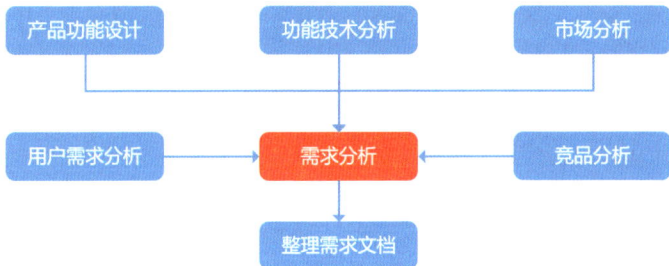

图1-14 需求分析的主要步骤

1.2.2 交互原型设计

将需求分析整理为文档后，接下来开始进行交互原型设计。交互原型设计是产品成型的阶段，产品从抽象的需求转化成具象的界面，需要产品经理和交互设计师配合完成。交互原型设计的工作流程如图1-15所示。

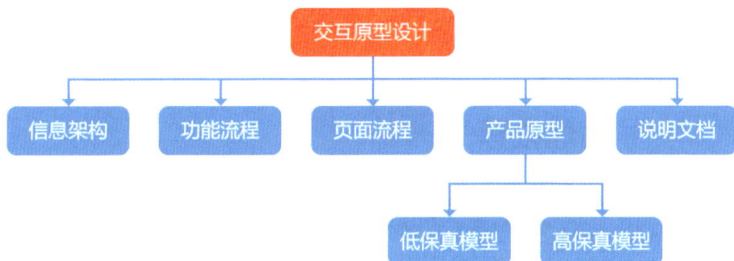

图1-15 交互原型设计的工作流程

1.2.3 视觉界面设计

移动端产品的视觉界面设计可以简单归纳为视觉概念稿、视觉设计图、标注切图和适配打包4个步骤，下面逐一进行讲解。

● 视觉概念稿

在开始正式的视觉设计之前，可以首先挑选几个典型的App页面，完成不同的风格设计稿，让客户或者领导从中选择一种风格，将其确定为视觉风格后，再进入下一步工作，从而避免推翻重做的风险。图1-16所示为视觉概念稿的工作流程。

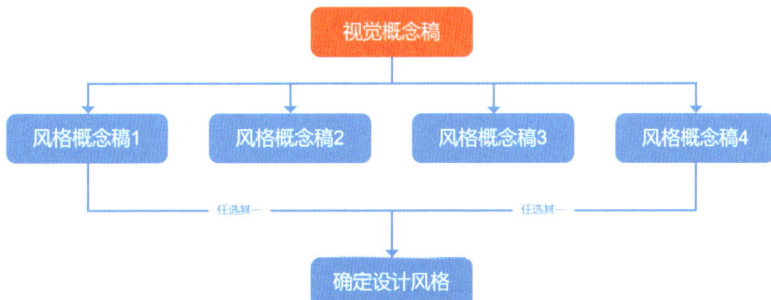

图1-16 视觉概念稿的工作流程

● 视觉设计图

视觉设计的工作流程也很复杂，它是展现在用户面前最直观的产品内容，将直接影响产品在用户心中的印象。

因此，视觉设计图需要延续用户体验设计原则，同时能够很好地表达产品的设计风格。视觉设计完成之后还需要建立标准控件库和页面元素集合等视觉规范，使设计团队的工作统一化和标准化。图1-17所示为视觉设计的工作流程。

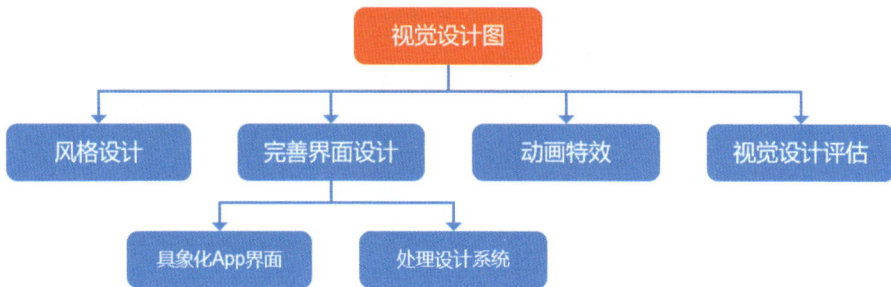

图1-17 视觉设计的工作流程

● 标注切图

视觉设计完成后，需要给设计稿做标注，方便前端工程师切图。标注的内容主要包括边距、间距、控件长宽、控件颜色、背景颜色、字体、字体大小和字体颜色等内容。图1-18所示为标注UI设计。

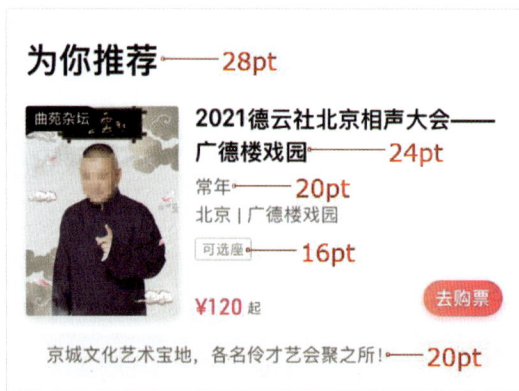

图1-18 标注UI设计

提示　前端工程师是指开发测试阶段的工作人员。前端工程师和UI设计师都可以为视觉设计图进行切图适配等工作，具体情况由所属公司的工作分配决定。

● 适配打包

为视觉设计进行切图标注后，需要为设计稿进行常见机型的适配工作。简单来说，就是将设计稿调整为常见机型的屏幕尺寸，然后逐一输出。最后，将输出的不同尺寸的设计稿和切图标注的文件进行打包，整理后交于开发人员。

1.3 移动UI设计常用工具

在进行移动UI界面设计时，会使用很多软件来帮助设计师完成原型设计、界面设计、交互设计及设计稿输出等工作。下面针对常用的几款软件进行介绍。

◁)) Axure RP

Axure RP是由美国Axure Software Solution公司开发的一款专业的快速原型设计工具，让负责定义需求和规格、设计功能和界面的专家能够快速创建应用软件或者Web网站的线框图、流程图、原型和规格说明文档。

作为专业的原型设计工具，Axure RP能快速、高效地创建原型，同时支持多人协作设计和版本控制管理。图1-19所示为Axure RP 9软件的启动图标和工作界面。

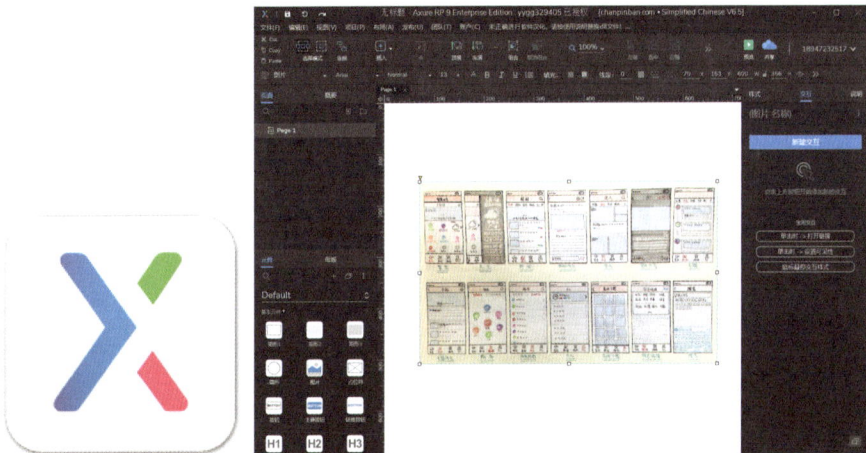

图1-19 Axure RP 9软件的启动图标和工作界面

> **提示**　使用 Axure RP 完成的 UI 作品只能用来预览移动端 UI 设计的结构和交互效果，而不能用于实际的 App 开发中。

◁)) Photoshop

Photoshop是一款图像编辑软件，主要用于处理位图图像，可以完成图像的格式和模式转换，能够实现对图像的色彩调整。Photoshop有很多功能，在图像、图形、文字、视频和出版等各方面都有所涉及。

Photoshop是UI设计中最常用的软件之一，其最新版本中增强了对移动UI设计的支持。图1-20所示为Photoshop CC 2021的启动界面和工作界面。

图1-20 Photoshop CC 2021的启动界面和工作界面

🔊 **Sketch**

Sketch 是一款适用于所有设计师的矢量绘图软件。矢量绘图也是目前进行网页、图标及界面设计的最好方式。但除了拥有矢量编辑功能，Sketch还添加了一些基本的位图工具，如模糊和色彩校正。

Sketch是为图标设计和界面设计而生的，是一个有着出色UI界面的一站式软件，操作起来非常方便。在Sketch中，画布是无限大小的，每个图层都支持多种填充模式；有最棒的文字渲染和文本样式，还有一些文件导出工具。图1-21所示为Sketch的启动图标和欢迎界面。

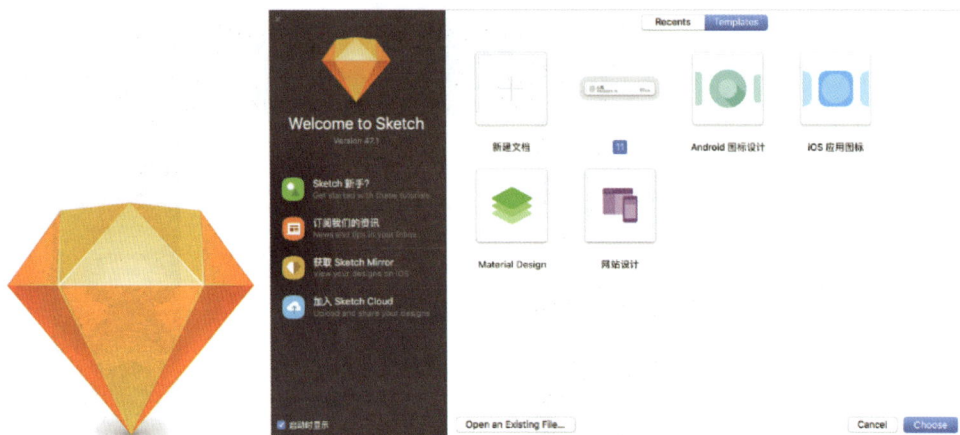

图1-21 Sketch的启动图标和欢迎界面

> 提示 Sketch 是 Mac OS 系统独有的软件，该软件必须在 Mac OS 系统下才能安装并正常使用。

🔊 **Illustrator**

Illustrator是一款绘制矢量图像的设计工具，它可以应用于印刷排版、平面设计、图形绘制（图标设计）、Web图像制作等领域，几乎能够与所有的平面、网页和动画软件完美结合。同时，使用Illustrator完成的移动UI设计具有色彩丰富、结构清晰的特点。图1-22所示为Illustrator 2021的启动图标和欢迎界面。

图1-22 Illustrator 2021的启动图标和欢迎界面

🔊 **PxCook**

PxCook也被称为像素大厨，其主要功能是帮助设计师完成设计稿的标注和切图工作。PxCook可以对在Photoshop、Sketch和Adobe XD中完成的设计稿进行标注，可以在dp和px之间快速随意转换，所有标尺数值都可以手动设置，用户还可以根据自己的具体需求进行设置，从而提高工作效率。

　　PxCook软件同时兼容Windows和Mac系统，可以与Photoshop、Sketch和Adobe XD软件相配合，完成精确的切图操作。图1-23所示为PxCook的启动图标和工作界面。

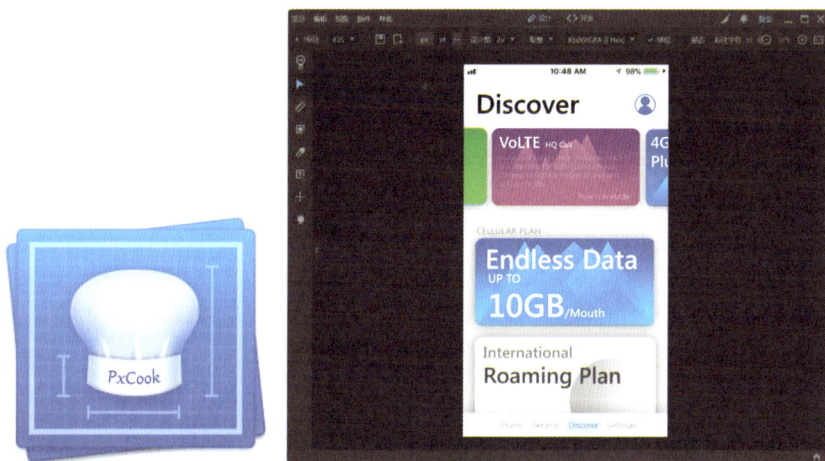

图1-23 PxCook的启动图标和工作界面

1.4　关于Adobe XD

　　由于本书主要使用Adobe XD来完成各个移动端UI界面的设计制作，因此在开始制作移动端UI设计前，先来简单介绍一下Adobe XD的应用领域和特点。

1.4.1　Adobe XD简介

　　Adobe XD的全称为Adobe Experience Design，是一款集原型设计、UI设计和UX设计于一体的设计工具，也就是说，它可以帮助UI和UX设计师快速构建移动端App和PC端网页的原型与UI设计，包含绘制线框图、UI设计、UX设计、动画制作、预览和共享等功能。图1-24所示为Adobe XD的启动图标和启动界面。

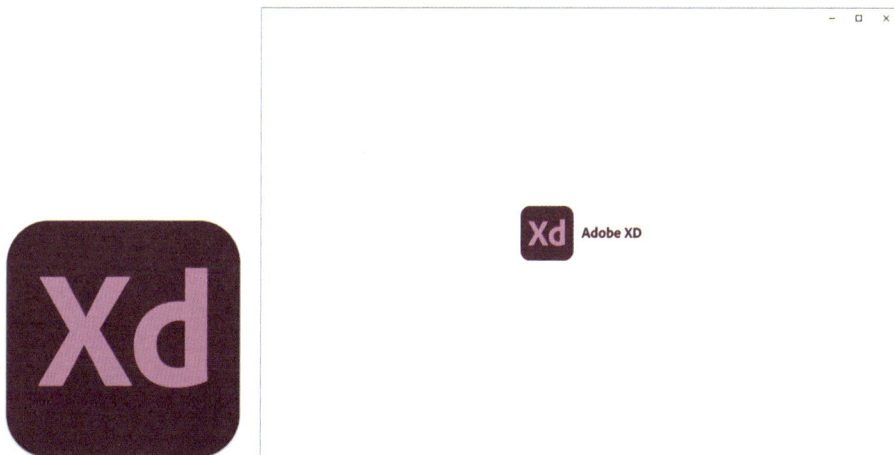

图1-24 Adobe XD的启动图标和启动界面

?疑问解答 **Adobe XD 开发公司简介**

Adobe公司成立于1982年，公司总部位于美国加州圣何塞市，其公司产品涉及图形设计、图像制作、数码摄影、网页设计和电子文档等诸多领域。Adobe 公司的产品除了 Adobe XD，还包括图形处理软件 Photoshop、多媒体动画制作软件 Animate（Flash）、专业排版软件 InDesign、电子文档软件 Acrobat、插画大师 Illustrator 及影视编辑软件 Premiere 等。

1.4.2 Adobe XD的应用领域

使用Adobe XD可以轻松地完成界面设计领域与用户体验领域的双重工作，因此，它对于产品经理与UI/UX设计师来说非常实用。

Adobe XD是唯一一款将UI设计与交互原型功能相结合的设计工具，同时为使用者提供了工业级性能的跨平台设计功能。具体表现为，使用Adobe XD可以更加高效、准确地完成从静态页面或者线框图到交互原型及UI界面的转变。也就是说，Adobe XD的应用领域包括原型设计、交互设计和UI设计。

1.4.3 Adobe XD的特点

相较于Photoshop与Illustrator，Adobe XD的使用方法比较简单；同时该软件拥有清新简洁的界面外观，可以帮助用户快速、高效地完成App界面设计。

除了使用方法简单和界面外观简洁，Adobe XD还有其他的特点，接下来简单介绍一下这些特点，帮助用户进一步加深对该软件的了解。

● 在Photoshop中编辑

在Adobe XD中打开图像，通过执行"在Photoshop中编辑图像"命令，即可启动Photoshop并将图像导入其中。此时在Photoshop中对图像进行编辑操作，完成后执行"存储"命令，对图像所做的更改将在Adobe XD中自动更新。

● 内容识别布局

在Adobe XD中，无须烦琐的手动操作，即可轻松创建和编辑UI元素。同时，Adobe XD支持在内容布局时，自动识别不同对象之间的关系；在向组中添加或者更换对象时，系统会对组进行自动调整。

● 矢量绘图工具

在Adobe XD中，"矩形工具"、"椭圆工具"、"多边形工具"、"直线工具"和"钢笔工具"与Photoshop中的形状工具一样属于矢量绘图工具，使用矢量绘图工具配合布尔值运算符、混合模式及其他矢量编辑功能，可以快速创建UI设计中的图标、组件和其他设计元素。

● 响应式调整大小

在Adobe XD中，可以根据不同的屏幕大小轻松调整对象组或者组件的大小，同时保持对象之间的相对位置和比例不变。

● Sketch、Photoshop和Illustrator 文件导入

用户可以将Sketch或者其他常用的Adobe应用程序中的文件导入Adobe XD中。文件被导入后，会自动转换为XD文件。

1.5 下载和安装Adobe XD

在使用Adobe XD之前，首先需要下载并安装该软件。接下来介绍如何下载、安装和启动Adobe XD。

1.5.1 下载Adobe XD

想要下载正版的Adobe XD软件，首先需要在Adobe公司官网中下载Adobe Creative Cloud软件。图1-25所示为Adobe Creative Cloud软件的启动图标。打开安装完成的Adobe Creative Cloud软件，找到Adobe XD选项并单击"安装"按钮，如图1-26所示，立即开始下载Adobe XD。

图1-25 Adobe Creative Cloud 启动图标 | 图1-26 单击"安装"按钮

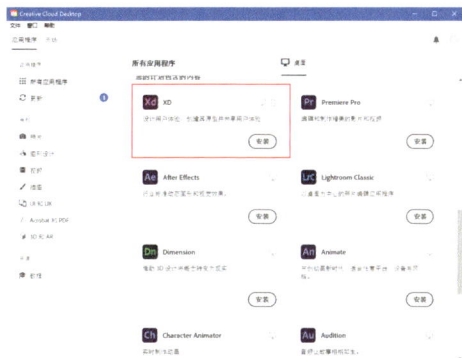

> **提示**
> 想要使用 Adobe Creative Cloud 软件下载 Adobe XD 软件，必须使用 Adobe ID 进行登录；如果没有 Adobe ID，用户需要通过注册获得一个 Adobe ID。如果用户想要获得 Adobe XD 的全部功能，建议选择其他地区进行注册。

安装Adobe Creative Cloud后，用户可在其中对Adobe公司旗下的任意软件进行下载安装、更新和卸载等操作。

如果不想安装Adobe Creative Cloud软件，可以在下载Adobe Creative Cloud软件的网址中找到Adobe XD，单击"开始免费试用"按钮，也可以开始下载Adobe XD。

> **提示**
> Adobe 公司的官网地址为 https://www.adobe.com/cn/，Adobe Creative Cloud 软件和 Adobe XD 软件的下载地址为 https://www.adobe.com/cn/products/catalog.html?promoid=KSPBI。

1.5.2 应用案例——安装和启动Adobe XD

源文件：无

素材：无

技术要点：掌握【安装和启动Adobe XD】的方法

扫描查看演示视频

STEP 01 打开 Adobe Creative Cloud 软件，在对话框左侧的"所有应用程序"或者"UI 和 UX"选项卡中找到 Adobe XD 选项，单击"安装"按钮，出现如图 1-27 所示的安装进度条。

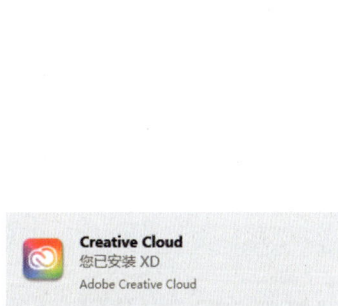

STEP 02 安装进度达到 100% 后，计算机桌面右下角将出现如图 1-28 所示的安装完成提示。

图1-27 安装进度条 | 图1-28 安装完成提示

STEP 03 安装完成后，可在 Adobe Creative Cloud 软件中找到 Adobe XD 选项，单击该选项后面的"打开"按钮，如图 1-29 所示，即可启动 Adobe XD 软件。

STEP 04 单击计算机中的"开始"按钮，打开"开始"菜单，选择应用程序列表中的 Adobe XD 软件，如图 1-30 所示，也可启动 Adobe XD 软件。

图1-29 单击"打开"按钮　　　　　　　　图1-30 选择Adobe XD软件

1.5.3　使用Creative Cloud Cleaner Tool

　　如果用户没有采用正确的方式卸载软件，再次安装软件时会提示无法安装软件。用户可以登录Adobe官网下载Creative Cloud Cleaner Tool工具，清除错误后即可再次安装。此工具可以删除产品预发布安装的安装记录，并且不影响产品早期版本的安装。

　　下载Creative Cloud Cleaner Tool后双击启动该工具，进入如图1-31所示的界面。按键盘上的【E】键，再按【Enter】键，进入如图1-32所示的界面。

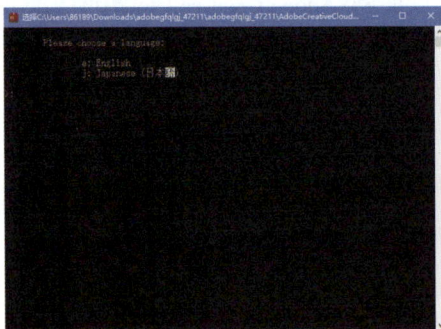

图1-31 启动工具界面　　　　　　　　图1-32 确定语言

　　按【Y】键，再按【Enter】键，进入如图1-33所示的界面。按【1】键，再按【Enter】键，进入如图1-34所示的界面。

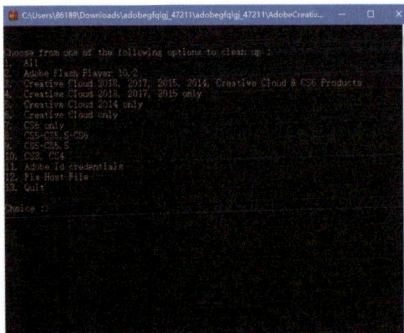

图1-33 选择清除版本　　　　　　　　图1-34 选择清除内容

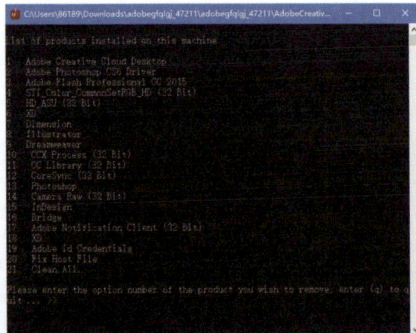

按【3】键，再按【Enter】键；按【Y】键，再按【Enter】键。稍等片刻，即可完成清理操作，如图1-35所示。完成清理操作后重新安装软件即可。

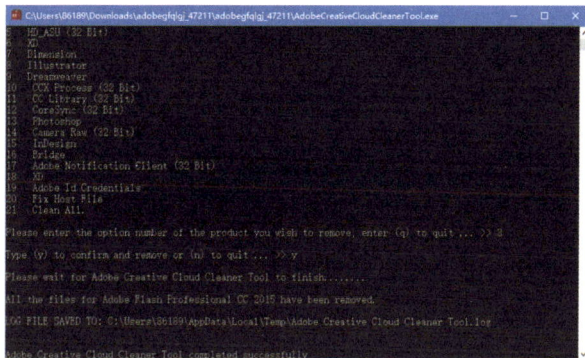

图1-35 完成清理操作

1.6 Adobe XD的工作界面

与Adobe公司的其他设计工具相比，Adobe XD的工作界面相对简单、整洁，如图1-36所示。其工作界面由菜单栏、工具栏、模式栏、"属性"面板和工作区域组成，用户可以使用这些工具实现App界面的交互原型设计或者UI设计。

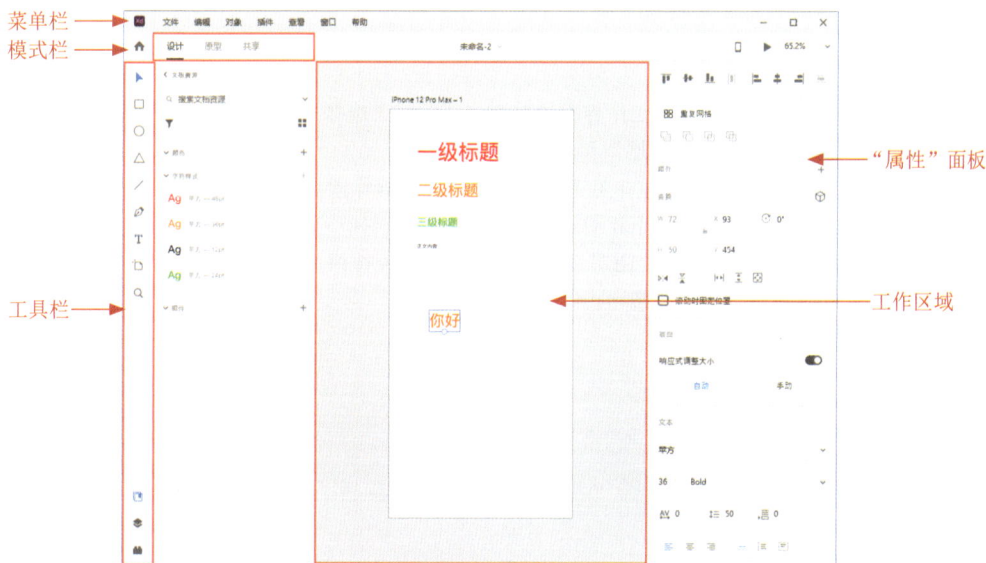

图1-36 Adobe XD的工作界面

1.6.1 菜单栏

Adobe XD的菜单栏中共包含7个主菜单，如图1-37所示。Adobe XD中几乎所有的命令都按照类别排列在这些菜单中，它们是Adobe XD工作界面中的重要组成部分。

单击任意菜单选项名称，即可打开该菜单的子菜单列表，在列表中使用分割线区分不同功能的命令，带有黑色三角标记的命令表示还包含扩展菜单。图1-38所示为单击"文件"菜单后打开的子菜单列表。

图1-37 Adobe XD菜单栏

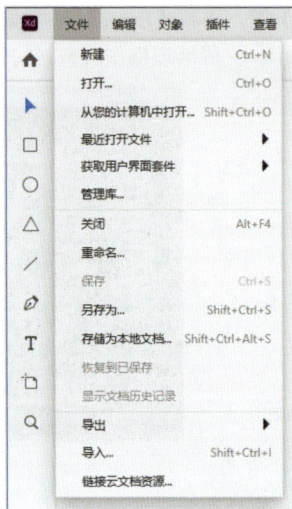

图1-38 "文件"子菜单列表

选择菜单中的某个命令即可执行该命令；如果命令后面带有快捷键，则按下与之对应的快捷键即可快速执行该命令。

> **提示** 在工作界面空白处或者任一对象上单击鼠标右键，可以弹出快捷菜单，在面板上单击鼠标右键，也可以弹出相应的快捷菜单。

1.6.2 工具栏

Adobe XD的工具栏默认位于工作界面的左侧，其中包含选择工具、绘图工具、文本工具、画板工具、缩放工具，以及"库""图层"和"插件"面板。

单击工具栏中的任意工具按钮即可选中该工具，将光标停留在工具按钮上，即可显示该工具的名称与快捷键，如图1-39所示，按下相应的快捷键即可快速选择该工具。

单击工具栏底部的"库"、"图层"或者"插件"面板按钮，工具栏右侧将显示相应的面板，如图1-40所示；再次单击当前面板按钮，即可隐藏面板。

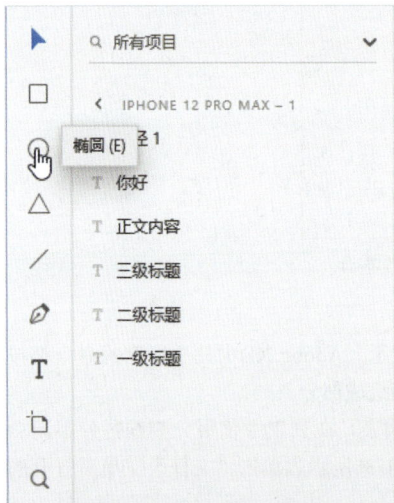

图1-39 显示工具名称与快捷键

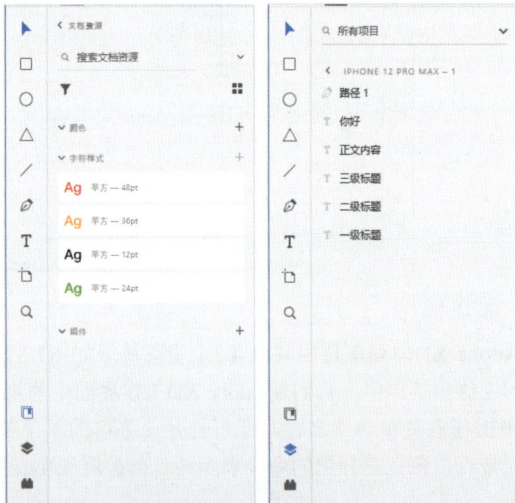

图1-40 显示面板

1.6.3　模式栏

Adobe XD的模式栏位于菜单栏下方，共包含"设计""原型"和"共享"3个模式。单击任一模式的名称，Adobe XD的工作界面将出现相应的工具、面板和工作区，使用这些工具和属性参数在工作区域中进行操作，可以对作品的相应阶段进行内容设计。

● 设计模式

在Adobe XD的设计模式下，可以创建和设计App项目的各个界面（画板），也可以导入使用其他工具创建的资源，还可以从网上导入资源，使用导入资源完善App项目的各个界面。

● 原型模式

在Adobe XD的原型模式下，可以为App界面（画板）创建链接、录制设计作品的视频演示、在浏览器或者设备中预览UI作品及其交互效果，还可以与设计团队共享作品。

● 共享模式

在Adobe XD的共享模式下，可以创建和共享链接，方便工作人员进行设计审查、开发、演示和用户测试。

1.6.4　"属性"面板

在Adobe XD中，"属性"面板默认位于工作界面的右侧。采用不同的工作模式，"属性"面板中的参数也会随之改变，如图1-41所示。

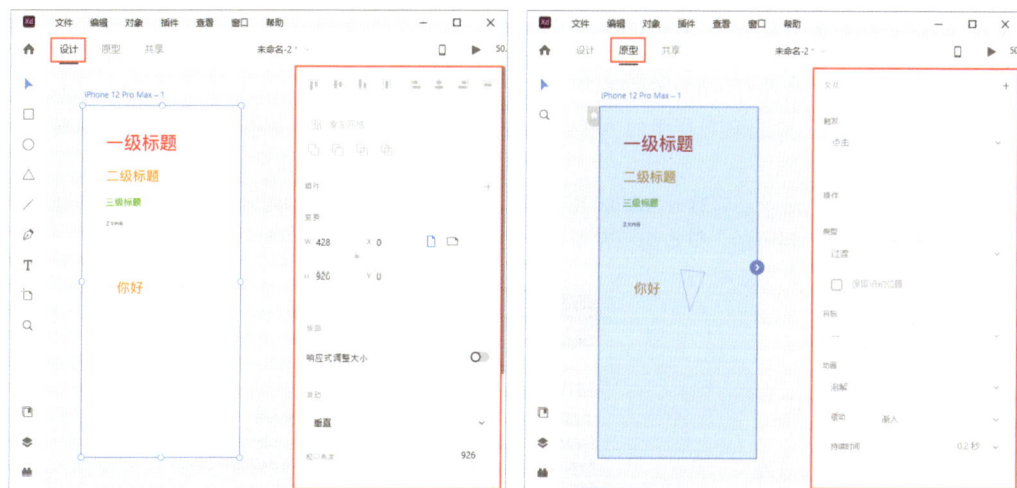

图1-41　"属性"面板

在设计模式下，用户可以在"属性"面板中定义对象的各种属性并使用不同的选项控制对象。也可以指定对象的背景、填充、边框、阴影、对齐方式和尺寸，还可以将对象组合在一起以制作全新的对象。

用户还可以使用"重复网格"选项构建布局，使用"固定位置"选项在滚动时固定多个元素的位置，或者使用数学运算创建精确度更高的设计等。

在原型模式下，用户可以在"属性"面板中定义交互的触发条件、操作类型、操作目标和操作动画，还可以为交互添加"音频播放"或者"语音播放"操作类型。

1.6.5　工作区域

在Adobe XD中，每创建一个文件就会打开一个独立的工作界面，在工作界面中放置画板和粘贴板的区域统称为工作区域，如图1-42所示。工作区域包含了设计师创建的所有资源和画板。

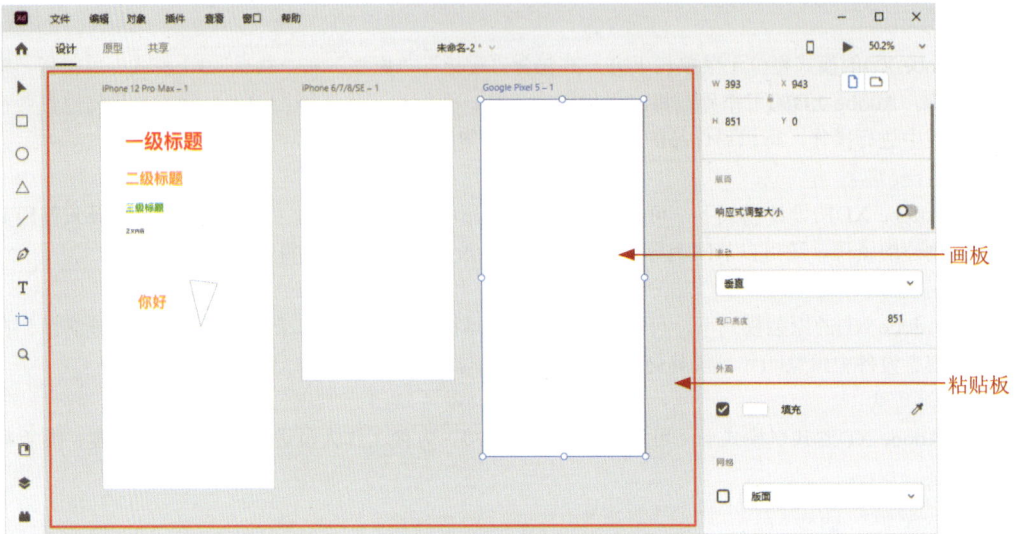

图1-42 Adobe XD的工作区域

1.7 Adobe XD的帮助资源

在学习Adobe XD软件时，可以通过使用"帮助"菜单中的命令获得Adobe提供的各种Adobe XD帮助资源和技术支持。单击菜单栏中的"帮助"菜单，在打开的下拉菜单中可以选择相应的帮助命令，如图1-43所示。

选择"关于XD"命令，将打开Adobe XD面板，其中包含Adobe XD的版本信息、工程信息和法律声明等内容，如图1-44所示。单击面板左下角的"关闭"按钮，即可关闭该面板。

图1-43 "帮助"菜单

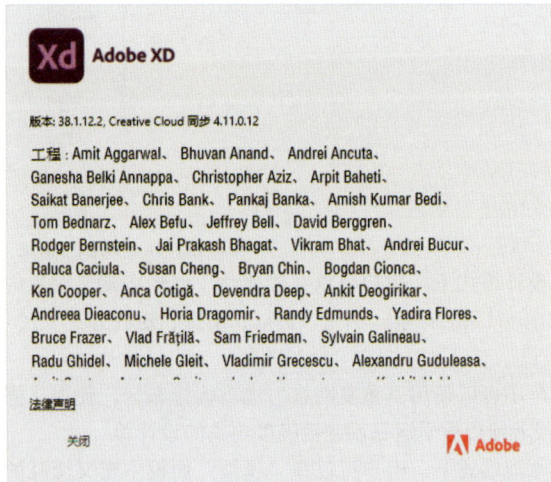

图1-44 Adobe XD面板

选择"新增功能"命令，即可打开浏览器并转到Adobe官网中介绍Adobe XD新增功能的网页，如图1-45所示。

图1-45 Adobe官网中介绍Adobe XD新增功能的网页

　　选择"语言"命令，将打开含有不同语言的子菜单，如图1-46所示。选择任意一种语言，软件底部将出现绿色的提示信息，告知用户变更语言的启用条件，如图1-47所示。

图1-46 "语言"子菜单

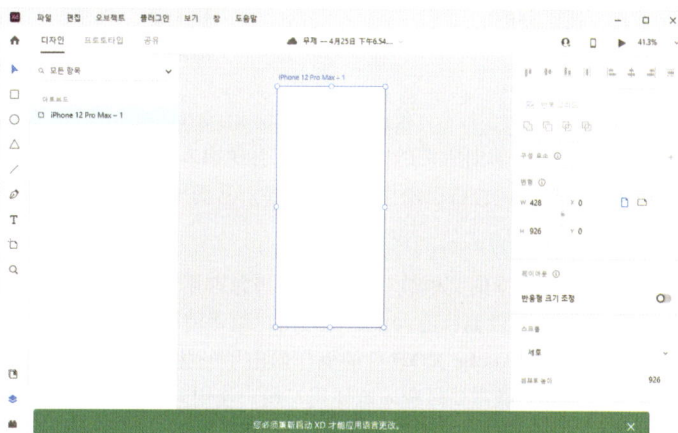

图1-47 变更语言的启用条件

　　选择"更新"命令，即可打开Adobe Creative Cloud软件，如图1-48所示。在该软件中，用户可以查看Adobe XD是否有版本需要进行更新。

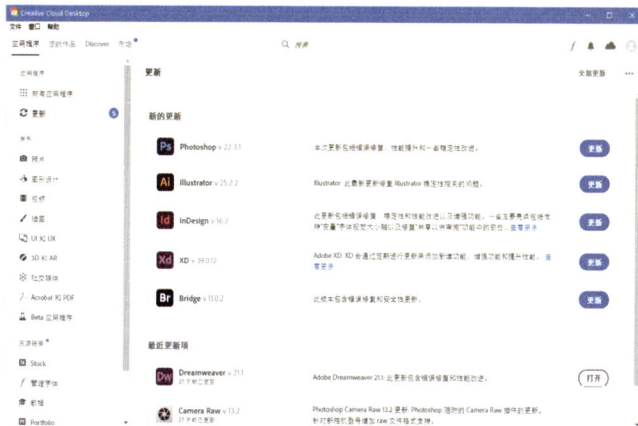

图1-48 Adobe Creative Cloud软件

1.8 解惑答疑

在开始学习Adobe XD的各项功能前，首先要了解Adobe XD的功能和应用范围，然后根据个人的需求，有目的地进行学习，才能事半功倍。

1.8.1 Adobe XD的工作流程是怎样的

设计师利用Adobe XD设计制作移动端UI作品时，其工作流程为UI设计、原型设计（交互设计）和共享作品。图1-49所示为利用Adobe XD制作UI作品的一般工作流程。

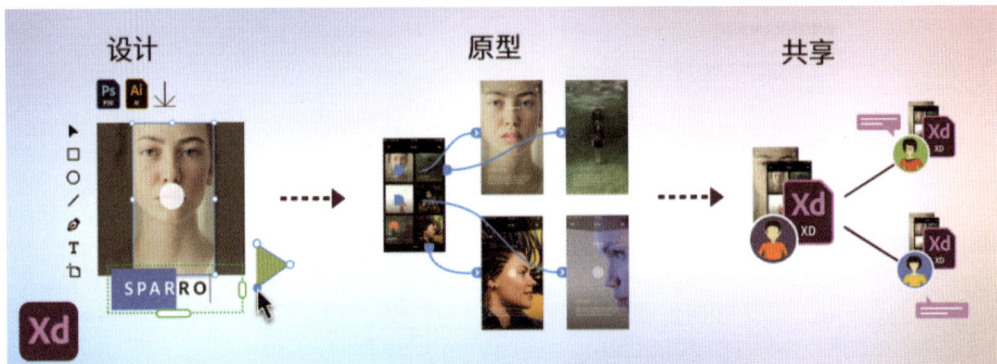

图1-49 利用Adobe XD制作UI作品的一般工作流程

此工作流程与前面所讲的UI设计流程有所出入，设计师可以根据自己的设计习惯和操作认知将UI设计流程调整为适合自己操作习惯的顺序，从而更加方便和快捷地创建UI作品。

1.8.2 Adobe XD的试用时间为多长

Adobe公司旗下的其他软件的试用版只允许用户使用7天，7天后需要付费购买才能继续正常使用。而Adobe XD软件到目前为止是允许用户免费使用的，即没有试用期限。

Adobe公司对Adobe XD软件的操作做出了一些调整，使得该软件操作分为免费使用和付费使用两个量级。部分功能需要付费才能使用，用户使用时需要做好心理准备。

1.9 总结扩展

Adobe XD是一款界面设计工具，主要应用于移动端交互原型设计和UI设计。通过对该软件的了解与学习，可以使用户轻松地成为一名出色的设计师。

1.9.1 本章小结

本章主要讲解了Adobe XD的应用领域、软件的安装和启动、工作界面和帮助资源，以及移动端UI设计基础。通过本章的学习，读者需要对Adobe XD和移动端UI设计有一个基本的了解，为以后的学习打下基础。

1.9.2 扩展练习——卸载Adobe XD

源文件：无

素材：无

技术要点：掌握【卸载Adobe XD】的方法

扫描查看演示视频

完成本章内容学习后，接下来通过卸载Adobe XD的操作，检验一下用户对Adobe XD软件的了解程度，同时加深对所学知识的理解，案例效果如图1-50所示。

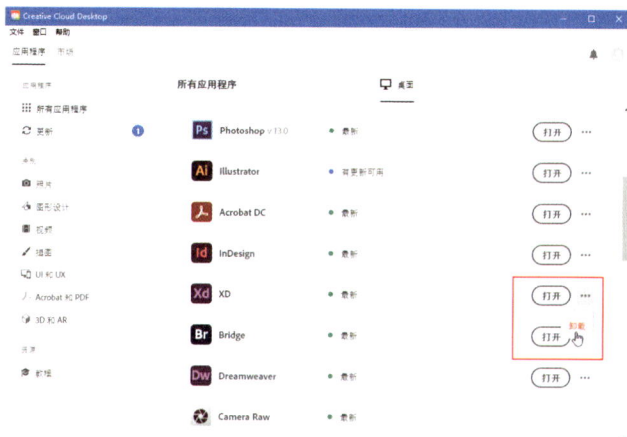

图1-50 卸载Adobe XD

读书
笔记

第2章 Adobe XD 的基本操作

要想真正掌握和使用一款UI设计软件，首先要对软件有所了解，然后从基本的操作开始进行学习，这样才能深入地掌握该软件。

本章将介绍Adobe XD的一些基本操作，如新建、打开、存储、导入文件，以及创建和管理画板、撤销与恢复操作和辅助工具的使用方法等。

2.1 主页

主页是启动Adobe XD后首先展示给用户的界面，如图2-1所示。用户可以在主页界面中实现新建文件、打开文件、关闭软件、升级软件和打开最近使用项等操作。

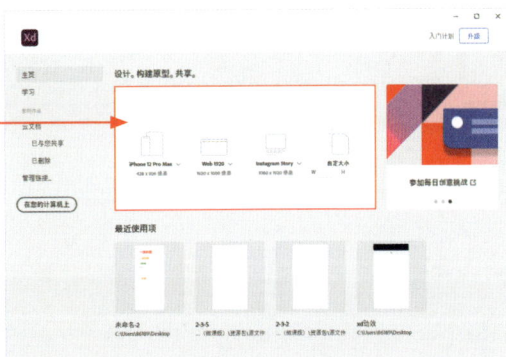

画板预设

图2-1 Adobe XD的主页界面

选择"主页"下方的"学习"选项，将进入官方指定的教程界面，如图2-2所示。用户在使用Adobe XD设计制作UI作品时，随时可以通过单击模式栏最左侧的"主页"图标 🏠，返回主页界面。

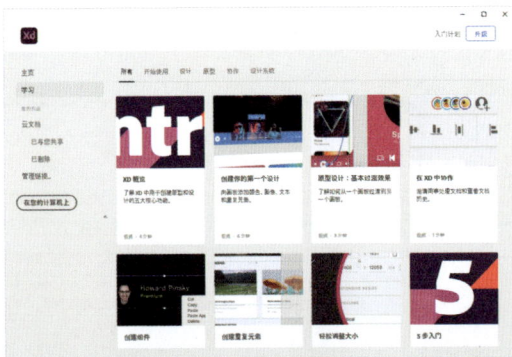

图2-2 教程界面

2.2　新建文件

使用Adobe XD绘制移动UI之前，首先要创建一个能够承载UI元素的文件。

在Adobe XD主页界面的"画板预设"区域中单击"移动端UI尺寸"下拉按钮 ∨，打开如图2-3所示的移动端UI尺寸下拉列表框，选择任意尺寸即可进入包含该画板尺寸的文件，其工作界面如图2-4所示。

图2-3 移动端UI尺寸下拉列表框　　　　　　图2-4 工作界面

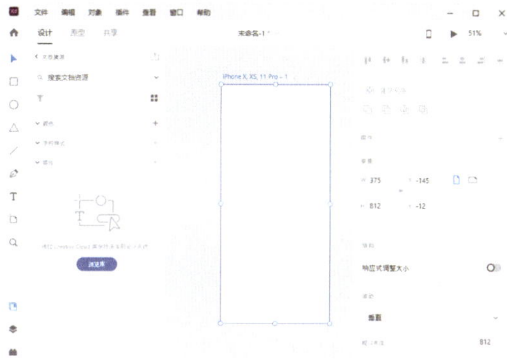

用户也可以单击"画板预设"区域中"自定大小"选项的W和H输入框，输入自己想要的设计尺寸，然后再次选择"自定大小"选项，也可进入包含该画板尺寸的文件。

> **提示**　执行"文件＞新建"命令，也可进入"主页"界面，使用上述方法，可以创建包含移动端画板尺寸、PC端画板尺寸、帖子画板尺寸和自定画板尺寸的文件。

2.3　创建和管理画板

在Adobe XD中，画板代表App的屏幕或者网站中的网页，它可以简化设计流程，并且在一个文件内可以创建多个画板，用于适配不同屏幕尺寸或者完善UI的整体设计。

2.3.1　创建新画板

进入新建文件后，无论Adobe XD的工作区域是否存在画板，用户都可以创建新的画板。单击工具栏中的"画板"按钮 ⌷，工作界面右侧的"属性"面板中将出现画板尺寸列表框。选择任意画板尺寸，如图2-5所示，即可将该尺寸的画板添加到工作区域中，如图2-6所示。

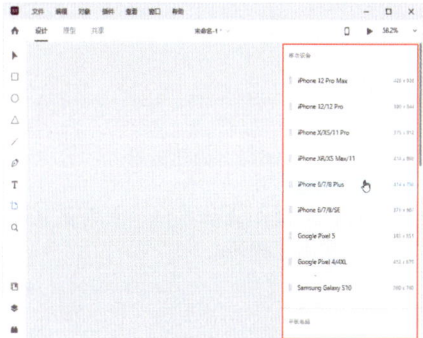

图2-5 选择画板尺寸　　　　　　　　　　图2-6 添加画板到工作区域

用户也可以使用"画板工具"在工作区域的空白处单击并向下和向右拖曳创建自定尺寸的画板。创建自定画板时，"属性"面板中的W和H值随画板大小的变化而变化，如图2-7所示。

松开鼠标后，自定画板创建完成。如果对画板尺寸不满意，可以继续调整"属性"面板中W和H的数值，直到满意为止，如图2-8所示。

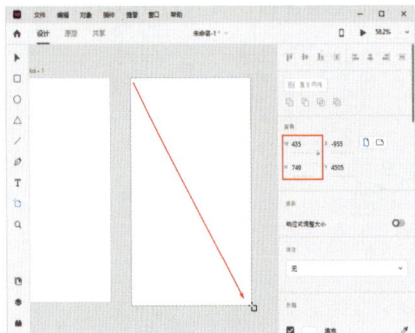

图2-7 创建自定画板

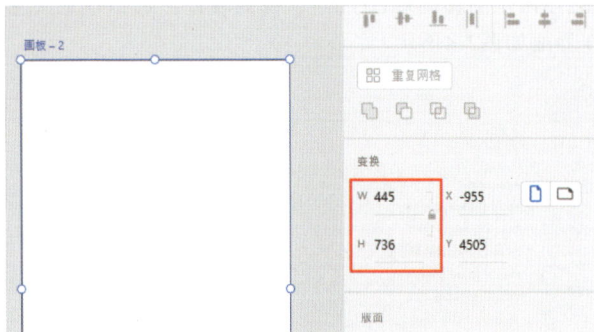

图2-8 调整画板尺寸

？疑问解答　了解像素与分辨率

很多设计师在开始学习 iOS 系统 UI 设计时，经常问到的就是如何设定 App 的分辨率和尺寸。要想弄清楚分辨率和尺寸的概念，首先要了解像素和分辨率的关系。

很多设计师之所以没有弄清楚分辨率和像素，是因为没有弄明白什么是英寸。电视机有 21 英寸、25 英寸和 29 英寸等尺寸，同样手机也有 4.7 英寸和 5.0 英寸等尺寸。

用英寸来表示一个面，很多人会误以为英寸是一个面积单位，也就是说把英寸看成是平方英寸。这会对分辨率产生完全不一样的认识。其实这里的英寸是指屏幕对角线的长度，英寸实际上是长度单位。图 2-9 所示为不同型号的 iPhone 手机屏幕的尺寸。

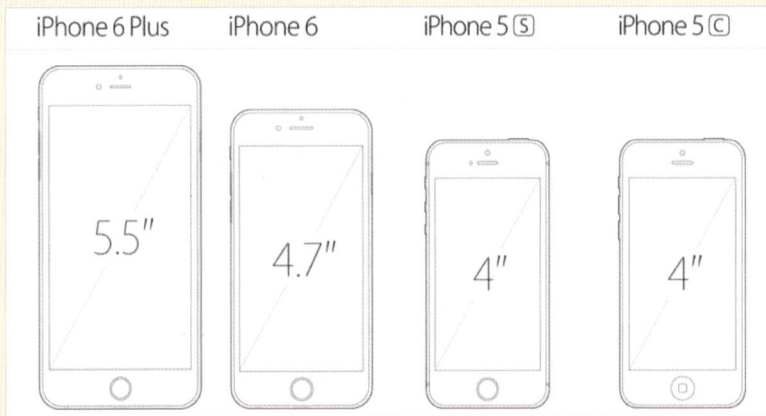

图2-9 不同型号iPhone手机屏幕的尺寸

分辨率的单位分为 ppi 和 dpi。

ppi：是指每英寸所包含的像素点的数目。

dpi：是指每英寸所包含的点的个数。

dpi 和 ppi 区别并不大，只是像素和点的区别。像素是设计师使用的最小设计单位，点则是 iOS 开发的最小单位。对于 dpi，设计师只需了解即可，ppi 才是需要重点掌握的。

> **提示**　设计师日常所说的二倍图和三倍图就是指屏幕中一个点中有两个像素或者三个像素。一个设备究竟要使用二倍图还是三倍图，只需看 ppi 和 dpi 的比值就可以了。

2.3.2 应用案例——创建iOS系统App文件

源文件：资源包\源文件\第2章\2-3-2.xd
素材：无
技术要点：掌握【创建iOS系统中App界面尺寸】的方法

扫描查看演示视频

STEP 01 启动 Adobe XD 软件，单击主页界面中"画板预设"区域的"移动端 UI 尺寸"下拉按钮 ∨，打开如图 2-10 所示的移动端 UI 设计尺寸下拉列表框。

STEP 02 选择"iPhone 6、7、8、SE（375×667）"选项，进入如图 2-11 所示的工作界面。

图2-10 移动端UI设计尺寸下拉列表框　　图2-11 进入工作界面

STEP 03 单击工具箱中的"画板"按钮，在右侧的"属性"面板中将出现如图 2-12 所示的 UI 设计尺寸列表框。

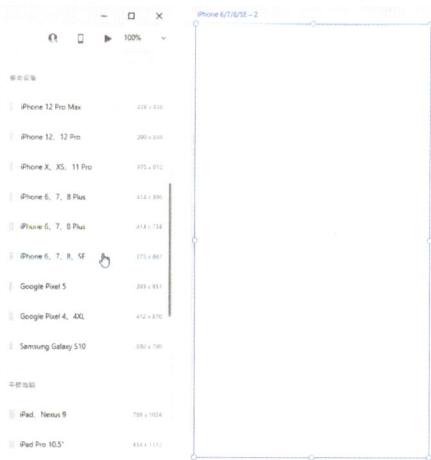

STEP 04 选择"iPhone6/7/8/SE"选项，得到如图 2-13 所示的新画板。

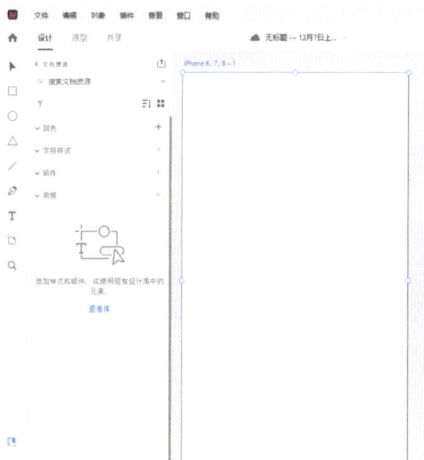

图2-12 UI设计尺寸列表框　　　　图2-13 得到新画板

❓疑问解答　iOS 系统的 UI 设计尺寸

本案例为创建 iOS 系统 UI 设计，界面尺寸要符合 iOS 系统的要求。为了便于适配 iOS 系统的所有设备，以 iPhone 6 的屏幕尺寸为基准，也就是 375px×667px，图 2-14 所示为 iPhone 6 的界面尺寸。状态栏的高度为 20px，导航栏的高度为 44px，标签栏的高度为 49px，图 2-15 所示为 iPhone 6 组件的名称和高度。

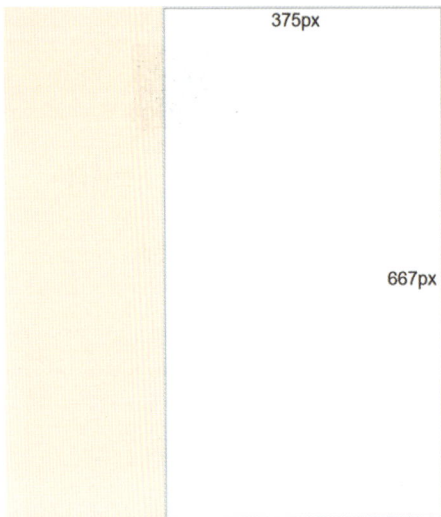

图2-14 iPhone 6的界面尺寸　　　　　图2-15 iPhone 6组件的名称和高度

2.3.3 使用现有画板

　　用户可以将PSD或者AI文件中的现有画板导入Adobe XD中。执行"文件>导入"命令，弹出"打开"对话框，选择一个文件，如图2-16所示。单击对话框右下角的"导入"按钮，即可在Adobe XD中导入该文件的画板，如图2-17所示。

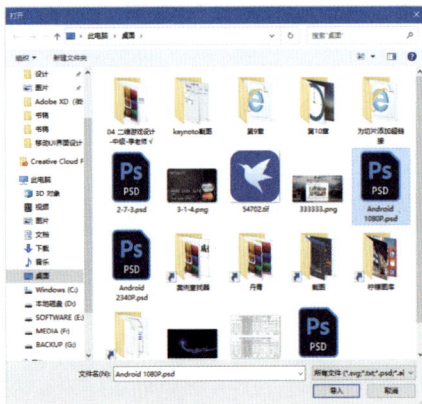

图2-16 选择文件　　　　　　　　图2-17 导入画板

> **提示** 导入的每个画板和其包含的图层都是完整的，并且用户可以在 Adobe XD 中对其进行编辑。

2.3.4 管理画板

　　用户在使用画板的过程中，可以根据自己的需求对画板进行重命名、调整大小、调整位置、复制和重新排列等管理操作。

● 重命名画板

　　双击画板标题名称，标题将变为被选中的文本框，如图2-18所示。在文本框中输入新的标题名称，完成后单击工作区域的空白处确认操作，如图2-19所示。

图2-18 标题变为文本框　　　　　　图2-19 完成重命名操作

● 调整画板大小

选中画板并将鼠标光标放置在画板边缘线中间的圆形手柄上，当光标变为箭头状态时，按住鼠标左键的同时向下、向左或者向右拖曳圆形手柄，可以调整画板的大小。松开鼠标左键，完成调整画板大小的操作，如图2-20所示。

● 复制画板

按【Ctrl+D】组合键可以快速复制当前选中的画板；选中一个或者多个画板，按住【Alt】键不放的同时向任意方向拖曳画板，可复制一个或者多个画板，如图2-21所示。

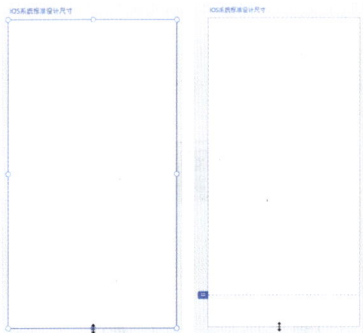

图2-20 调整画板大小　　　　　　图2-21 复制画板

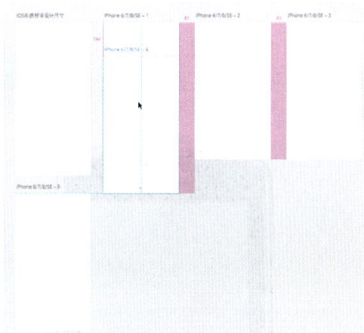

提示　选中画板后，单击鼠标右键，在弹出的快捷菜单中选择"拷贝"命令，继续在工作区域的空白处单击鼠标右键，在弹出的快捷菜单中选择"粘贴"命令，即可完成复制操作。

● 对齐与分布

选择多个画板，单击"属性"面板中"对齐与分布"选项组中的某个按钮，被选中的画板将按照提示所描述的内容进行分布与排列，如图2-22所示。

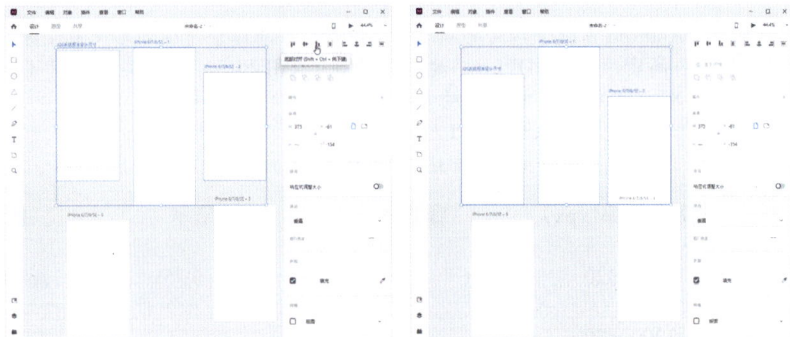

图2-22 分布与对齐

● 调整画板位置

选中一个或者多个画板，按下鼠标左键将其向任意方向的空白位置拖曳，松开鼠标左键即可将画板移至当前位置，如图2-23所示。

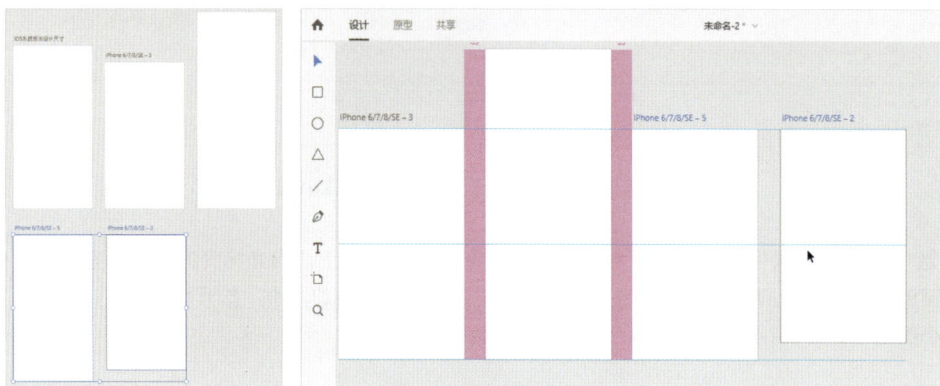

图2-23 移动画板位置

？疑问解答   了解屏幕密度与开发单位

屏幕密度是指单位长度内的像素数量，也就是dpi。如图2-24所示的两个手机设备中，同时设置2px宽度的按钮，在屏幕密度较高的手机上会显示得比较小；而同时设置的2dp长度的按钮，在两个手机上显示的大小是一样的。

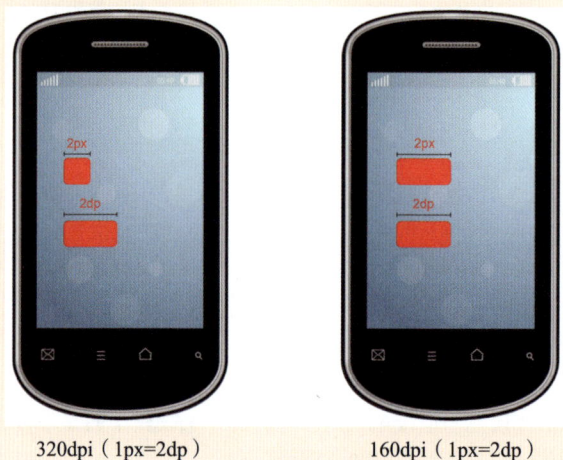

320dpi（1px=2dp）   160dpi（1px=2dp）

图2-24 不同屏幕密度的显示效果

为了简化设计环节，Android系统平台对屏幕进行了区分，按照像素密度分为低密度屏（LDPI）、中密度屏（MDPI）、高密度屏（HDPI）、超高密度屏（XHDPI）、超超高密度屏（XXHDPI）和超超超高密度屏（XXXHDPI）。它的密度之间的比例关系为3：4：6：8：12：16。Android系统的屏幕像素密度对照表如表2-1所示。

表2-1 Android系统的屏幕像素密度对照表

名称	常见分辨率（px）	像素密度（dpi）	倍率	换算
LDPI	240×320	120	@0.75x	1dp=0.75px
MDPI	320×480	160	@1x	1dp=1px

表2-1（续）

名称	常见分辨率（px）	像素密度（dpi）	倍率	换算
HDPI	480×800	240	@1.5x	1dp=1.5px
XHDPI	720×1280	320	@2x	1dp=2px
XXHDPI	1080×1920	480	@3x	1dp=3px
XXXHDPI	2160×4096	640	@4x	1dp=4px

一部 Android 手机的屏幕属于哪个等级的像素密度，可以通过下面的公式来计算：

$$PPI = \frac{\sqrt{(长度像素数^2 + 宽度像素数^2)}}{屏幕对角线尺寸}$$

例如：华为 Mate 40 Pro 手机的尺寸为 6.76 英寸，屏幕分辨率为 2772px×1334px。
PPI= $\sqrt{(2772^2+1334^2)}$/6.76≈455 接近 480，所以该手机的屏幕密度属于 XXHDPI。
目前 Android 系统最高的屏幕密度已经达到 XXXHDPI 级别，但目前来看，并没有太大的使用价值，
因为正常人类的视力在达到 Retina 屏幕（即分辨率达到 300ppi）时，就已经无法分辨像素点了。
当然，将来的 VR 技术会对屏幕密度有着更高的要求，也许届时，屏幕密度会有更大的提高。

2.3.5 应用案例——创建Android系统App文件

源文件：资源包\源文件\第2章\2-3-5.xd
素材：无
技术要点：掌握【创建Android系统中App界面尺寸】的方法

扫描查看演示视频

STEP 01 启动 Adobe XD 软件，单击主页界面中"画板预设"区域的"自定大小"选项的 W 和 H 输入框，输入如图 2-25 所示的画板尺寸。

STEP 02 为画板设定尺寸后，选择"自定大小"选项，进入该画板尺寸的工作界面，如图 2-26 所示。

图2-25 自定画板尺寸

图2-26 工作界面

STEP 03 双击画板标题名称，当标题名称变为文本框时，输入新的画板名称，如图 2-27 所示，单击工作区域的空白处确认操作。

STEP 04 连续两次按【Ctrl+D】组合键，复制当前画板，完成后 Adobe XD 的工作区域如图 2-28 所示。

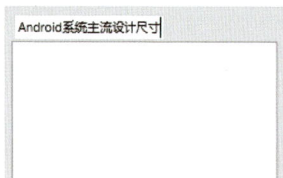

图2-27 重命名画板

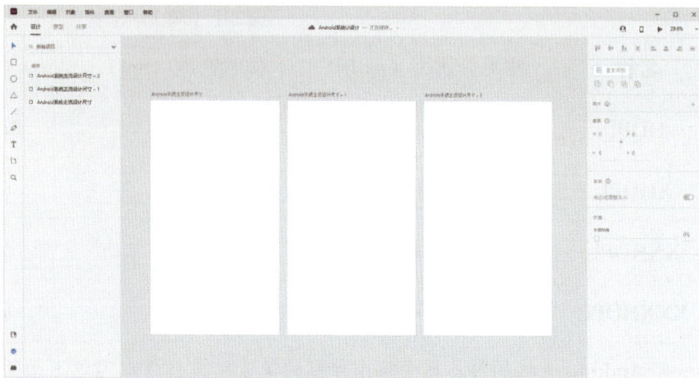

图2-28 复制画板

? 疑问解答 创建 Android 系统的 UI 设计尺寸

Android 设备的发展速度远远快于 iOS 设备，最新发布的三星 Galaxy S21（2400px×1080px）和华为 Mate 40 Pro（2772px×1334px）的屏幕分辨率都达到了 XXHDPI。因此，本案例采用 1080px×1920px 的尺寸进行设计，如图 2-29 所示。设计完成后再输出不同尺寸的素材，供开发人员使用。

Android 系统的基本组件与 iOS 系统相同，同样包括状态栏、导航栏和标签栏。不同的设备，组件的高度也不相同，本案例中采用的 UI 设计尺寸其状态栏高度为 60px，导航栏高度为 144px，标签栏的高度为 150px，如图 2-30 所示。

图2-29 Android 系统的UI设计尺寸

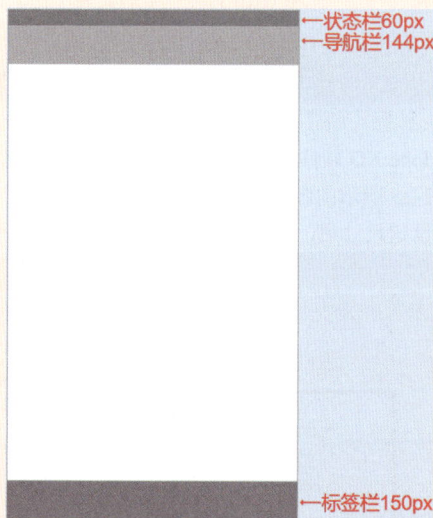

图2-30 Android 系统的组件高度

2.4 打开文件

在Adobe XD中，可以通过执行"打开"命令打开外部多种格式的图像文件并进行编辑处理，也可以打开未完成的Adobe XD文件，继续进行各种操作处理。

2.4.1 "从您的计算机中打开"命令

在Adobe XD的工作界面中，通过执行"文件>从您的计算机中打开"命令或者按【Shift+Ctrl+O】

组合键，弹出"打开"对话框，如图2-31所示。选择要打开的文件，单击"打开"按钮或者直接双击
要打开的文件，即可将文件打开，如图2-32所示。

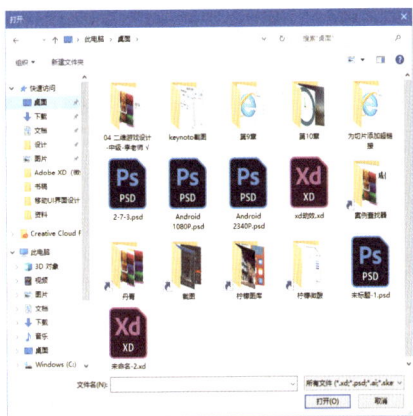

图2-31 "打开"对话框

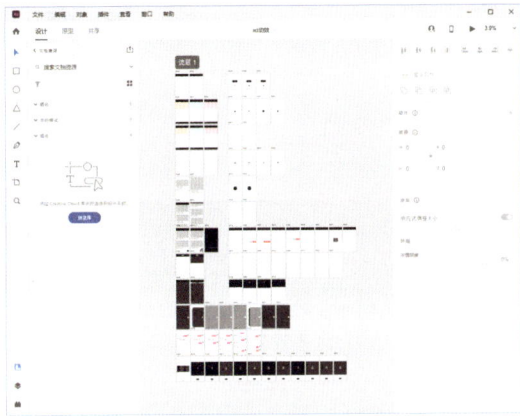

图2-32 打开文件

？疑问解答　如何打开多个文件

要打开连续的文件，可以先选择第一个文件，然后按住【Shift】键，再选择需要同时打开的最后
一个文件，单击"打开"按钮即可。要打开不连续的文件，先按住【Ctrl】键，依次选择要打开
的不连续文件，单击"打开"按钮即可。注意，打开的每一个被文件都存于独立的文件中。

2.4.2 "打开"命令

执行"文件>打开"命令或者按【Ctrl+O】组合键，打开如图2-33所示的界面。选择界面左侧的
"最近使用项"、"云文档"或者"已与您共享"选项，即可在界面右侧看到选项位置内的文件列
表。用户可以选择其中的某个文件将其打开，如图2-34所示。

图2-33 打开界面

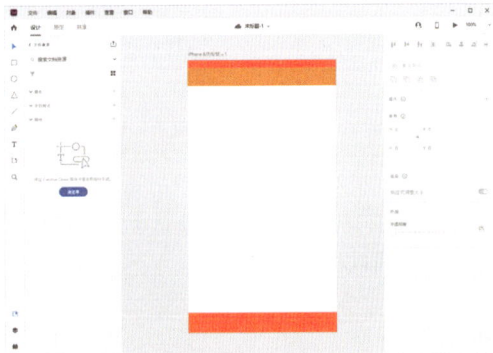

图2-34 打开文件

提示 打开界面左下角的"在您的计算机上"按钮，其功能和使用方法与"从您的计算机中
打开"命令相同。

2.4.3 "在您的计算机上"按钮

启动Adobe XD并进入主页界面，单击主页左侧的"在您的计算机上"按钮，打开如图2-35所示的
文件类型面板，用户可以通过选择"PSD或AI""Sketch"或者"XD"选项，对文件进行筛选。

选择任意选项，在弹出的"打开"对话框中将只显示选中类型的文件，如图2-36所示。

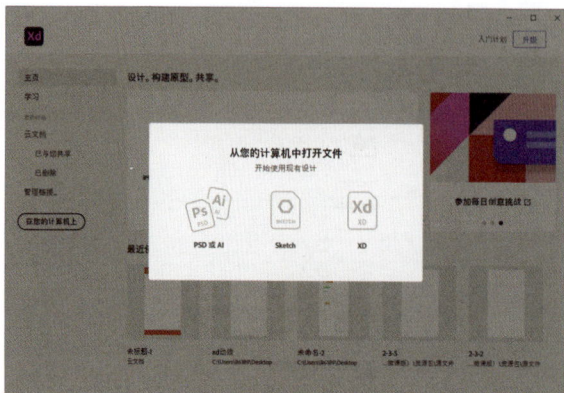

图2-35 文件类型面板

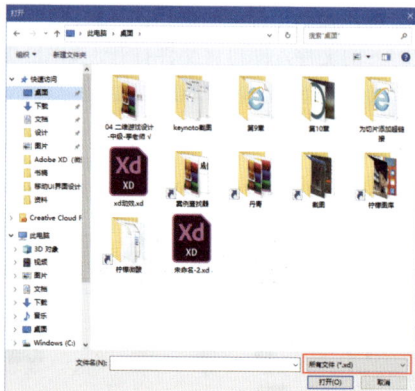

图2-36 "打开"对话框

2.4.4 "最近打开文件"命令

在Adobe XD中进行了保存文件或者打开文件操作时，在"文件>最近打开文件"子菜单中就会显示以前编辑过的图像文件，如图2-37所示。

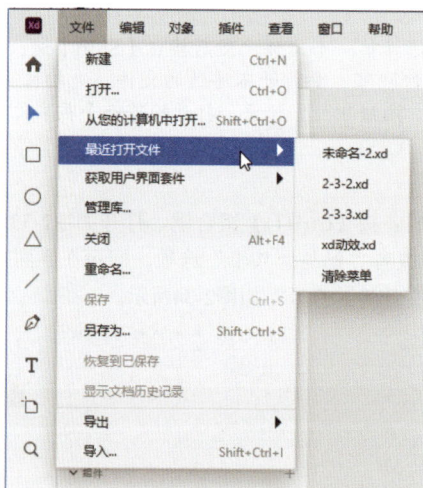

图2-37 "最近打开文件"子菜单

使用"最近打开文件"子菜单中的文件列表，可以快速打开最近使用过的文件。选择"清除菜单"命令，可以将该目录清除。

> 提示　Adobe XD主页界面中的"最近使用项"与"最近打开文件"命令的功能及使用方法相同。

2.5 导入文件

Adobe XD允许用户导入不同格式的图像文件，用以丰富设计师的UI作品。

如果用户在设计制作UI作品的过程中，需要使用透底或者位图图像时，可以通过执行"文件>导入"命令或者按【Shift+Ctrl+I】组合键，弹出"打开"对话框，如图2-38所示。在其中选择一张或者多张图像，单击"导入"按钮，即可将选中的图像全部导入文件中。

图2-38 "打开"对话框

? 疑问解答 不同的图像格式

Adobe XD 支持导入多种图像格式，如 TIF、GIF、JPEG 等，图像格式决定了图像数据的存储方式及文件是否与一些应用程序兼容。使用"导入"命令导入图像时，可以在弹出的对话框中选择文件的图像格式，如图 2-39 所示。不同格式的图像的显示图标效果如图 2-40 所示。

*.svg
*.txt
*.psd
*.ai
*.jpg
*.jpeg
*.gif
*.png
*.tiff
*.tif
*.bmp
所有文件 (*.svg;*.txt;*.psd;*.ai;*.jpg;*.jpeg;*.gif;*.png;*.tiff;*.tif;*.bmp)

图2-39 选择图像格式

图2-40 不同格式的图像的显示图标效果

2.6 存储文件

无论是创建新文件，还是打开以前的文件再进行编辑，操作完成后通常都要将其保存，以便使用或者再次编辑。

2.6.1 "保存"命令

打开一个XD文件并对其进行编辑，完成后执行"文件>保存"命令或者按【Ctrl+S】组合键，将文件保存为XD格式。

在Adobe XD中打开一个PSD、AI或Sketch文件，编辑完成后，执行"文件>保存"命令，弹出"另存为"对话框，如图2-41所示。用户可在该对话框中为文件设置名称，然后单击"保存"按钮，可将修改过的文件保存为XD文件，此时文件的存储位置固定为云文档。

如果是新建一个文件并对文件进行编辑，执行"文件>保存"命令后，则会弹出"另存为"对话框，用户可在其中完成新建文件的保存操作。

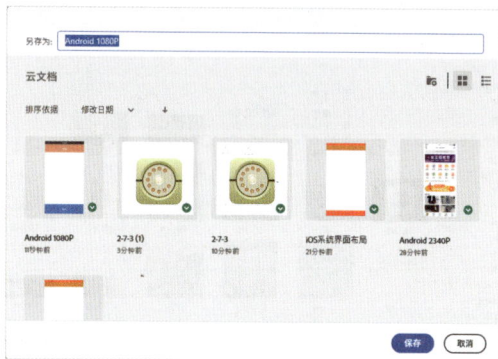

图2-41 "另存为"对话框

提示 执行"文件>另存为"命令或者按【Shift+Ctrl+S】组合键也可弹出"另存为"对话框，用户在该对话框中也可完成对文件的另存操作。

2.6.2 "存储为本地文档"命令

如果要将文件保存在本地位置，可以执行"文件>存储为本地文档"命令或者按【Shift+Ctrl+Alt+S】组合键，弹出"另存为"对话框，如图2-42所示。输入文件名称并设置存储地址后，单击"保存"按钮，即可将文件存储在本地。

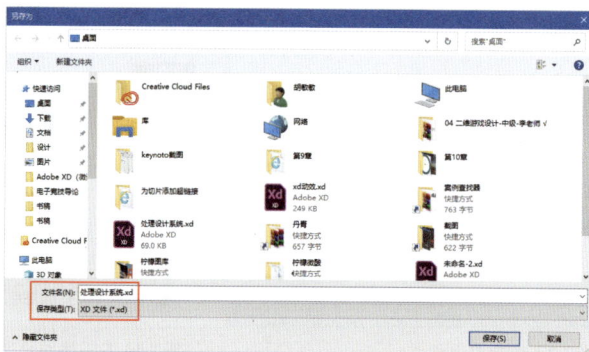

图2-42 "另存为"对话框

2.6.3 "重命名"命令

如果用户对文件名称不满意，可以执行"文件>重命名"命令或者单击模式栏中间的文件名称，如图2-43所示；弹出"重命名您的文档"对话框，如图2-44所示。用户可在该对话框中输入文件的新名称，然后单击"重命名"按钮，即可实现对文件的重命名操作。

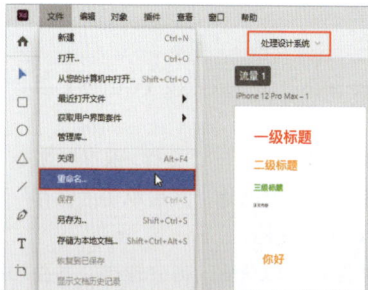

图2-43 执行"重命名"命令

图2-44 "重命名您的文档"对话框

2.6.4 应用案例——保存iOS和Android系统UI文件

源文件：无

素材：无

技术要点：掌握【保存文件】的方法

STEP 01 执行"文件 > 从您的计算机中打开"命令，弹出"打开"对话框，选择"2-3-2.xd"文件，如图 2-45 所示。

STEP 02 选择完成后，单击"打开"对话框右下角的"打开"按钮，文件将在一个新的工作界面中打开，如图 2-46 所示。

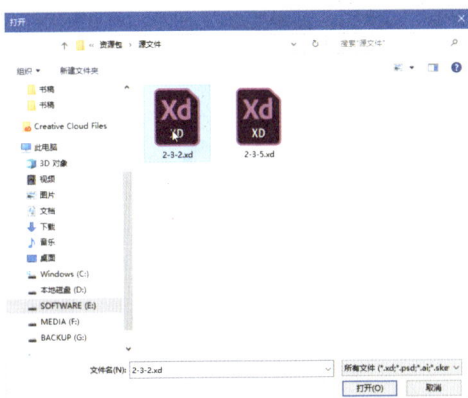

图2-45 选择文件

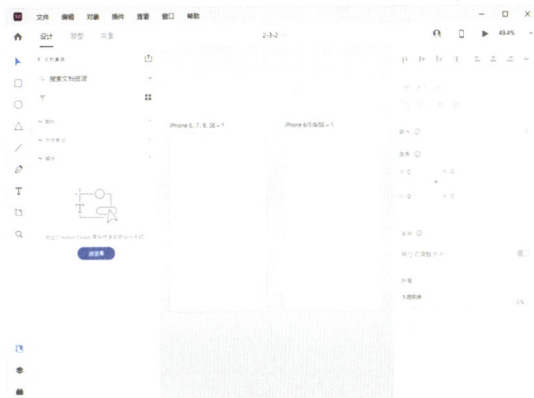

图2-46 打开文件

STEP 03 执行"文件 > 另存为"命令，弹出"另存为"对话框，输入文件名称，如图 2-47 所示，然后单击"保存"按钮，将文件另存在云文档中。

STEP 04 使用相同的方法将名称为"2-3-5.xd"的本地文件另存在云文档中，存储时设置文件名称为"Android 系统 UI 设计"，如图 2-48 所示。

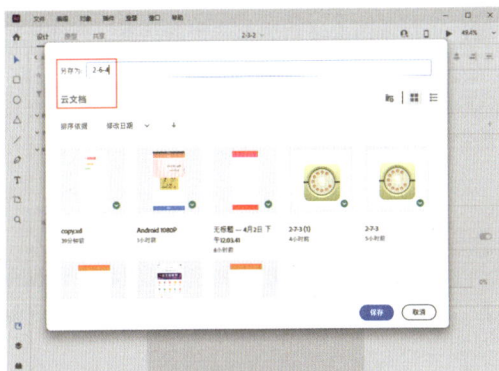

图2-47 另存文件

图2-48 设置文件名称

2.7 获取用户界面套件

执行"文件>获取用户界面套件"命令下的任意一个子菜单命令，将打开用户的默认浏览器，显示Adobe官方为用户提供的UI设计资源，如图2-49所示。

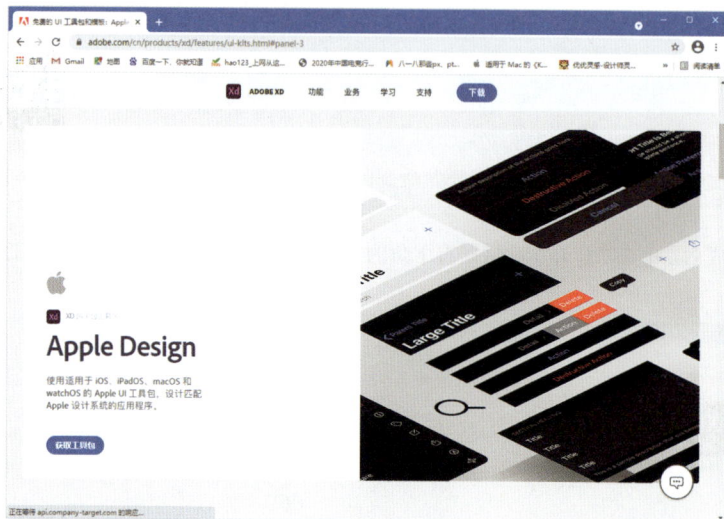

图2-49 UI设计资源

这些资源包括UI工具包和模板、Windows应用程序的设计工具箱和示例、线框工具包和Material工具，使用这些资源和工具可以加快用户完成UI作品的进度。

2.8 撤销与恢复操作

在UI设计过程中，通常会出现操作失误或者对操作效果不满意的情况，这时就可以使用"撤销"命令，将图像还原到操作前的状态。如果已经执行了多个操作步骤，可以使用"恢复到已保存"命令直接将UI设计恢复到最近保存的图像效果。

2.8.1 还原与重做

执行"编辑>撤销"命令或者按【Ctrl+Z】组合键，可以将图像还原到上一步的状态。连续执行该命令，将逐步撤销操作。

执行一次"撤销"命令后，"撤销"命令就会变成"重做"命令。执行"重做"命令或者按【Shift+Ctrl+Z】组合键，则会使图像恢复到执行"撤销"命令前的状态。连续执行该命令，将逐步还原操作。

2.8.2 恢复文件

在设计制作UI作品的过程中，只要没有保存文件，都可以将图像恢复至打开时的状态。执行"文件>恢复到已保存"命令，弹出如图2-50所示的警告框，单击"恢复"按钮即可完成文件的恢复操作。

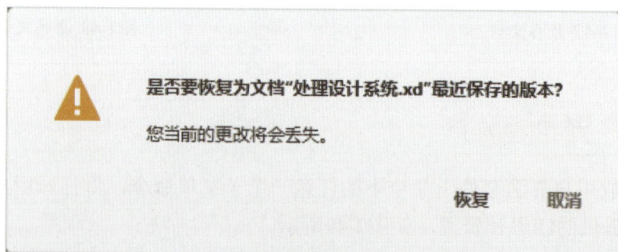

图2-50 警告框

2.8.3 文档历史记录

如果用户想要查看或者编辑文件的历史版本，首先需要确定该文件被保存在云文档中，然后通过执行"文件>显示文档历史记录"命令或者单击文件名称后面的 ⌄ 图标，如图2-51所示。打开"历史记录"面板，用户可在该面板中查找文件的历史版本、打开任意版本或者为文件的任意版本命名等，如图2-52所示。

图2-51 执行"显示文档历史记录"命令　　图2-52 "历史记录"面板

> **提示**　"显示文档历史记录"命令可以自动保存文件最近10天的历史记录，超过10天的历史记录将被删除。如果想要永久保存某个版本，需要对该版本进行标记，标记好的版本会出现在"已标记版本"选项内。

2.9 辅助工具

Adobe XD提供了一些编辑UI设计的辅助功能，其中包括参考线、智能参考线和网格等。这些辅助功能不能编辑UI设计，但能够帮助设计师更好地完成选择、定位和编辑UI设计。

2.9.1 应用案例——为iOS系统UI设计创建参考线

源文件：资源包\源文件\第2章\2-9-1.xd
素材：无
技术要点：掌握【创建参考线】的方法

扫描查看演示视频

STEP 01 执行"文件 > 打开"命令，在打开的"打开"界面中选择如图 2-53 所示的文件，打开该文件。

STEP 02 单击工具栏中的"选择"按钮，将鼠标光标移至画板顶部边缘，当光标变为↕状态时，单击并向下拖曳将光标移至所需位置，松开鼠标即可在当前位置创建参考线，如图 2-54 所示。

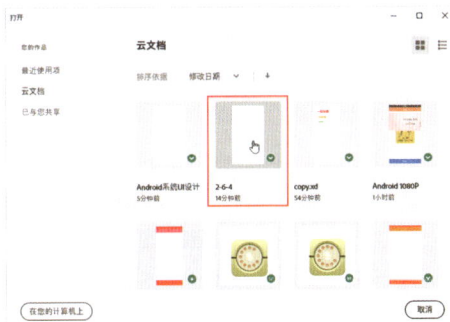

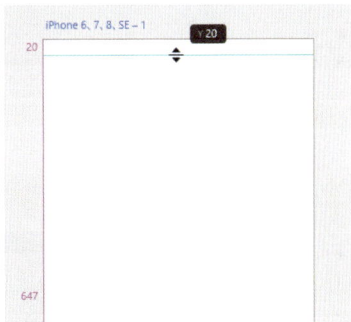

图2-53 打开文件　　　　　　　　　图2-54 创建参考线

STEP 03 继续使用"选择"工具在画板顶部边缘处单击并向下拖曳，连续创建两条参考线，如图2-55所示。

STEP 04 使用相同的方法为文件中的另一个画板添加参考线，如图2-56所示。参考线添加完成后，实现 iOS 系统 UI 设计的基础布局。

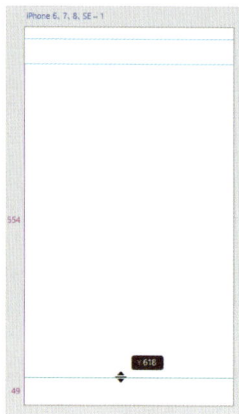

图2-55 继续添加参考线

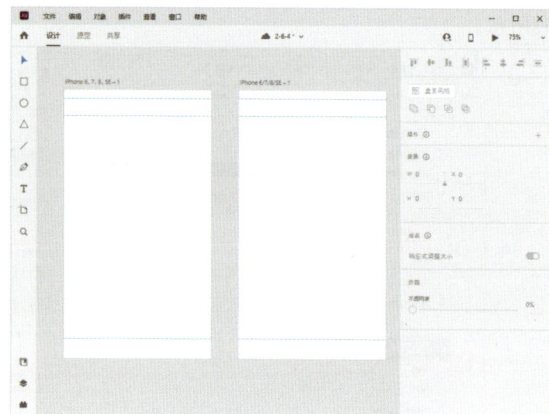

图2-56 为另一个画板添加参考线

？疑问解答 添加垂直方向参考线的方法

用户也可以使用"选择"工具将鼠标光标放置在画板左侧边缘线上，当光标变为 ◄|► 状态时，单击并向右拖曳，即可创建垂直方向的参考线。

提示 该 UI 设计为 iOS 系统的标准尺寸，根据前面所学的移动 UI 设计知识，将参考线分别放置在水平方向的 20px、64px 和 618px 位置处。

2.9.2 管理参考线

如果用户在设计制作UI作品的过程中使用了数量较多的参考线，并且参考线可能影响到用户的操作时，可以对参考线进行管理，包括复制和粘贴参考线、删除参考线、锁定参考线和隐藏参考线。接下来逐一为用户进行介绍。

● 复制和粘贴参考线

如果想要从画板中复制参考线，需要选中该画板的所有内容，执行"查看>参考线>复制参考线"命令，如图2-57所示。然后选择想要粘贴参考线的画板，执行"查看>参考线>粘贴参考线"命令或者按【Ctrl+V】组合键，完成复制和粘贴参考线的操作，如图2-58所示。

图2-57 执行"复制参考线"命令

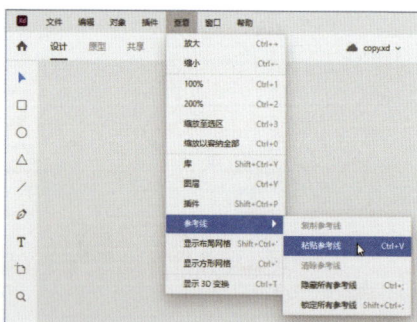

图2-58 执行"粘贴参考线"命令

● 删除参考线

如果想要删除一条参考线，可以选中该参考线并将其移至画板范围外，该参考线将被删除。

如果想要删除画板上的所有参考线，可以选中画板中的所有内容，执行"查看>参考线>清除参考线"命令，即可删除该画板中的所有参考线。

● 锁定参考线

执行"查看>参考线>锁定所有参考线"命令或者按【Shift+Ctrl+;】组合键，即可锁定文件中的所有参考线；再次执行"查看>参考线>解锁所有参考线"命令或者按【Shift+Ctrl+;】组合键，即可解除文件中所有参考线的锁定状态。

● 隐藏参考线

执行"查看>参考线>隐藏所有参考线"命令或者按【Ctrl+;】组合键，即可隐藏文件中的所有参考线；再次执行"查看>参考线>显示所有参考线"命令或者按【Ctrl+;】组合键，即可显示文件中被隐藏的参考线。

> **提示** 当文件中的参考线处于隐藏状态时，无法新建参考线。而当文件中的参考线处于锁定状态时，无法移动参考线，但是可以创建参考线。

2.9.3 使用智能参考线

学习了如何创建和管理参考线后，还可以在创建和操作对象或者画板的过程中，利用智能参考线精确调整对象或者画板的位置和距离。

一般情况下，Adobe XD中智能参考线的默认状态为启用。当用户移动对象或者画板时，智能参考线会通过对齐其他对象或者画板，使用户得到精确的位置和间距等数据，如图2-59所示。

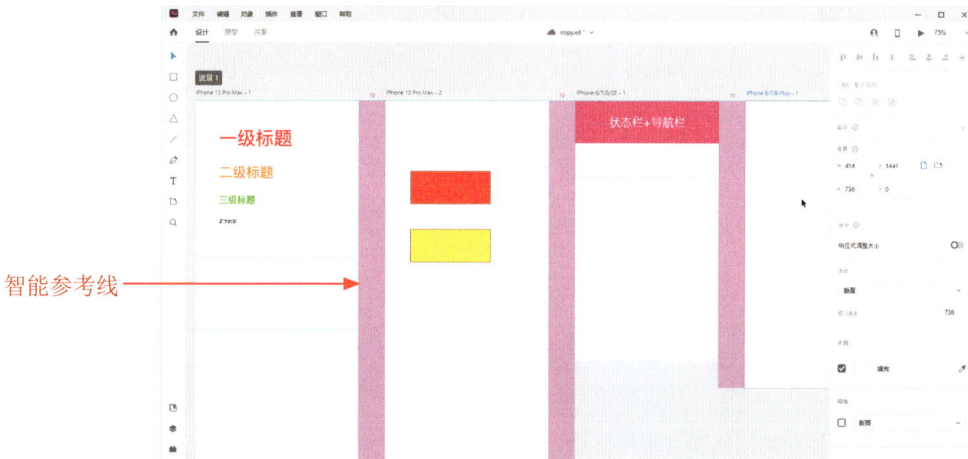

图2-59 智能参考线

2.9.4 应用网格定位对象

除了参考线和智能参考线等辅助工具，Adobe XD还为用户提供了网格辅助工具。网格可以起到对准线的作用，可以把画布平均分成若干块同样大小的区块，有利于设计UI作品时进行对齐。Adobe XD中的网格包括布局网格和方形网格两种。

执行"查看>显示布局网格"命令或者按【Shift+Ctrl+'】组合键，文件中的所有画板将以布局网格显示，如图2-60所示。再次执行"查看>隐藏布局网格"命令或者按【Shift+Ctrl+'】组合键，可隐藏文件中的所有布局网格。

执行"查看>显示方形网格"命令或者按【Ctrl+'】组合键，文件中的所有画板将以方形网格显示，如图2-61所示。再次执行"查看>隐藏方形网格"命令或者按【Ctrl+'】组合键，可隐藏文件中的所有方形网格。

图2-60 布局网格　　　　　　　　　　　　　　图2-61 方形网格

用户也可以选择任意画板，在"属性"面板中选择"网格"选项前面的复选框，并在"网格类型"下拉列表框中选择"版面"或者"方形"选项，如图2-62所示，即可完成为文件中的所有画板添加网格的操作。取消选择"网格"选项前面的复选框，文件中的网格将被隐藏。

图2-62 在"属性"面板中选择网格类型

2.9.5　管理网格

在画板上添加布局网格和方形网格后，用户可以通过"属性"面板中的"网格"选项设置网格的显示颜色、大小和间隔等参数。

◀») 设置方形网格的参数

用户可以根据自己的设计需求，为方形网格设置网格大小和显示颜色等参数，网格大小设置的数值是方形网格中两条相邻网格线之间的距离。

在"属性"面板的"方形大小"选项后面输入具体数值，如图2-63所示，即可完成为方形网格设置大小的操作。

单击"属性"面板中"方形大小"选项前面的色块，弹出"拾色器"对话框，可在该对话框中为方形网格设置显示颜色，如图2-64所示。

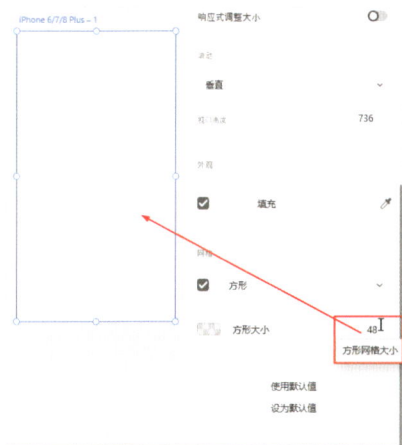

图2-63 设置方形网格的大小　　　　　　　图2-64 设置方形网格的显示颜色

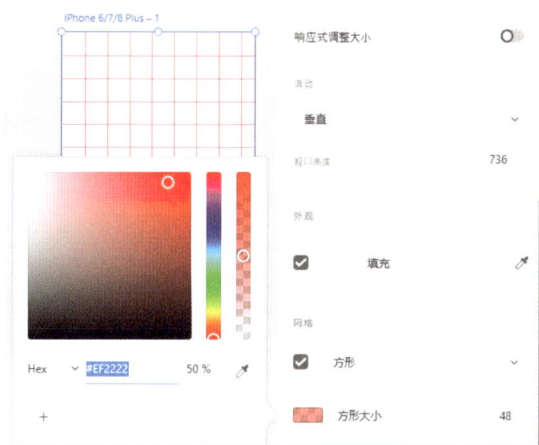

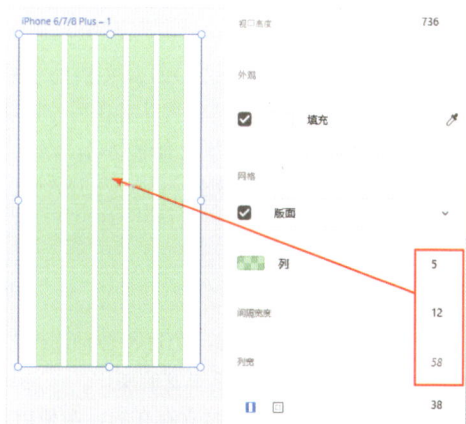

提示　用户可以在设计移动应用程序或者图标时，利用方形网格的水平和垂直线精确调整对象的大小和对齐方式。

设置布局网格的参数

为画板应用布局网格后，用户可以在"属性"面板中的"网格"选项中设置布局网格的列数、间隔宽度、列宽和边距大小等参数。

单击"属性"面板中的"列"选项前面的色块，弹出"拾色器"对话框，可在该对话框中为布局网格选取一种显示颜色，如图2-65所示。

在"属性"面板中的"列"选项后面输入具体数值，布局网格的列数随之改变；在"间隔宽度"选项后面输入具体数值，布局网格的间隔宽度也随之发生改变；布局网格的列宽同样可以通过此方法进行设置，如图2-66所示。

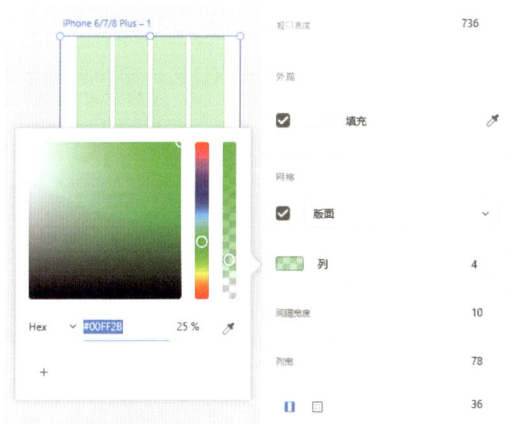

图2-65 设置布局网格的显示颜色　　　　　图2-66 设置布局网格的列数、间隔宽度和列宽

单击"属性"面板中的"左/右链接边距"图标，此时的布局网格只显示左右两侧的边距；在"左/右链接边距"图标后面输入具体数值，布局网格的左右边距将随之发生改变，如图2-67所示。

单击"属性"面板中的"各边距不同"图标，并在图标后面输入4个具体数值，布局网格的上、下、左和右边距将进行相应调整，如图2-68所示。

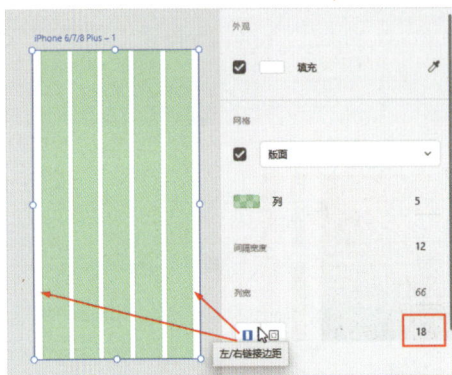

图2-67 设置布局网格的左/右链接边距 　　　　图2-68 调整布局网格的上、下、左和右边距

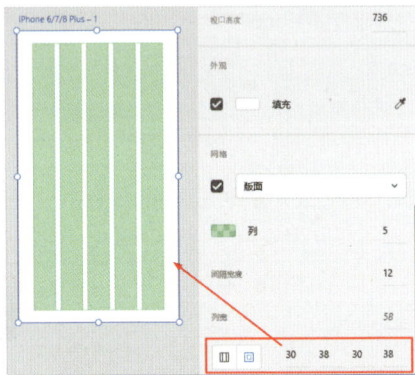

> 提示　布局网格是列网格，用户可以根据布局网格轻松对齐设计对象；同时在不同的屏幕尺寸下，根据布局网格可以快速调整对象。

2.10 解惑答疑

经过前面的知识讲解，相信读者已经掌握了Adobe XD的相关基础操作，本节为用户提供了一些操作中的小技巧，解答读者在基本操作中遇到的一些困惑。

2.10.1 如何在iOS或Android设备中预览XD设计

可以在移动设备上下载并安装Adobe XD移动应用程序，完成后即可在iOS和Android设备上预览XD文件的UI设计和原型交互效果。

同时，还可以将多个设备连接到正在运行Adobe XD的计算机上，此时，用户在计算机中的Adobe XD中修改设计和原型，在所有连接的移动设备上可以实时预览修改后的XD文件。

2.10.2 Adobe XD为何不提示用户将文件保存在Windows中

一般情况下，Adobe XD的云文档处于启用状态，并且安装了Adobe XD软件的计算机采用Windows 10的应用程序，这使得其会在后台自动保存文件。

如果用户关闭了文件却没有保存它，则可以通过执行"文件>最近打开文件"命令，在子菜单中选择自己需要的自动保存文件。

2.11 总结扩展

想要熟练地使用Adobe XD进行各种操作，首先要掌握的就是基础操作。只有熟练使用基本操作中的各种工具，才能进行更丰富的操作。

任何一种操作都不是独立存在的，在使用Adobe XD进行移动UI设计时，要灵活使用多种工具，综合运用、配合使用才能设计出美观、新颖的移动UI设计。

2.11.1 本章小结

本章主要讲解了Adobe XD的基本操作方法，首先从文件的基本操作入手，讲解了打开、导入、存储文件的方法，接着介绍了辅助工具的一些操作方法，包括参考线、智能参考线和网格的使用方法。通过本章的学习，读者需要了解新建、打开和保存文件等基本操作，并掌握画板的基本操作方法和技巧。

2.11.2　扩展练习——为Android系统UI设计添加参考线

源文件：资源包\源文件\第2章\2-11-2.xd
素材：无
技术要点：掌握【添加参考线】的方法

扫描查看演示视频

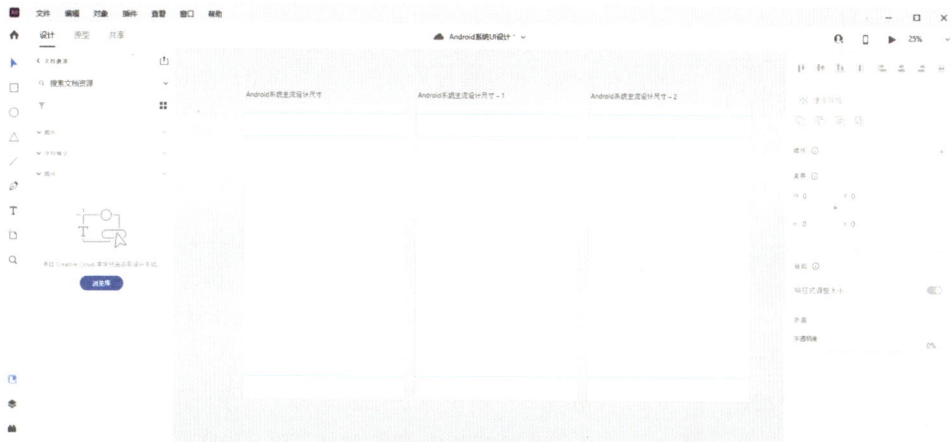

完成本章内容学习后，接下来通过为XD文件中的画板添加参考线，检验一下用户对Adobe XD辅助工具的学习效果，同时加深对所学知识的理解，案例效果如图2-69所示。

图2-69 案例效果

提示　根据前面讲解的移动端 UI 设计知识，为 Android 系统 UI 设计添加参考线，完成 UI 设计的基础布局。

读书
笔记

第3章 使用 Adobe XD 完成原型设计

本章将从创建对象、为对象设置样式、编辑对象，以及文本的创建和管理、设计画板等操作入手，向用户详细介绍如何使用Adobe XD完成一款移动App的原型设计。

3.1 创建对象

使用Adobe XD工具栏中的矩形工具、椭圆工具、多边形工具、直线工具和钢笔工具可以在工作区域（包括画板和粘贴板）中创建对象。

3.1.1 使用"矩形工具"创建对象

单击工具栏中的"矩形"按钮，将光标移动到工作区域，按住鼠标左键并拖曳可以创建任意大小的矩形对象，如图3-1所示。

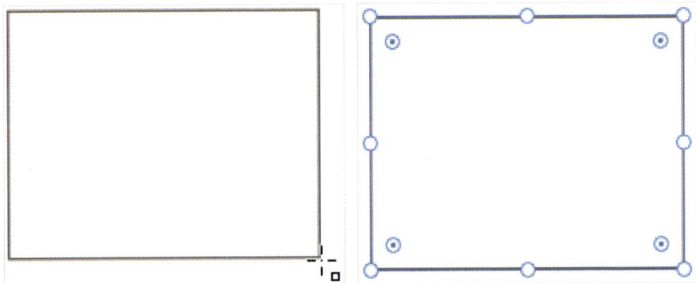

图3-1 创建矩形对象

提示 使用"矩形工具"在画板中绘制对象时，按住【Shift】键，可以直接绘制正方形对象；按住【Alt】键，将以单击点为中心向四周扩散绘制矩形对象；按住【Shift+Alt】组合键，将以单击点为中心，向四周扩散绘制正方形对象。

如果想要绘制圆角矩形对象，首先需要绘制一个矩形对象，然后将光标移至矩形对象任意方向的手柄上，按住鼠标左键并向中心拖曳，可以为矩形的顶点添加弧度，完成创建圆角矩形对象的操作，如图3-2所示。

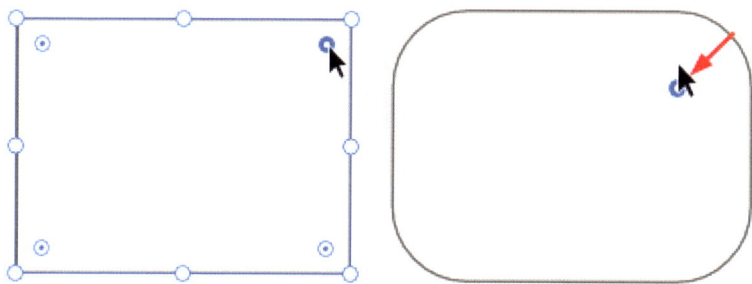

图3-2 创建圆角矩形对象

3.1.2 使用"椭圆工具"创建对象

　　单击工具栏中的"椭圆"按钮，将光标移动到工作区域，按住鼠标左键并拖曳可以创建任意大小的椭圆对象，如图3-3所示。使用"椭圆"工具在画板中绘制对象时，按住【Shift】键，可以直接绘制正圆对象。

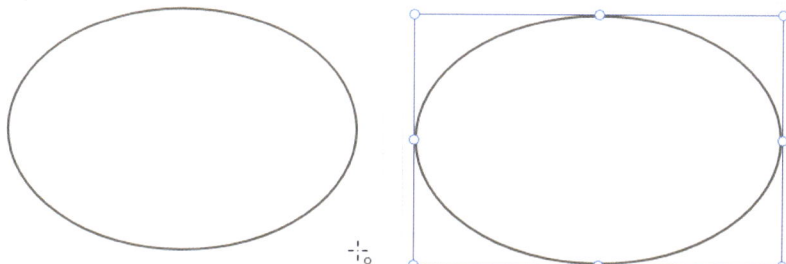

图3-3 创建椭圆对象

3.1.3 使用"直线工具"创建对象

　　使用"直线工具"可以绘制出粗细不同的直线。单击工具栏中的"直线"按钮，将光标移动到工作区域，按住鼠标左键并拖曳可以创建任意长度的直线对象，如图3-4所示。

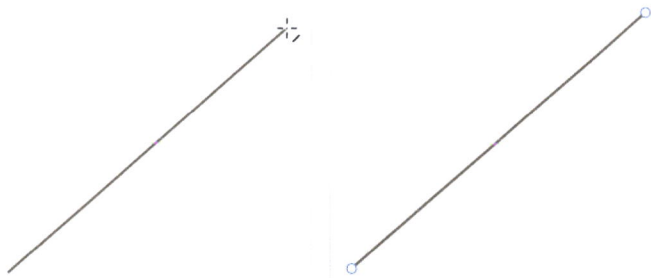

图3-4 创建直线对象

> **提示**　使用"直线"工具绘制直线时，按住【Shift】键的同时拖曳鼠标，则可以绘制水平、垂直或者以 45° 角为增量的直线。

3.1.4 使用"多边形工具"创建对象

　　使用"多边形工具"可以创建三角形、菱形、六边形和星形等多边形对象。单击工具栏中的"多边形"按钮，将光标移动到工作区域，按住鼠标左键并拖曳即可创建三角形对象，如图3-5所示。

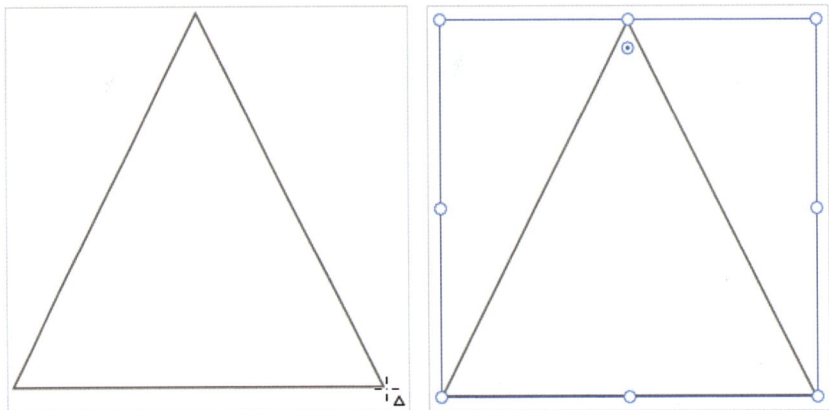

图3-5 创建三角形对象

　　创建三角形对象后，在"属性"面板中的"角计数"文本框中输入数值，可将三角形对象调整为多边形对象。例如，在"角计数"文本框中输入数字6，刚刚绘制的三角形对象将变为六边形对象，如图3-6所示。

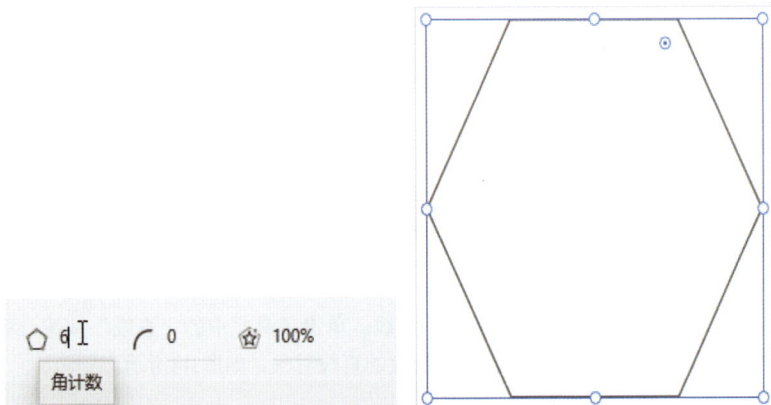

图3-6 绘制六边形对象

　　将光标移至多边形对象的手柄（半径设定）上，按住鼠标左键并向中心拖曳可以为六边形添加圆角半径值；用户也可以在"属性"面板的"圆角半径"文本框输入具体数值，完成为多边形对象添加圆角半径的操作，如图3-7所示。

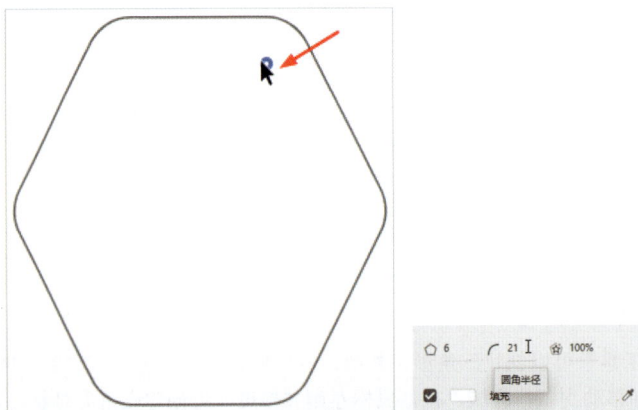

图3-7 为多边形对象添加圆角半径

> **提示**　因为每个多边形对象只有一个半径设置手柄，所以无法单独更改多边形对象每条边的圆角半径。

创建多边形对象后，在"属性"面板的"星形比"文本框输入比例数值，多边形对象将按照输入的数值进行调整，调整后的星形对象效果如图3-8所示。

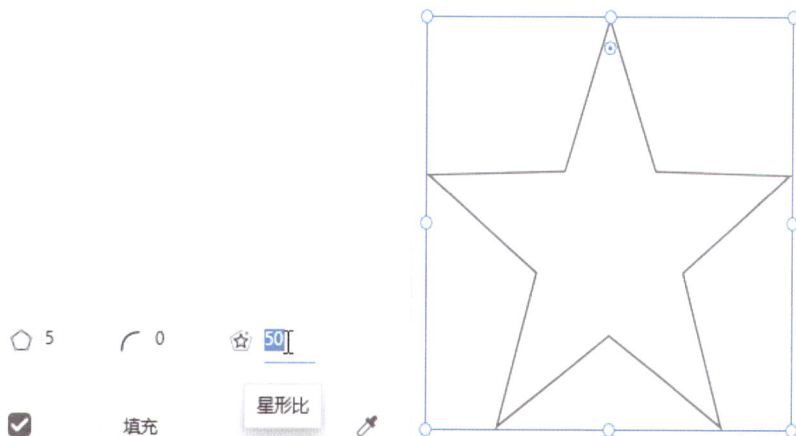

图3-8 使用"星形比"选项创建星形对象

用户也可以将光标移至多边形对象左上方边线的手柄上，当光标变为 状态时，向中心拖曳移动手柄，松开鼠标后即可创建星形对象，如图3-9所示。

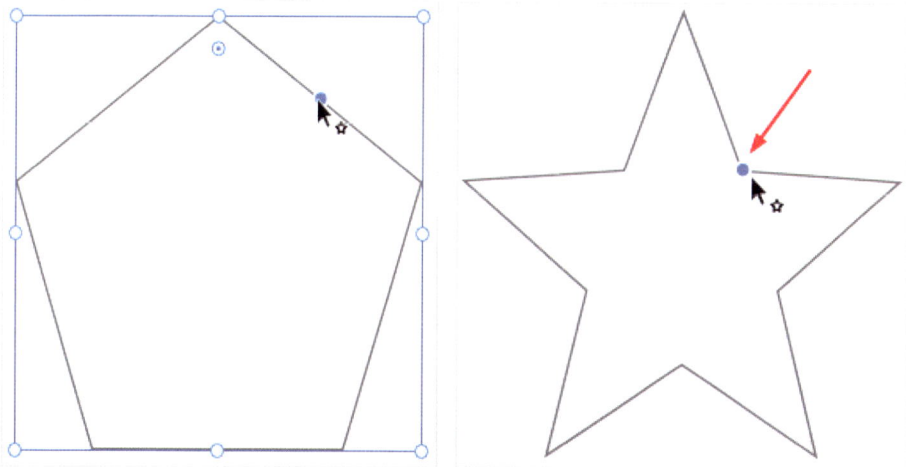

图3-9 使用手柄创建星形对象

3.1.5 使用"钢笔工具"创建对象

在Adobe XD中，使用"钢笔工具"可以创建路径对象。路径是指用户绘制的由一系列点连接起来的线段或者曲线。

◀)) **认识路径**

路径包括有起点和终点的开放式路径，如图3-10所示；没有起点和终点的闭合式路径，如图3-11所示；此外，还可以由多个相对独立的路径组成，每个独立的路径称为子路径，如图3-12所示。

图3-10 开放式路径　　　　　　图3-11 闭合式路径　　　　　　图3-12 多条路径

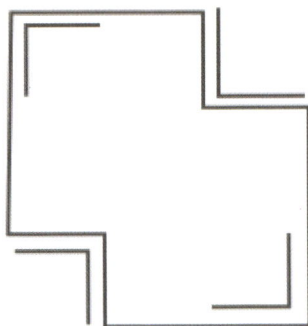

　　路径是由直线路径段或者曲线路径段组成的，它们通过锚点连接。锚点分为两种，一种是平滑点，另一种是角点。连接平滑点可以形成平滑的曲线，如图3-13所示；连接角点可以形成直线或者转角曲线，如图3-14和图3-15所示。曲线路径段上的锚点有方向线，方向线的端点为方向点，主要用来调整曲线的形状。

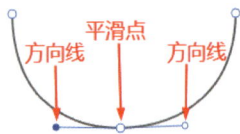

图3-13 由平滑点组成的曲线　　　　　图3-14 由角点形成的直线　　　　　图3-15 转角曲线

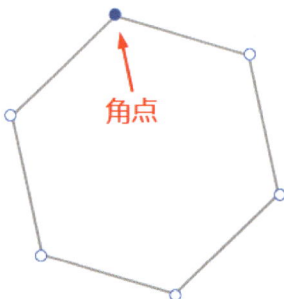

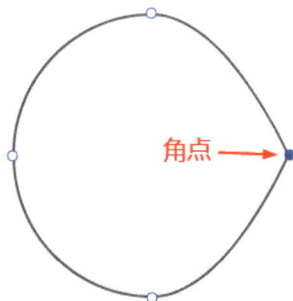

> **提示** 其实，路径是矢量式线条，因此无论缩小或者放大路径对象，都不会影响它的分辨率或者平滑度。

🔊 创建直线路径对象

　　单击工具栏中的"钢笔"按钮，将光标移至工作区域中，当光标变为 状态时，单击即可创建一个锚点，如图3-16所示。将光标移至下一处位置并单击，创建第二个锚点，两个锚点会连接成一条由角点定义的直线路径，如图3-17所示。

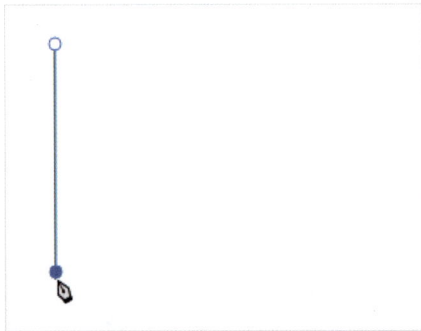

图3-16 创建锚点　　　　　　　　　图3-17 绘制直线路径

使用相同的方法，在其他位置单击创建第二条直线，如图3-18所示。将光标移至第一个锚点的上方，当光标变为 ▶ 状态时，单击即可闭合路径，如图3-19所示。

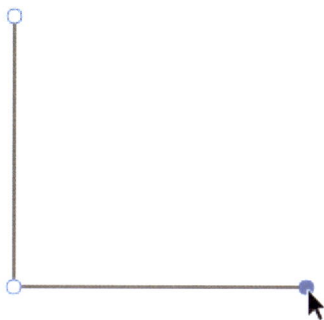

图3-18 创建第二条直线

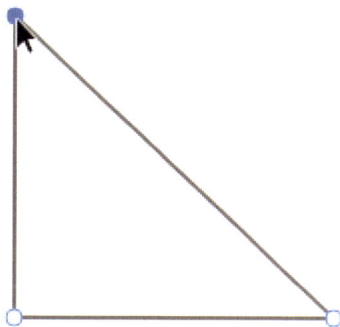

图3-19 闭合路径

提示　使用"钢笔工具"绘制直线的方法比较简单，在操作时只需单击，不要拖动鼠标，否则将绘制出曲线路径。如果按住【Shift】键的同时使用"钢笔工具"绘制直线路径，则可以绘制水平、垂直或者以 45° 角为增量的直线。

创建曲线路径对象

单击工具栏中的"钢笔"按钮，将光标移至工作区域，按住鼠标左键并拖曳创建一个平滑点，如图3-20所示。

将光标移至下一个位置再次按住鼠标左键并拖曳，创建第二个平滑点，如图3-21所示。使用相同的方法，继续创建平滑点，绘制一段平滑的曲线，如图3-22所示。

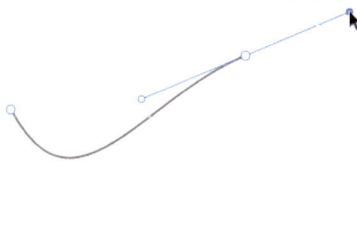

图3-20 创建平滑点　　图3-21 创建第二个平滑点　　图3-22 绘制平滑的曲线

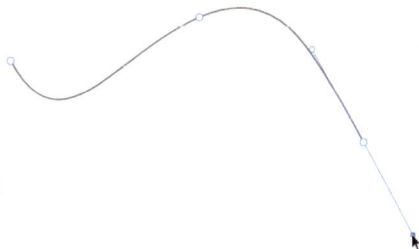

？疑问解答　如何结束开放式路径的绘制

如果要结束一段开放式路径的绘制，可以单击工具栏中的其他工具，或者按【Esc】键，即可结束当前路径的绘制。

提示　在使用"钢笔工具"绘制曲线的过程中，通过拖动方向线控制其方向和长度，进而影响下一个锚点生成路径的走向，从而绘制出不同效果的曲线。

3.2　为对象设置样式

用户在Adobe XD中创建对象后，可以在"属性"面板中为对象添加样式，包括设置填充颜色、边界颜色和阴影等，还可以使用布尔运算、形状蒙版和重复元素等为对象设置更加精细的样式。

3.2.1 设置填充、边界和阴影

接下来为用户讲解如何在Adobe XD中为对象添加填充颜色、边界颜色和阴影样式的方法和技巧。

◀)) 设置"填充"颜色

创建或者选择一个对象，在"属性"面板中单击"填充"选项前面的色块，弹出"拾色器"对话框，用户可以在该对话框的色域中选择需要的颜色，也可以直接输入颜色值以获得准确的颜色，如图3-23所示。设置完成后，对象的填充效果如图3-24所示。

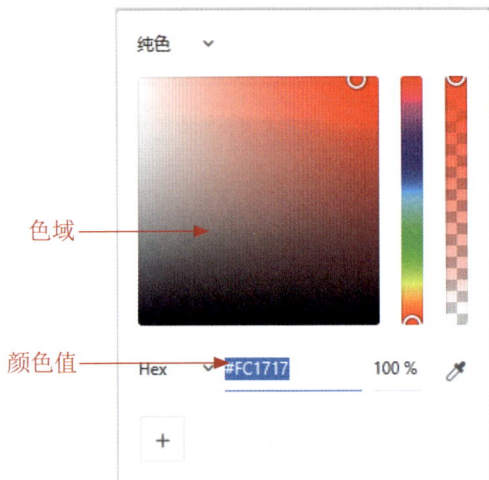

色域

颜色值

图3-23 "拾色器"对话框　　　　　图3-24 填充效果

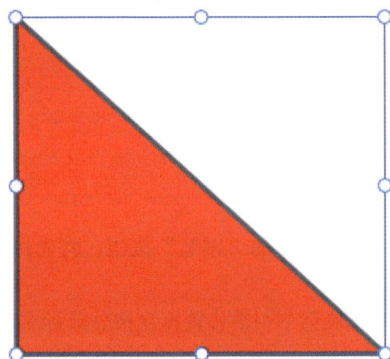

还可以单击"填充"选项后面的"吸管"按钮，在Adobe XD的工作界面中单击吸取颜色，如图3-25所示，吸取到的颜色将被设置为对象的填充颜色。

同时，Adobe XD为用户提供了3种颜色显示方式，分别为Hex、RGB和HSB，如图3-26所示。

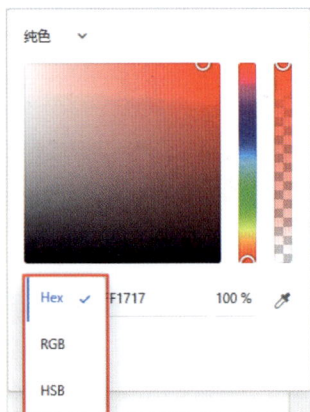

图3-25 吸取颜色　　　　　图3-26 颜色显示方式

> **提示** 创建对象后，其"填充"颜色默认为"停用"状态，而"边界"颜色默认为"启用"状态，默认的边界颜色是 #707070。

🔊)) 创建和修改渐变颜色

　　除了可以为对象添加纯色的填充颜色，在Adobe XD中还可以为对象添加线性渐变和径向渐变的填充颜色。

　　使用渐变颜色可以创建多种颜色间的逐渐混合，实质上就是在对象中填入一种具有多种颜色过渡的混合色。这种混合色可以是纯色到另一种纯色的过渡，也可以是纯色与透明颜色间的相互过渡或者是其他颜色间的相互过渡。

● 线性渐变

　　单击"拾色器"对话框左上角的 ⌄ 按钮，打开如图3-27所示的填充类型下拉列表框，选择"线性渐变"选项，在"拾色器"对话框顶部将出现渐变颜色条，如图3-28所示。

　　单击渐变颜色条上的色标将其选中，拖动可移动色标位置。然后在色域中单击为色标指定颜色。在颜色值文本框中输入颜色值，也可为色标指定颜色。

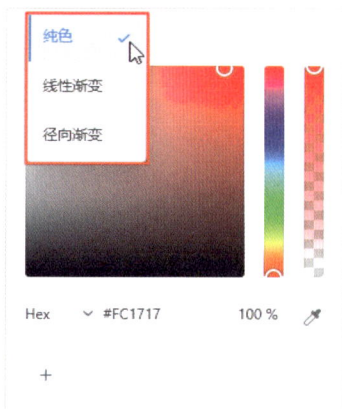

图3-27 填充类型下拉列表框　　　　　　　　图3-28 渐变颜色条

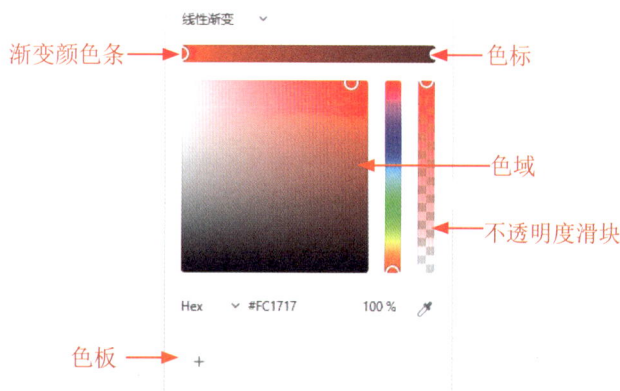

　　如果想给线性渐变指定多种颜色，可以在渐变颜色条中单击，此时渐变颜色条中会多出一个渐变色标，然后为这个渐变色标指定一种颜色，如图3-29所示。为色标指定颜色后，对象上的渐变编辑器如图3-30所示。

图3-29 为新建色标指定颜色　　　　　　　　图3-30 对象上的渐变编辑器

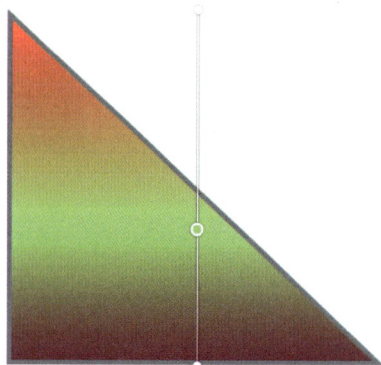

　　选中渐变颜色条上的某个色标后，拖动不透明度滑块可以改变该色标的不透明度，如图3-31所示。用户也可以在"拾色器"对话框下方的Alpha文本框中输入具体数值，为色标设置不透明度，如图3-32所示。

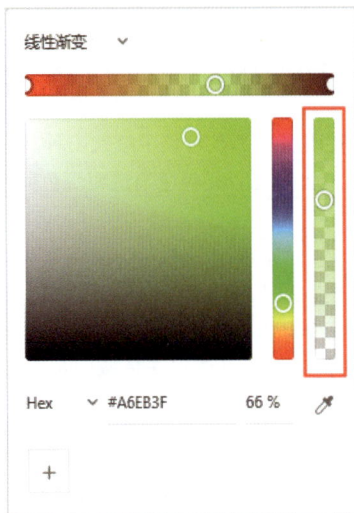

图3-31 拖曳不透明度滑块

图3-32 设置Alpha文本框

● 径向渐变

在"拾色器"对话框左上角的填充类型下拉列表框中选择"径向渐变"选项，"拾色器"对话框如图3-33所示，对象应用的渐变颜色如图3-34所示。其使用方法与线性渐变的使用方法相同，此处不再赘述。

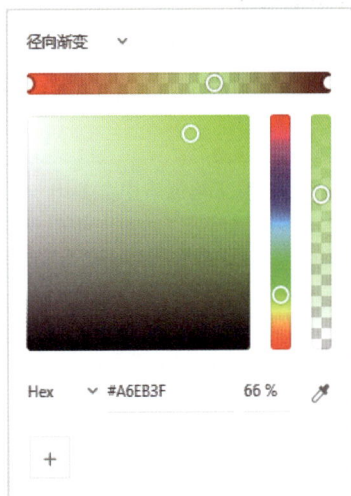

图3-33 "拾色器"对话框

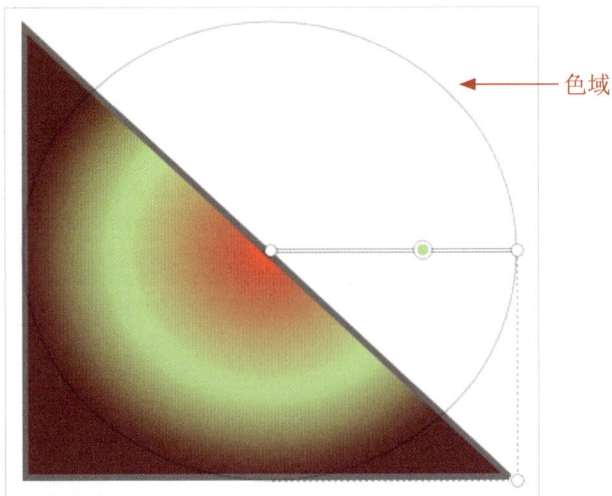

色域

图3-34 应用径向渐变

提示　Adobe XD中的线性渐变是沿直线从起点到终点进行着色，而径向渐变则是从起点到终点以圆形范围进行着色。用户可以选择需要的渐变类型，从而得到不同的渐变效果。

◀) 设置"边界"颜色

"边界"用来为对象设置描边颜色，该选项与设置"填充"的方法类似，需要注意的是，边界颜色只能设置为纯色。

一般情况下，用户在工作区域中创建对象后，该对象的"边界"选项为选中状态，边界宽度默认为1px，如图3-35所示。

　　在"属性"面板中单击"边界"选项前面的色块，弹出"拾色器"对话框，如图3-36所示，在该对话框中的色域内单击或者在颜色值文本框中输入具体数值，为对象指定边界颜色。

图3-35 "边界"选项的默认状态

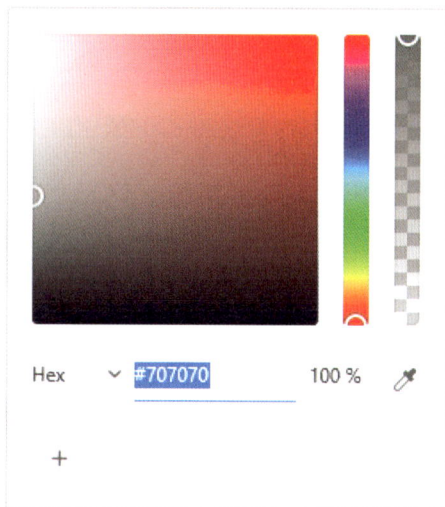

图3-36 指定边界颜色

　　为对象指定边界颜色后，还可以将边界由实线调整为虚线，并为虚线设置间隔宽度，如图3-37所示。设置不同的虚线数量和间隔宽度，对象边界颜色的显示效果也会不同，如图3-38所示。

图3-37 设置虚线边界

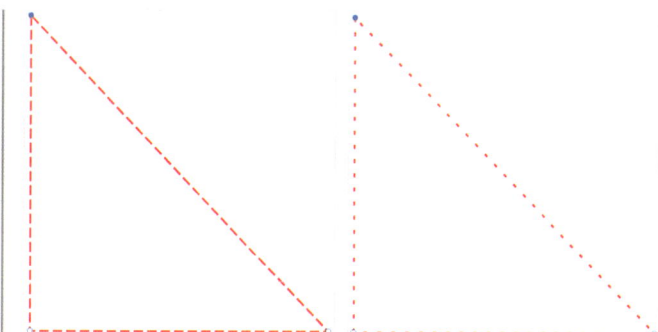

图3-38 设置不同的虚线数量和间隔宽度效果

　　用户还可以在"属性"面板中为对象的边界设置边界位置、端点和触点形状等，如图3-39所示。

图3-39 设置边界位置、端点和触点形状

55

单击"内部描边"按钮 ⌐，对象的边界内容位于对象边线内，如图3-40所示。单击"外部描边"按钮 ⌐，对象的边界内容位于对象边线外，如图3-41所示。单击"中心描边"按钮 ⌐，对象的边界内容位于对象边线的中心点，如图3-42所示。

图3-40 内部描边　　　　　　　　图3-41 外部描边　　　　　　　　图3-42 中心描边

单击"平头端点"按钮 ⌐，对象边界内容的两端变为光滑的平头，如图3-43所示。单击"圆头端点"按钮 ⌐，对象边界内容的两端变为圆头，如图3-44所示。单击"矩形端点"按钮 ⌐，对象边界内容的两端变为突出的矩形，如图3-45所示。

图3-43 平头端点　　　　　　　　图3-44 圆头端点　　　　　　　　图3-45 矩形端点

单击"斜接连接"按钮 ⌐，对象的边界角点使用斜接的方式进行连接，如图3-46所示。单击"圆角连接"按钮 ⌐，对象的边界角点使用圆头的方式进行连接，如图3-47所示。单击"斜面连接"按钮 ⌐，对象的边界角点使用斜切方式进行连接，如图3-48所示。

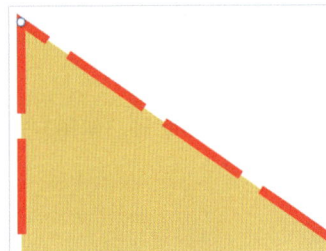

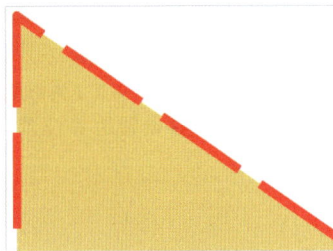

图3-46 斜接连接　　　　　　　　图3-47 圆角连接　　　　　　　　图3-48 斜面连接

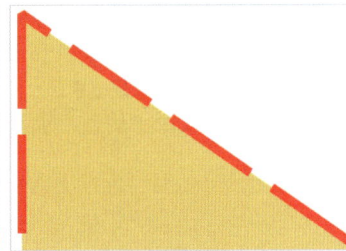

🔊 设置"阴影"样式

创建对象或者选中一个对象后，在"属性"面板中单击"阴影"选项前面的色块，弹出"拾色器"对话框，如图3-49所示，可以在该对话框中为对象的阴影指定一个颜色。

设置完成后"阴影"选项变为选中状态，同时选项下方出现3个文本框，分别为X位置（X）、Y位置（Y）和模糊（B），如图3-50所示。使用这3个文本框可为对象设置阴影的偏向方向和模糊程度，使对象的阴影更加符合用户的想象和要求。

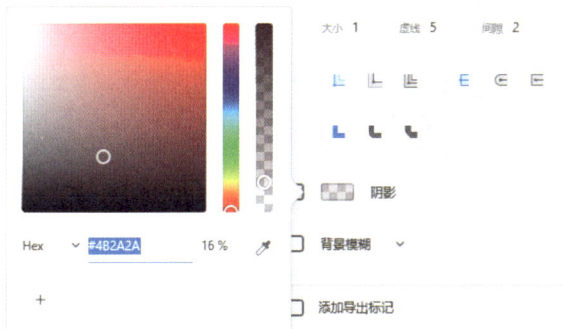

图3-49 为阴影指定颜色

图3-50 文本框选项

3.2.2　应用案例——绘制iOS系统的状态栏图标

源文件：资源包\源文件\第3章\3-2-2.xd

素材：无

技术要点：掌握【钢笔工具和对象样式】的使用方法

扫描观看视频

STEP 01 新建一个 375px×20px 的文件，单击工具栏中的"矩形"按钮，在画板中连续绘制 4 个矩形对象，在"属性"面板中设置矩形对象的填充颜色为黑色，边界颜色为无，如图 3-51 所示。

STEP 02 逐一选中矩形对象，在"属性"面板的"圆角半径"文本框中输入 0.3，将矩形对象调整为更加符合移动 UI 设计的圆角矩形对象。调整完成后，iOS 系统状态栏中的信号图标如图 3-52 所示。

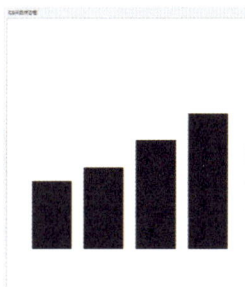

图3-51 绘制4个矩形对象　　　　　图3-52 信号图标

STEP 03 单击工具栏中的"钢笔"按钮，在画板中连续单击绘制不规则对象。完成后按住【Alt】键不放并使用"选择工具"向下拖曳对象，复制不规则对象。执行"对象 > 变换 > 垂直翻转"命令，对象效果如图 3-53 所示。

STEP 04 使用"钢笔工具"绘制直线路径对象，在"属性"面板中为直线路径对象设置填充颜色，并设置边界颜色为无。复制直线路径对象并进行垂直翻转，操作完成后，iOS 系统的蓝牙图标如图 3-54 所示。

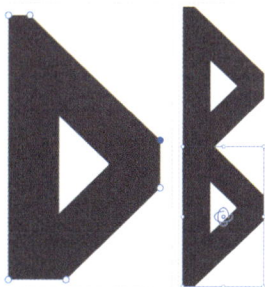

图3-53 对象效果　　　　　图3-54 蓝牙图标

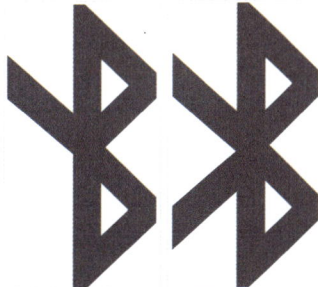

？疑问解答 移动端 UI 中的工具图标

移动端的 UI 图标按照功能主要分为 3 类，分别是启动图标、装饰图标和工具图标，本案例中绘制的状态栏图标就属于工具图标。

工具图标是移动 UI 设计中使用最频繁的图标类型，也是最常见的图标类型。每个工具图标都有明确功能、提示含义的标识。接下来为用户详细介绍工具图标的设计风格。

工具图标常见的设计风格有线性风格、面性风格和混合风格，下面逐一进行讲解。

● **线性风格图标**

所谓线性风格，即图标是通过线条的描边轮廓勾勒出来的，多为纯色的闭合轮廓。图 3-55 所示为一组线性风格的图标。

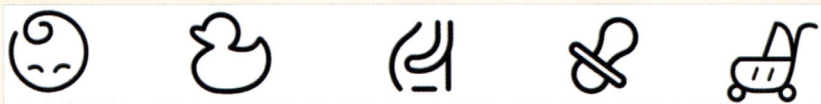

图3-55 线性风格图标

线性风格的图标看似简单，但可以通过控制图标线条的轮廓、粗细和颜色，实现更丰富的效果。图 3-56 所示为运用了不同表现手法的线性风格图标。

图3-56 运用了不同表现手法的线性风格图标

● **面性风格图标**

所谓面性风格，即对内容区域进行色彩填充。在这类图标中，通常用纯色进行填充。图 3-57 所示为一组面性风格的图标。

图3-57 面性风格图标

面性风格的表现手法很多，除了使用纯色方式，还有非常多的视觉表现类型。图 3-58 所示为扁平插画和渐变色彩的视觉表现手法。

扁平插画

渐变色彩

图3-58 扁平插画和渐变色彩的视觉表现效果

● 混合风格图标

所谓混合风格，即将线性风格和面性风格相组合，形成一种既有线性描边轮廓，又有色彩填充区域的图标，其常见的表现手法如图 3-59 所示。

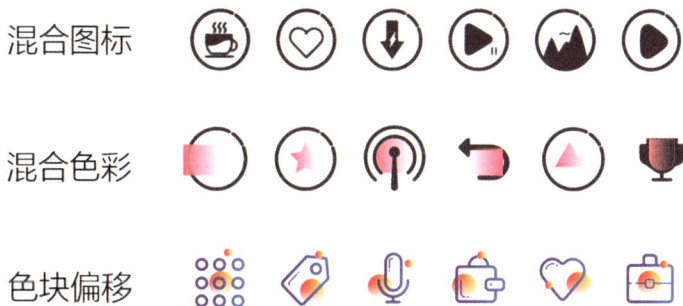

混合图标

混合色彩

色块偏移

图3-59 混合风格图标及变形效果

3.2.3 布尔运算

在"属性"面板顶部的"重复网格"选项下方包含4种布尔运算方式，分别为添加、减去、交叉和排除重叠，如图3-60所示。选中两个或者多个对象后，通过选择不同的运算方式，可以实现更丰富的路径效果。

图3-60 4种布尔运算

◀)) 添加

使用"添加"运算方式，可以将某个对象的部分面积添加到与之相交的对象中。在Adobe XD的工作区域中，选中两个对象，如图3-61所示。单击"属性"面板中的"添加"按钮，可以得到添加后的对象，效果如图3-62所示。

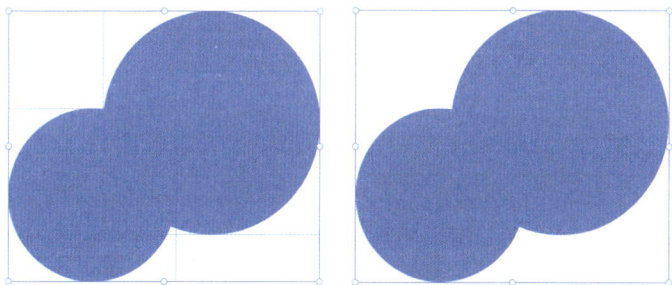

图3-61 选中两个对象　　　　图3-62 "添加"对象效果

　　按住【Ctrl】键不放并使用"选择"工具连续单击选中多个对象，如图3-63所示。按【Ctrl+Alt+U】组合键，将多个对象合并为一个对象，如图3-64所示。此时，"属性"面板中的"添加"按钮变为蓝色。

| 图3-63 选中多个对象 | 图3-64 合并为一个对象 |

> **提示**　进行"添加"运算，添加对象的填充颜色和边界颜色与最底层对象的填充颜色和边界颜色相同。

🔊 减去

　　使用"减去"运算方式，可以从大面积对象的区域范围中去除小面积对象的区域范围。在Adobe XD的工作区域中，选择两个或者多个对象，如图3-65所示。单击"属性"面板中的"减去"按钮⬚或者按【Ctrl+Alt+S】组合键，可以得到减去后的对象，效果如图3-66所示。

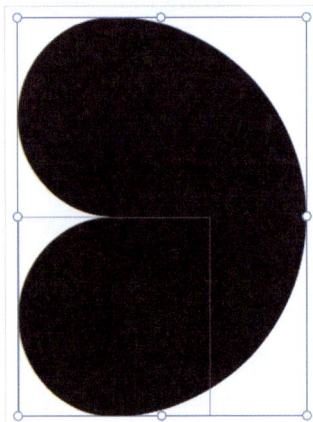

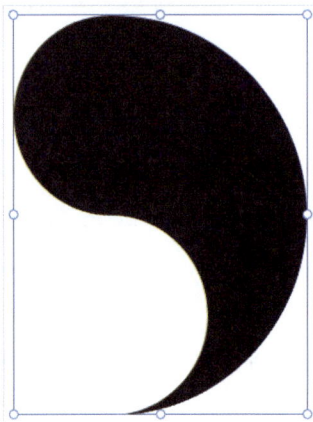

| 图3-65 选中对象 | 图3-66 "减去"对象效果 |

> **提示**　进行"减去"运算后，减去对象的填充颜色和边界颜色与最底层对象的填充颜色和边界颜色相同。

🔊 交叉

　　使用"交叉"运算方式，可以得到对象与对象之间相交的区域范围。在Adobe XD的工作区域中，选中两个或者多个对象，如图3-67所示。单击"属性"面板中的"交叉"按钮⬚或者按【Ctrl+Alt+I】组合键，可以得到对象中的交叉区域范围，效果如图3-68所示。

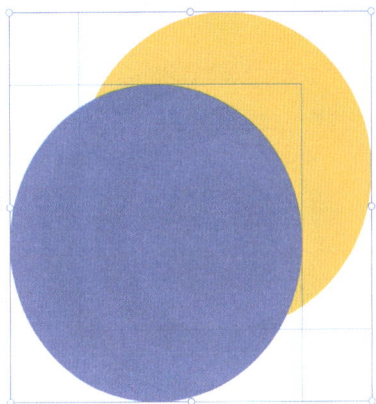

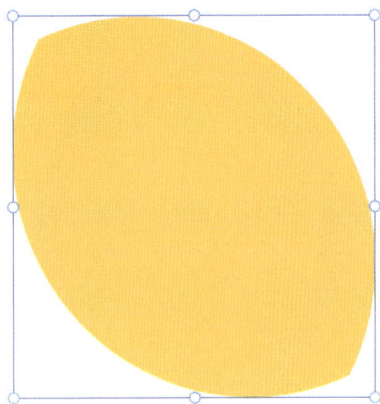

图3-67 选中对象　　　　　　　　　　图3-68 "交叉"对象效果

提示 　进行"交叉"运算后，交叉对象的填充颜色和边界颜色与最底层对象的填充颜色和边界颜色相同。

◀)) 排除重叠

使用"排除重叠"运算方式，可以使用某个对象的面积反转其他对象，并将对象的相交区域变成孔，反之亦然。在Adobe XD的工作区域中，选中两个或者多个对象，如图3-69所示。单击"属性"面板中的"排除重叠"按钮🗗或者按【Ctrl+Alt+X】组合键，效果如图3-70所示。

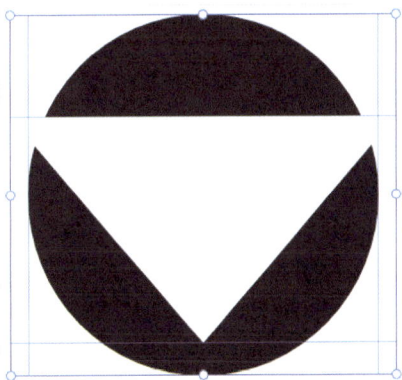

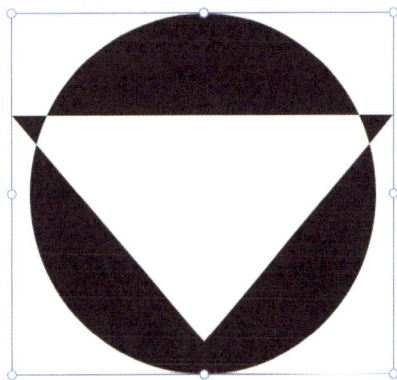

图3-69 选中对象　　　　　　　　　　图3-70 "排除重叠"对象效果

提示 　进行"排除重叠"运算后，排除重叠对象的填充颜色和边界颜色与最底层对象的填充颜色和边界颜色相同。

3.2.4　应用案例——绘制iOS系统Wi-Fi和电池图标

源文件：资源包\源文件\第3章\3-2-4.xd
素材：资源包\素材\第3章\32401.xd
技术要点：掌握【布尔运算】的使用方法

扫描观看视频　扫描下载素材

STEP 01 打开"素材\第 3 章\32401.xd"文件，单击工具栏中的"椭圆"按钮，在画板中绘制两个正圆对象。绘制完成后选中两个对象，单击"属性"面板顶部的"减去"按钮，效果如图 3-71 所示。

STEP 02 使用步骤 1 的绘制方法再次制作一个圆环对象，使用"椭圆"工具绘制正圆对象。绘制完成后选中两个圆环和正圆，单击"属性"面板顶部的"添加"按钮，对象效果如图 3-72 所示。

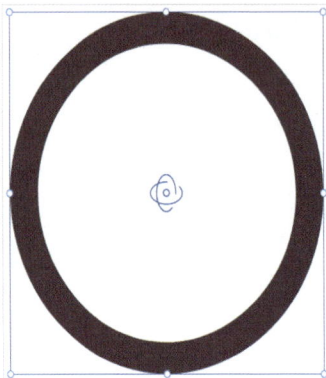

图3-71 制作圆环对象　　　　图3-72 合并多个对象

STEP 03 使用"钢笔"工具绘制一个三角形对象，选中三角形对象和圆环对象，单击"属性"面板顶部的"交叉"按钮，得到的 Wi-Fi 图标效果如图 3-73 所示。

STEP 04 继续使用步骤1～步骤3的绘制方法，完成 iOS 系统电池图标的绘制，图标效果如图 3-74 所示。

图3-73 绘制Wi-Fi图标　　　　图3-74 电池图标效果

3.2.5 形状蒙版

使用蒙版可以隐藏图像或者对象中的多余部分，方便用户在浏览App界面时更加专注于设计中的特定元素。接下来为用户讲解如何为对象和图片添加蒙版。

在Adobe XD的工作区域中添加一张素材图像，然后在图像上创建一个圆角矩形对象，如图3-75所示。同时选中圆角矩形对象和图像，执行"对象>带有形状的蒙版"命令或者按【Shift+Ctrl+M】组合键，对象外部的图像将被遮罩，效果如图3-76所示。

图3-75 添加图像并创建圆角矩形对象　　　　图3-76 为对象和图像添加蒙版

如果想要编辑蒙版形状中的内容，可以双击蒙版形状，被遮罩的图片区域将以半透明的方式显示，如图3-77所示。此时，用户可以移动、旋转和缩放图像，用以调整图像的显示内容。

如果想要禁用或者删除遮罩，首先选择蒙版形状，然后单击鼠标右键并在弹出的快捷菜单中选择"取消蒙版编组"命令，如图3-78所示，或者按【Shift+Ctrl+G】组合键，都可以将蒙版形状恢复为独立的对象和图像。

图3-77 显示被遮罩区域　　　　　图3-78 选择"取消蒙版编组"命令

3.2.6 创建重复元素

在Adobe XD中，使用"重复网格"功能可以将选中的对象合成为一个重复元素，然后向任意方向拖曳，可以创建任意数量的重复元素。该选项对于拥有大量重复元素和内容列表的移动App原型来说，非常便利和实用。

在Adobe XD的工作区域中，选中多个对象、文本和形状蒙版等元素，如图3-79所示。然后单击"属性"面板中的"重复网格"按钮，"属性"面板如图3-80所示。

图3-79 选中多个元素　　　　　图3-80 "属性"面板

将多个元素设定为重复元素后，显示效果如图3-81所示。向任意方向拖曳重复元素的边线，可以创建多个重复元素，如图3-82所示。

图3-81 重复元素的显示效果

图3-82 创建多个重复元素

> **提示** 修改重复元素的任意样式时，所做的更改都会复制到网格的所有元素中。例如，如果用户更改了其中一个元素的图像大小，则网格中的所有图像都会自动调整大小。

3.3 编辑对象

设计一款移动App原型通常需要运用大量的对象，同时用户还需要对这些对象进行多次编辑，才能得到理想的App原型效果。为了方便用户制作出更满意的App原型设计，下面讲解对象的编辑方法和应用技巧。

3.3.1 选择和移动对象

选择和移动对象是用户在设计移动端原型作品时最常用到的操作，也是编辑对象的基本操作。

要想实现编辑对象，首先要选择对象。单击工具栏中的"选择"按钮，将光标移至工作区域中，当光标变为 ▶ 状态时，单击对象或者组即可完成选中操作，如图3-83所示。

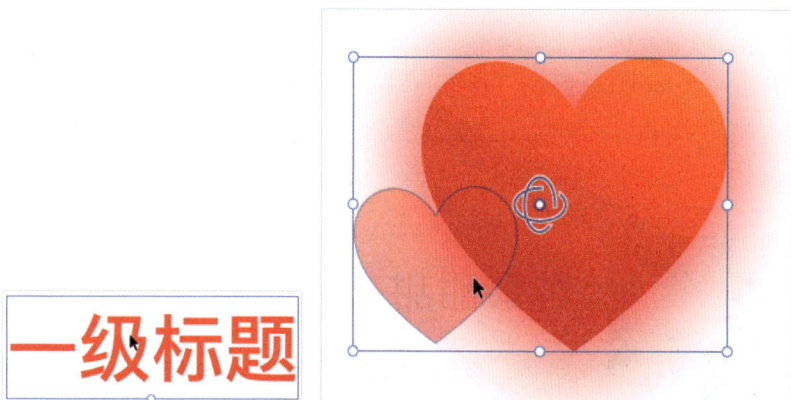

图3-83 选中对象或者组

按住鼠标左键并向任意方向拖曳创建选择范围，如图3-84所示，松开鼠标后，选择范围内的所有对象、组、图像和文本都将被选中。用户也可以按住【Shift】键不放并逐个单击想要选中的对象，如图3-85所示，完成后即可选中多个对象。

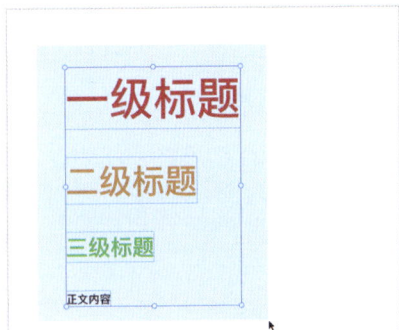

图3-84 创建选择范围

图3-85 选中多个对象

对象被选中后，对象的四周会出现蓝色边框。此时，将光标置于被选中对象的蓝色边框范围内，按住鼠标左键并拖曳对象到其他位置，松开鼠标后，对象将被放置在该位置上。

3.3.2 复制、粘贴和删除对象

在制作移动端原型设计时，除了选择和移动操作，复制、粘贴和删除也是用户在编辑对象时最常使用的操作。

如果用户想要制作重复对象，可以通过"拷贝"和"粘贴"命令来完成。选中想要复制的对象，执行"编辑>拷贝"命令，然后执行"编辑>粘贴"命令，所复制的对象将出现在原位。

用户也可以选中对象并单击鼠标右键，在弹出的快捷菜单中选择"拷贝"命令，如图3-86所示。然后在工作区域的空白处单击鼠标右键，在弹出的快捷菜单中选择"粘贴"命令，如图3-87所示，所复制的对象将同样出现在原位。

图3-86 选择"拷贝"命令

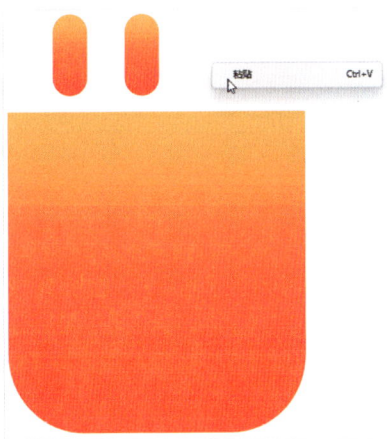

图3-87 选择"粘贴"命令

提示　如果用户想要快速创建重复对象，可以选中对象后，先按【Ctrl+C】组合键复制对象，再按【Ctrl+V】组合键粘贴对象。

按住【Alt】键不放并向任意方向拖曳选中对象，如图3-88所示。将对象移动到所需位置后松开鼠标，所复制的对象将出现在该位置上。

如果用户想要删除Adobe XD工作区域中的多余对象，首先需要将其选中，然后执行"编辑>删除"命令或者按【Delete】键。也可以选中要删除的对象并单击鼠标右键，在弹出的快捷菜单中选择"删除"命令，如图3-89所示。

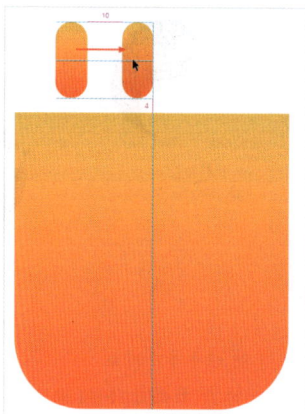

图3-88 拖曳复制对象

图3-89 选择"删除"命令

3.3.3 对齐、分布和排列对象

除了选择、移动、复制、粘贴和删除对象，用户还可以对Adobe XD中的对象进行对齐、分布和排列等操作。

Adobe XD的"属性"面板中包含8个对齐与分布按钮，选中两个或者两个以上的对象，单击"属性"面板顶部的任一对齐或者分布按钮，选中的对象将按照所选方式进行排列。

在Adobe XD工作区域中选择两个以上的对象，如图3-90所示。单击"顶部对齐"按钮▛或者按【Shift+Ctrl+↑】组合键，选中对象以最上方对象的上边边线对齐，如图3-91所示。

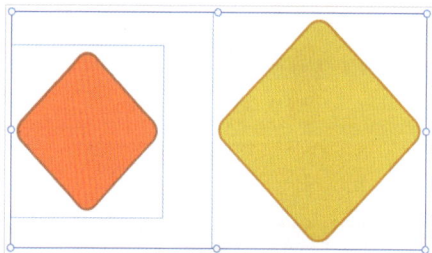

图3-90 选中两个以上的对象

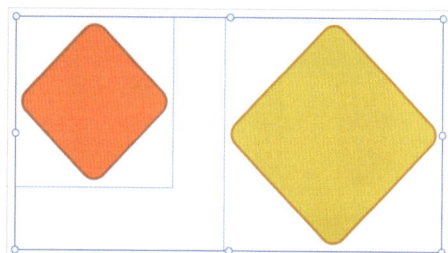

图3-91 顶部对齐

单击"居中对齐（垂直）"按钮▥或者按【Shift+M】组合键，选中对象沿垂直方向居中对齐，如图3-92所示。

单击"底部对齐"按钮▙或者按【Shift+Ctrl+↓】组合键，选中对象以底部对象的下边边线对齐，如图3-93所示。

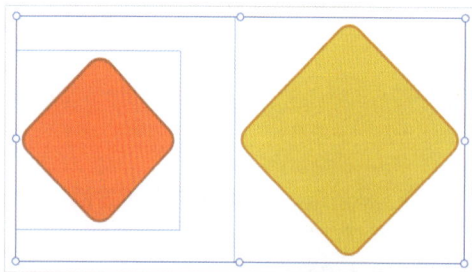

图3-92 居中对齐（垂直）

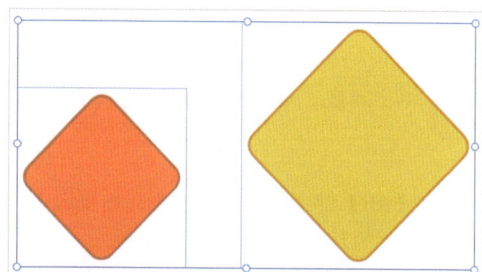

图3-93 底部对齐

在Adobe XD工作区域中选择3个以上的对象，如图3-94所示。单击"水平分布"按钮▥或者按【Shift+Ctrl+H】组合键，选中对象具有相同的左右间隔，如图3-95所示。

图3-94 选中3个以上的对象　　　　　　　　图3-95 水平分布

在Adobe XD工作区域中选择两个以上的对象，如图3-96所示。单击"左对齐"按钮▐▀或者按【Shift+Ctrl+←】组合键，选中对象以最左方对象的左边边线对齐，如图3-97所示。

图3-96 选中两个以上的对象　　　　　　　　图3-97 左对齐

单击"居中对齐（水平）"按钮▌或者按【Shift+C】组合键，选中对象沿水平方向居中对齐，如图3-98所示。单击"右对齐"按钮▐或者按【Shift+Ctrl+→】组合键，选中对象以最右方对象的右边边线对齐，如图3-99所示。

图3-98 居中对齐（水平）　　　　　　　　图3-99 右对齐

在Adobe XD工作区域中选择3个以上的对象，如图3-100所示。单击"垂直分布"按钮▭或者按【Shift+Ctrl+V】组合键，选中对象具有相同的前后间隔，如图3-101所示。

图3-100 选中3个以上的对象　　　　　　　　图3-101 垂直分布

提示　执行"对象>对齐"命令或者"对象>分布"命令，在打开的子菜单中选择任意命令，也可以使选中对象完成对齐和分布操作。

🔊 排列顺序

如果用户想要调整对象的排列顺序，可以通过"对象>排列"子菜单中的命令来完成，包括"置为顶层""前移一层""后移一层"和"置为底层"4个命令，如图3-102所示。

67

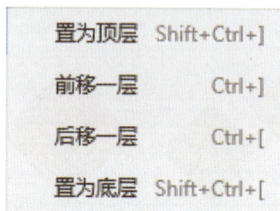

图3-102 4个子菜单命令

除了"排列"命令，也可以使用快捷菜单中的命令或相应的组合键，快速完成调整对象排列顺序的操作。

例如，选中对象并单击鼠标右键，在弹出的快捷菜单中选择"后移一层"命令，如图3-103所示，或者按【Ctrl+[】组合键，完成后该对象向后移动一层，效果如图3-104所示。

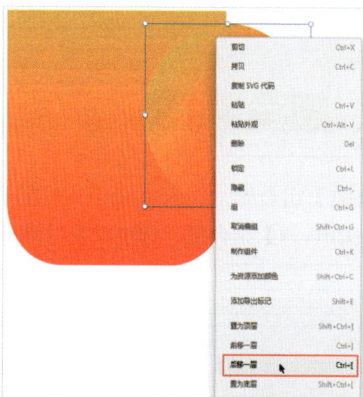

图3-103 选择"后移一层"命令

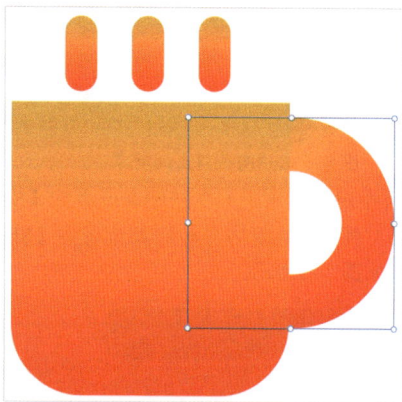

图3-104 排列效果

3.3.4 应用案例——设计制作扁平风格装饰图标

源文件：资源包\源文件\第3章\3-3-4.xd
素材：无
技术要点：掌握【绘制扁平风格图标】的方法

扫描观看视频

STEP 01 新建一个画板尺寸为1024px×1024px 的 XD 文件，单击工具栏中的"椭圆"按钮，在画板中绘制一个正圆对象。单击工具栏中的"矩形"按钮，在画板中绘制一个圆角矩形，如图 3-105 所示。

STEP 02 使用"椭圆工具"绘制两个正圆对象，并在"属性"面板中设置填充颜色。单击工具栏中的"多边形"按钮，在画板中绘制三角形对象，并在"属性"面板中设置角计数、星形比和填充颜色等参数，效果如图 3-106 所示。

图3-105 绘制正圆和圆角矩形对象

图3-106 绘制正圆和星形对象

STEP 03 使用"椭圆"工具在画板中绘制两个正圆对象，调整正圆对象到合适位置，如图 3-107 所示。

STEP 04 选中一个正圆对象，单击鼠标右键，在弹出的快捷菜单中选择"后移一层"命令，完成后继续后移两次所选中的对象，图标效果如图 3-108 所示。

图3-107 绘制两个正圆对象　　　　图3-108 后移选中对象

? 疑问解答　**移动端 UI 中的装饰图标**

装饰图标以美观漂亮为基础，比较常见的有扁平风格图标、拟物风格图标、2.5D 风格图标、多彩风格图标和实物风格图标。

● **扁平风格图标**

扁平风格图标可以理解成使用扁平插画的方式绘制出来的图标，除了继承扁平的纯色填充特性，其相对于普通图标而言拥有更丰富的细节与趣味性。图 3-109 所示为一组采用了扁平风格的图标。

图3-109 扁平风格图标

● **拟物风格图标**

拟物风格图标如今出现的频率越来越高，一般都集中在大型的运营活动中，通常这些活动会通过拟物的方式将标题设计成有故事性的场景，所以相关图标使用拟物的设计形式会更贴合。图 3-110 所示为一组采用了拟物风格的书籍图标。

图3-110 拟物风格图标

● 2.5D风格图标

2.5D 风格是一种偏卡通、像素画风格的扁平设计类型，在一些非必要的设计环境中，使用 2.5D 比较容易搭配主流的界面设计风格，拥有更强的趣味性和空间感。图 3-111 所示为一组采用了 2.5D 风格的手机图标。

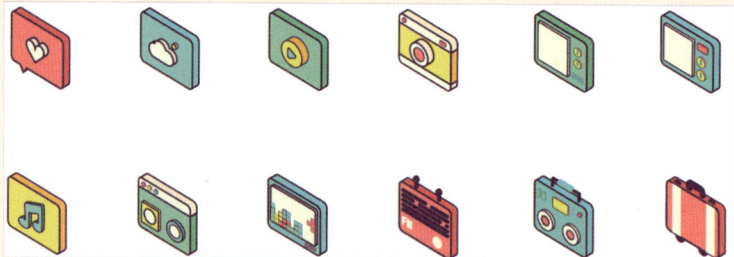

图3-111 2.5D风格图标

● 多彩风格图标

多种风格图标是通过一系列非常激进的渐变和撞色实现的，有时还会使用彩色阴影。使用这种图标的页面会呈现出五彩斑斓的效果，只有在页面内容非常丰富且用户偏向年轻化的产品中才会使用这种图标，是一种较难驾驭的设计风格。图 3-112 所示为一组采用了多彩风格的科技图标。

图3-112 多彩风格图标

● 实物风格图标

实物风格图标通常采用真实物体作为图标的主体。虽然它不是完全依靠用户创作和绘制出来的，但也需要用户根据图标的功能加以选择。此类风格的图标通常比较美观，立体感强，便于浏览者理解图标的功能。图 3-113 所示为一组采用了实物风格的中国风图标。

图3-113 实物风格图标

3.3.5 调整和旋转对象

想要创建出一个移动App原型，不可能一蹴而就，需要经过反复调整、变化和组合，才能达到满意的效果。接下来讲解如何在Adobe XD中通过调整和旋转对象，完成组合和变换移动App原型的操作。

选中对象或者对象组，将光标置于对象或者对象组四周顶点的圆形手柄上，当光标变为↙↗状态时，如图3-114所示，按住鼠标左键并拖曳可以调整对象或者对象组的大小，如图3-115所示。将对象缩放至想要的大小后松开鼠标，完成调整对象大小的操作。

图3-114 光标状态   图3-115 调整对象的大小

单击"属性"面板中W选项和H选项中间的"锁定"图标，如图3-116所示，再对对象或者对象组的大小，调整后的对象或者对象组的宽高比例将保持不变。

按住【Shift】键不放并调整对象或者对象组的大小，调整完成后也可以得到宽高比例保持不变的对象。

图3-116 锁定长宽比

如果用户完成调整对象大小的操作后，对象的显示效果无法满足设计需求，还可以尝试旋转对象的角度，变换对象的显示效果。

选中对象或者对象组，将光标置于对象或者对象组四周顶点的外部边缘，当光标变为↰状态时，如图3-117所示，按住鼠标左键并拖曳可以旋转对象或者对象组的角度，如图3-118所示。将对象旋转到想要的角度后松开鼠标，完成变换对象角度的操作。

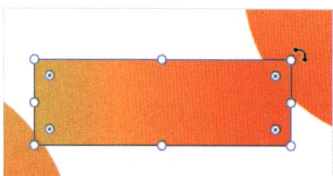

图3-117 光标状态

图3-118 旋转对象

也可以在"属性"面板中的"旋转"文本框中输入具体数值，如图3-119所示，输入完成后，选中的对象或者对象组随之旋转相应的角度，如图3-120所示。

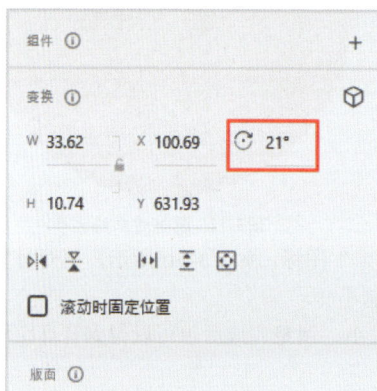

图3-119 输入具体数值

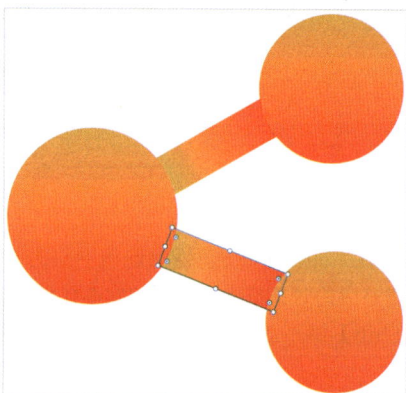

图3-120 旋转相应的角度

3.3.6 编组和锁定对象

随着移动App原型设计的深入制作，对象的数量会逐渐增加。此时，使用编组操作来组织和管理对象，可以使原型设计中的元素结构更加清晰，也便于管理和编辑合成对象。

选中想要编组的多个对象，如图3-121所示。执行"对象>组"命令或者按【Ctrl+G】组合键，可将选中的多个对象编为一个整体，如图3-122所示。

也可以选中对象并单击鼠标右键，在弹出的快捷菜单中选择"组"命令，如图3-123所示。操作完成后，选中的多个对象将成为一个整体。

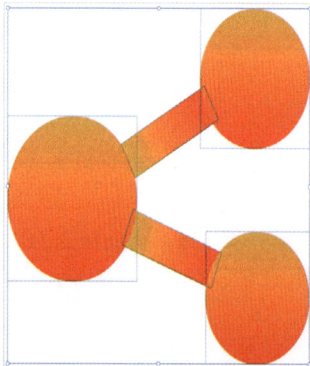

图3-121 选中多个选项

图3-122 编组对象为整体

图3-123 选择"组"命令

提示 选中编组对象，执行"对象＞取消编组"命令或者按【Shift+Ctrl+G】组合键，可以完成取消编组的操作。

选中想要锁定的对象，执行"对象＞锁定"命令或者按【Ctrl+L】组合键，将锁定对象。锁定对象后，对象四周出现灰色边框，同时对象左上角出现锁头标志 🔒 ，如图3-124所示。

用户也可以选中对象并单击鼠标右键，在弹出的快捷菜单中选择"锁定"命令，选中的多个对象将被锁定。

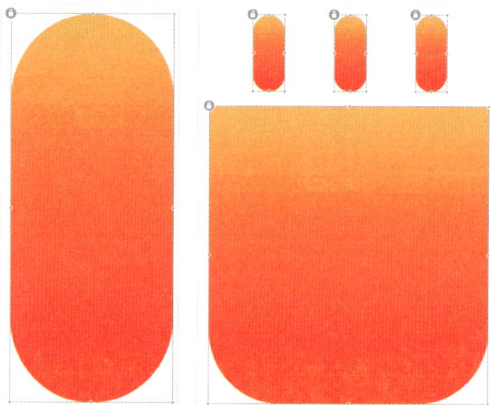

图3-124 锁定对象

提示 选中锁定对象，执行"对象＞解锁"命令或者按【Ctrl+L】组合键，可以完成解锁对象的操作。

3.3.7 应用案例——设计制作视频App启动图标

源文件：资源包\源文件\第3章\3-3-7.xd
素材：无
技术要点：掌握【编辑对象】的方法

扫描观看视频

STEP 01 新建一个画板尺寸为 1024px×1024px 的 XD 文件，使用"矩形"工具在画板中绘制一个圆角矩形。复制对象并调整复制对象的大小和左右两端顶点的圆角半径，效果如图 3-125 所示。

STEP 02 使用"选择工具"双击复制后的对象，进入对象的编辑状态。为对象添加锚点并控制锚点的方向线，如图 3-126 所示。

图3-125 绘制圆角矩形对象　　　　图3-126 编辑对象

73

STEP 03 使用"矩形工具"绘制圆角矩形对象，设置对象的"填充"为无，"描边"为20px，"阴影"为5、5、8。使用"选择"工具双击对象，进入对象的编辑状态后，分别选中右上角和右下角的锚点，向上或者向下调整锚点位置，如图3-127所示。

STEP 04 使用"矩形工具"绘制两个圆角矩形对象，调整圆角矩形对象的旋转角度。使用"多边形"工具绘制三角形对象，调整三角形对象的旋转角度，为三角形对象设置圆角半径和阴影，如图3-128所示。

图3-127 绘制圆角矩形对象   图3-128 绘制圆角矩形和三角形对象

? 疑问解答   启动图标设计规范

用户在设计图标时，要严格遵守图标属性和尺寸的规定，以确保图标能够在App界面中正确显示。

● 启动图标属性

启动图标的属性应符合如表3-1所示的规定。

表3-1 启动图标属性

属性	值
格式	PNG
颜色模式	sRGB或者P3
样式	扁平化、没有透明度
分辨率	不确定，参考图像尺寸和分辨率
形状	方形，没有圆角

● 启动图标尺寸

默认的情况下，使用1024×1024px尺寸来设计启动图标，这个参数在iOS系统和Android系统中都适用。之所以使用这么大的尺寸，是由屏幕分辨率的差异和使用场景决定的。

由于手机屏幕规格不同，所以图标的实际像素也不同，即图标的尺寸会根据屏幕分辨率的不同而发生改变。例如在@1x的屏幕中，启动图标尺寸为60×60px；在@2x的屏幕中，启动图标尺寸为120×120px；在@3x的屏幕中，启动图标尺寸为180×180px，如图3-129所示。

60×60px   120×120px   180×180px
@1x   @2x   @3x

图3-129 不同尺寸屏幕中启动图标的大小

不同的设备和显示场景里，应用的图标尺寸也不一样。对于一个真实的项目来说，图标不是只放在手机上运行，iOS 系统和 Android 系统的 App 都可以在平板电脑上安装，图标尺寸规格就不同。并且，在网页或者手机应用商店中，也需要展示启动图标，显示的规格和真实应用列表中又不同。图 3-130 所示为微信 App 启动图标应用到系统不同地方的效果。

图3-130 微信App启动图标应用到不同地方的效果

在 iOS 官方的图标模板中，罗列了很多种图标尺寸，如图 3-131 所示。用户只需要设计 1024×1024px 规格的图标，然后将其一次性导出为所有尺寸，不需要手动调整各种规格的图标后再输出。

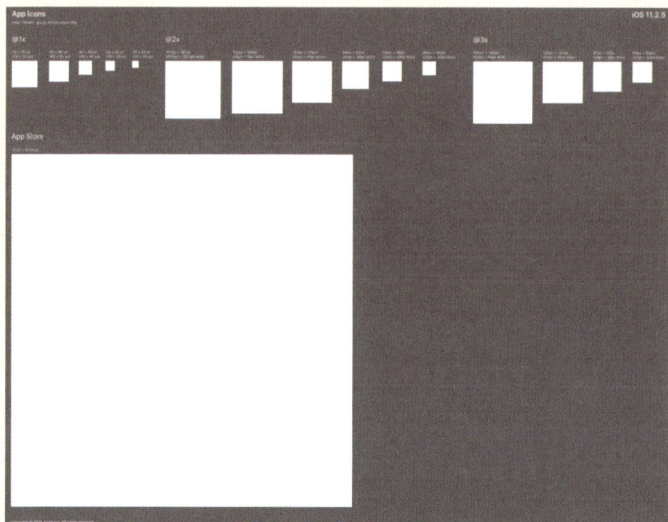

图3-131 iOS官方图标模板

在实际的移动 App 项目中，除非项目有特殊要求，设计完成的图标只需提交正方形的图形即可，之后无论是 App Store 还是大多数安卓应用商店，都会自动对该图形进行裁切，生成符合自己系统的圆角图标，如图 3-132 所示。

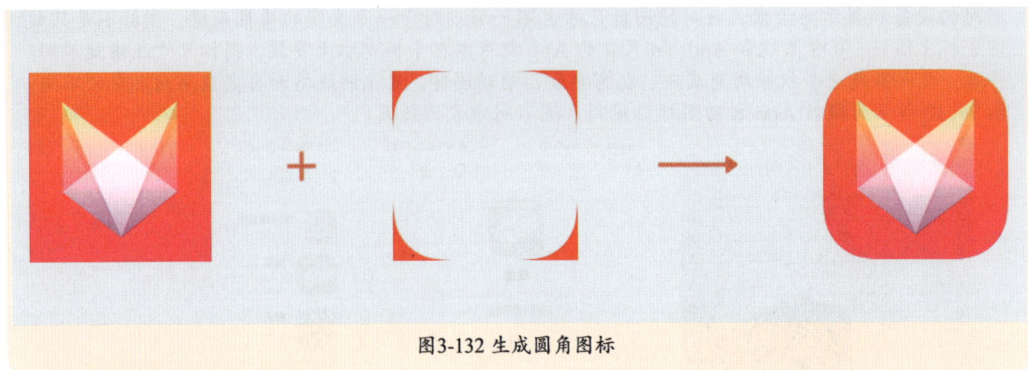

图3-132 生成圆角图标

3.4 创建文本

使用Adobe XD中的"文本工具"可以为移动App原型设计添加文字内容，从而丰富原型效果并完善原型的页面结构。

3.4.1 输入文本

Adobe XD中文本的内容形式分为两种，分别是"点文本"形式和"段落文本"形式。

单击工具栏中的"文本"按钮，在Adobe XD的工作区域中单击插入键入点，如图3-133所示。然后输入相应的文字，输入完成后单击工作区域中的空白处或者其他对象，即可提交文字，如图3-134所示。使用此方法创建的文本被称为"点文本"。

图3-133 插入键入点

图3-134 输入点文本并提交

？疑问解答 再次编辑文本

提交文本后如果想要再次编辑文本内容，可以使用"选择工具"或者"文本工具"完成操作。不管是点文本还是段落文本，使用"文本工具"时，单击文本即可进入该文本的编辑状态。而使用"选择工具"时，则需双击文本才能进入该文本的编辑状态。

使用"文本工具"在Adobe XD的工作区域中按住鼠标左键并拖曳，创建一个文本框，如图3-135所示。在文本框中输入文字，完成后单击工作区域中的空白处或者其他对象，即可提交文本，如图3-136所示。使用此方法创建的文本被称为"段落文本"。

图3-135 创建文本框

图3-136 输入段落文本并提交

提示 输入段落文本时，文字会基于文本框的大小自动换行。在处理大量文本内容时，可以使用段落文本来完成。

3.4.2 拼写检查

在Adobe XD中，使用"拼写检查"命令可以对当前文本中的英文单词拼写进行检查，确保单词拼写正确。

执行"编辑>打开拼写检查"命令，使"拼写检查"功能为启用状态，即可对工作区域中的英文文本进行拼写检查。在用户输入文本的过程中，拼写错误的单词将出现红色下划线，同时拼写错误的单词旁边出现自动更正的单词，如图3-137所示。如果是语法错误，则以绿色下划线突出显示。

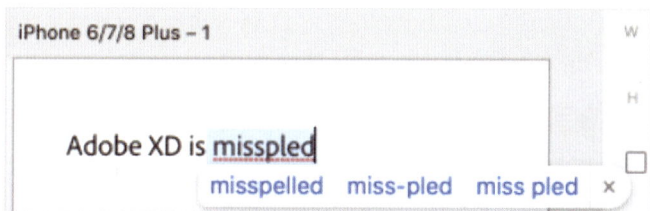

图3-137 拼写错误

在拼写错误的单词上方单击鼠标右键，在弹出的快捷菜单中选择用户需要的准确拼写内容，即可将错误拼写更正为正确拼写。按【Ctrl+Z】组合键，可以将更正的拼写恢复为用户最初输入的单词。

3.4.3 导入文本

利用Adobe XD中的"导入文本"功能，能够更加方便、快捷地完成移动App原型设计。

将纯文本文件拖曳到Adobe XD的工作区域中，如图3-138所示。松开鼠标即可将预先编写好的文本添加到当前位置，使用此种方法添加的文本为段落文本。

图3-138 拖曳纯文本文件到工作区域中

也可以将包含换行符的文本文件拖曳到"重复网格"元素上方，如图3-139所示。"重复网格"元素中的内容被替换为文本文件中的内容，单击工作区域中的空白处提交替换。

拖曳新"重复网格"元素的右侧边线或者底部边线，可以创建包含文本文件内容的重复元素，如图3-140所示。

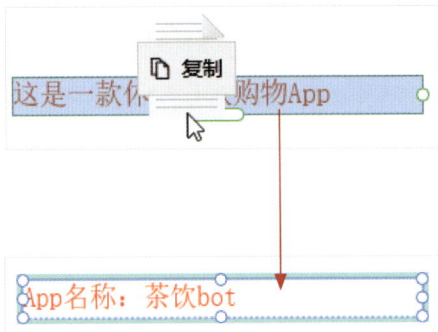

图3-139 替换"重复网格"组件内容

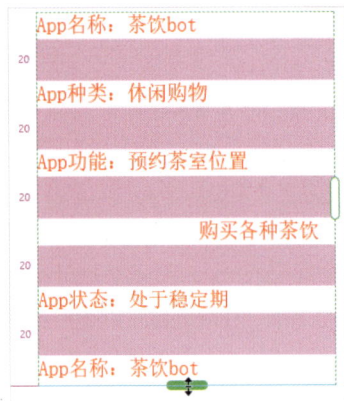

图3-140 创建重复元素

> **提示**
> 用户还可以在文本文件中选中所需文字，按【Ctrl+C】组合键复制文字，再回到 Adobe XD 工作区域中，单击空白处并按【Ctrl+V】组合键粘贴文字，即可将复制文字以段落文本的形式导入到 Adobe XD 中。

? 疑问解答 启动图标设计要求

无论是 iOS 系统还是 Android 系统，启动图标都是用户第一眼看到的与 App 应用相关的元素，因此在设计时，除了要考虑图标的美观性，还要遵循以下设计要求。

🔵 图标设计要简约

找到最具有代表性、最能反映 App 应用目的的一个元素，通过抽象简化的手法来设计。要谨慎添加细节，如果细节过于复杂，则会造成图标难以辨别，尤其是在较小尺寸的情形下。

🔵 图标要保证拥有唯一的视觉焦点

要保证设计出来的图标有且仅有一个视觉焦点，这样可以让用户在看到该图标时会立即识别出 App，获取想传达的内容。

🔵 设计的图标识别度要高

不应该让用户通过分析 App 图标才能弄懂它具体代表的是什么。图 3-141 所示为某款"天气"App 的图标，使用大家认知习惯中的天气状态再经过艺术化加工设计出来的，太阳和云朵与天气的关联性很强，所以很容易被用户识别。

图3-141 天气App图标

● 保证启动图标的背景简单，并且避免使用半透明背景

确保启动图标背景不透明，避免与图标背后的内容发生混淆。图标的背景不要过于花哨，避免影响屏幕上其他图标的展示，而且没有必要将图案铺满整个图标。

● 尽量不要在启动图标中设置文字

应用的名称会显示在图标的下方，所以没必要在启动图标上设计文本。不要在图标中包含一些不必要的文字。如果设计需要包含一些文本，要确保文本和应用的内容有关联。

● 图标中不要包含照片、屏幕截图或者界面中的元素

图片太小尺寸，细节不容易被识别出来。屏幕截图相对于图标来说过于复杂，而且不能很好地把App 的用途传达出来。太复杂的界面元素很容易误导或者混淆图标的真实目的。

● 用不同的桌面壁纸测试启动图标

因为无法决定用户会用哪种图片做手机壁纸，所以设计完启动图标后一定要在深色和浅色背景下分别测试一下启动图标的显示是否正常。最好在真实的设备上尝试用动态背景测试它，转换不同的观察角度测试它。

3.5　管理文本

在移动App原型中添加文本内容后，用户可以使用"属性"面板对文本内容进行管理和优化，使文本内容更加符合移动UI设计原则。

3.5.1　设置文本格式

创建或者选中文本后，在"属性"面板中可以为文本指定文本类型、字号大小、字体粗细、字符间距、对齐方式、行间距和段落间距等，如图3-142所示。

图3-142 设置文本格式

使用"选择工具"选中想要设置文本格式的文字，在"属性"面板中单击"文本类型"选项后面的 ∨ 按钮，打开"文本类型"下拉列表框，如图3-143所示，选择任一文本类型，被选中的文本将应用该文本类型。

在"字号大小"文本框中输入数值，被选中的文本将调整为输入数值的字号大小。单击"字体粗细"选项后面的 ∨ 按钮，打开"字体粗细"下拉列表框，如图3-144所示，选择任一选项，被选中的文本将应用该字体粗细选项。设置完成后，效果如图3-145所示。

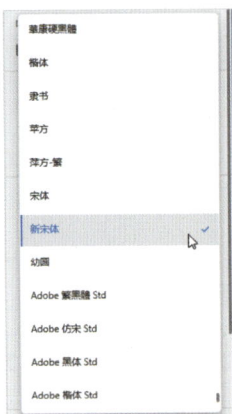 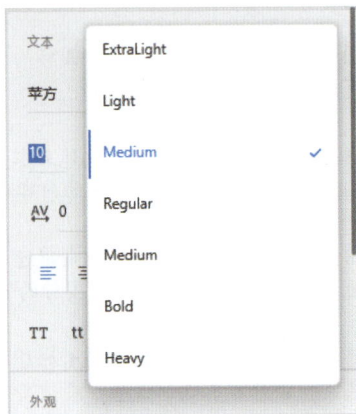 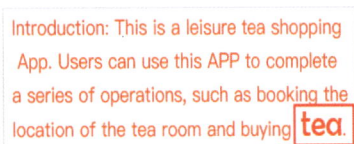

图3-143 "文本类型"下拉列表框　　图3-144 "字体粗细"下拉列表框　　　图3-145 文本效果

　　在"字符间距"文本框中输入数值，被选中的文本内容的字符间距将随之发生改变。图3-146所示为设置了不同字符间距的文本效果。

　　　　"字符间距"为0　　　　　　　　　　　　　　"字符间距"为200

图3-146 设置不同字符间距的文本效果

　　在"行间距"文本框中输入数值，被选中的文本内容的行间距将随之发生改变。图3-147所示为设置了不同行间距的文本效果。

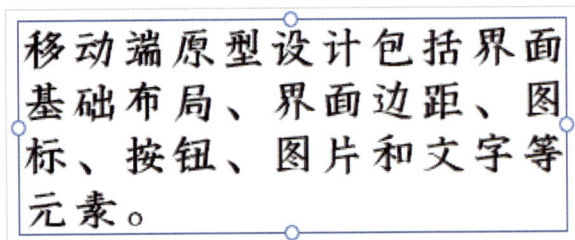 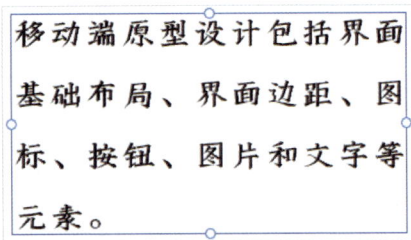

　　　　"行间距"为0　　　　　　　　　　　　　　"行间距"为10

图3-147 设置不同行间距的文本效果

　　在"段落间距"文本框中输入数值，在选中的文本内容中，段落之间的间隔将随之发生改变。图3-148所示为设置了不同段落间距的文本效果。

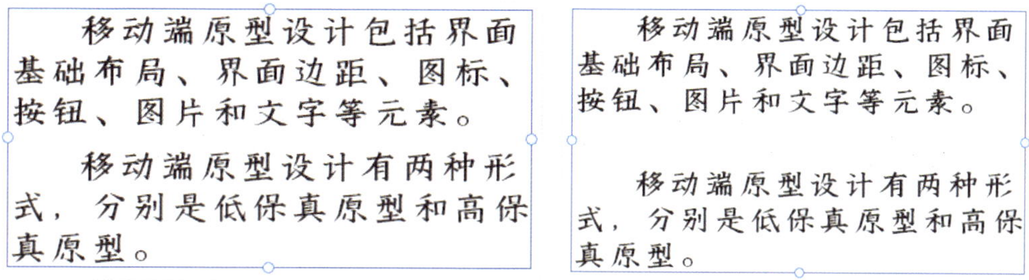

移动端原型设计包括界面基础布局、界面边距、图标、按钮、图片和文字等元素。

移动端原型设计有两种形式，分别是低保真原型和高保真原型。

移动端原型设计包括界面基础布局、界面边距、图标、按钮、图片和文字等元素。

移动端原型设计有两种形式，分别是低保真原型和高保真原型。

"段落间距"为2　　　　　　　　　　　　"段落间距"为8

图3-148 设置不同段落间距的文本效果

单击"左对齐"按钮 ≡、"居中对齐"按钮 ≡ 或者"右对齐"按钮 ≡，选中的文本内容将按照相应的对齐方式进行显示。图3-149所示为设置了不同对齐方式的文本效果。

Introduction: This is a leisure tea shopping App. Users can use this App to complete a series of operations, such as booking the location of the tea room and buying **tea**.

Introduction: This is a leisure tea shopping App. Users can use this App to complete a series of operations, such as booking the location of the tea room and buying **tea**.

Introduction: This is a leisure tea shopping App. Users can use this App to complete a series of operations, such as booking the location of the tea room and buying **tea**.

左对齐　　　　　　　　　　　居中对齐　　　　　　　　　　　右对齐

图3-149 设置不同对齐方式的文本效果

3.5.2　文本变换

Adobe XD为用户提供了变换文本的功能，包括大写、小写、词首大写、上标、下标、下划线和删除线7个选项。如果想要为文本应用变换选项，需要选中文本，然后单击"属性"面板中如图3-150所示的任一选项，即可为选中文本应用对应的文本变换。

图3-150 文本变换选项

选中英文文本并单击"属性"面板中的"大写"按钮 TT，选中的文本内容全部变为大写。图3-151所示为选中文本和应用"大写"选项的文本。

Adobe XD　ADOBE XD

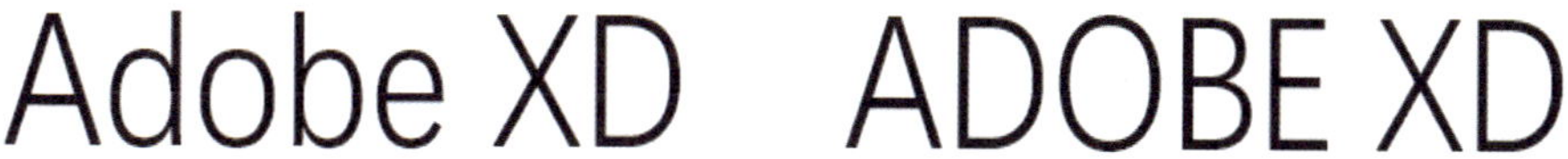

图3-151 选中文本和应用"大写"选项的文本

单击"小写"按钮 tt，选中的文本内容全部变为小写。图3-152所示为选中文本和应用"小写"选项的文本。

Adobe XD　adobe xd

图3-152 选中文本和应用"小写"选项的文本

单击"词首大写"按钮 Tt，选中文本中每个单词的第一个字母变为大写。图3-153所示为选中文本和应用"词首大写"选项的文本。

adobe xd　Adobe Xd

图3-153 选中文本和应用"首词大写"选项的文本

单击"上标"按钮 T¹，可将选中文本设置为上标。图3-154所示为选中文本和应用"上标"选项的文本。

Adobe XD　Adobe XD

图3-154 选中文本和应用"上标"选项的文本

单击"下标"按钮 T₁，可将选中文本设置为下标。图3-155所示为选中文本和应用"下标"选项的文本。

Adobe XD　Adobe XD

图3-155 选中文本和应用"下标"选项的文本

如果想要为文本添加下划线，需要选中点文本或者段落文本，然后单击"属性"面板中的"下画线"按钮 T。系统会在选中文本的下方绘制一条平滑的直线。图3-156所示为选中文本和应用"下画线"选项的文本。

Adobe XD　Adobe XD

图3-156 选中文本和应用"下画线"选项的文本

单击"删除线"按钮 T，系统会在选中文本的中间绘制一条直线。图3-157所示为选中文本和应用"删除线"选项的文本。在移动App原型设计中，删除线的作用是提醒浏览者文本信息作废。

Adobe XD　~~Adobe XD~~

图3-157 选中文本和应用"删除线"选项的文本

3.5.3 调整段落文本的宽和高

Adobe XD为用户提供了3个调整段落文本大小的选项，如图3-158所示。通过这些选项可以扩展文本框的宽度显示溢出内容，还可以动态调整文本框的高度并控制文本区域的宽度和高度。

文本

Zcool-LengShuiXiaoQingKeTi　　　　　　∨

10　　Zcool-LengShuiXiaoQingKeTi　　　∨

AV 0　　　　　‡≡ 16　　　,≡ 0

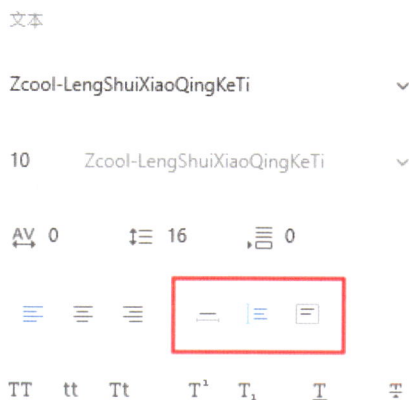

图3-158 调整段落文本大小的选项

● **自动宽度**

　　创建文本框并输入段落文本后，单击"属性"面板中的"自动宽度"按钮，可以得到如图3-159所示的文本框。此时，段落文本中每一行所能容纳的字数成为固定数值。

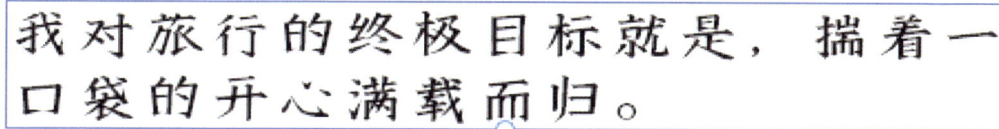

图3-159 设置"自动宽度"选项

　　拖曳文本框底部边线中间的手柄时，可以调整段落文本的字体大小，但是文本框中每一行的字数固定不变，如图3-160所示。在文本框中输入文字时，文本框的宽度将自动随着文字的长度而发生变化。

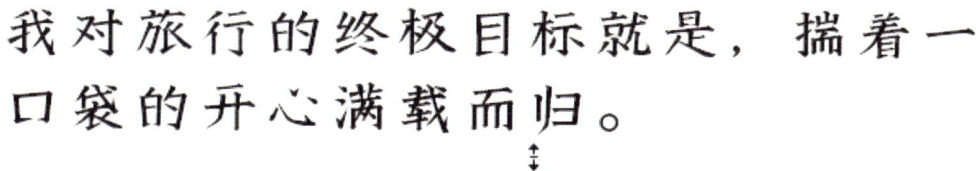

图3-160 调整大小

● **自动高度**

　　选中段落文本并单击"自动高度"按钮，即可动态调整文本框的高度而不改变文本框的宽度。单击"属性"面板中的"自动高度"按钮，选中的段落文本可将文本框的高度自动调整为适合界面布局的尺寸，如图3-161所示。

图3-161 设置"自动高度"选项

　　为段落文本设置"自动高度"选项后，在文本框中输入文本时，文本框将自动跟随文本内容的长度进行换行操作，换行时文本框宽度不变。用户创建文本框后，默认启用此选项。

● 固定大小

为段落文本设置"固定大小"选项后，当用户调整文本框的宽度和高度时，文本将跟随文本框的大小进行自动换行操作。将光标移至选中文本框的任一边线中间的圆形手柄上，按住鼠标左键并拖曳，可调整文本框的大小。

如果文本框的大小不足以容纳所有文本，文本框的底部边线会出现红色手柄，提示有溢出内容，效果如图3-162所示。双击红色手柄可以快速调整文本框的大小以显示全部的文本内容，如图3-163所示。

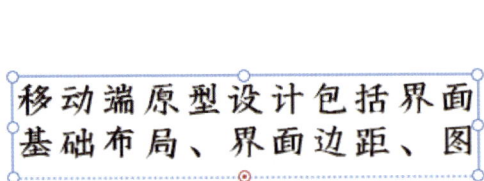

图3-162 溢出内容提示

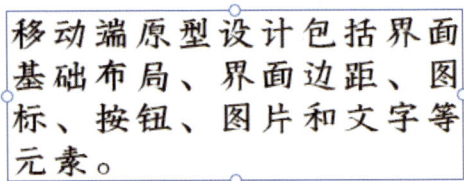

图3-163 显示全部文本内容

3.5.4 应用案例——设计制作App高保真原型的上新部分

源文件：资源包\源文件\第3章\3-5-4.xd
素材：资源包\素材\第3章\35401.xd~35405.png
技术要点：掌握【App高保真原型页面】的制作方法

扫描观看视频　扫描下载素材

STEP 01 打开"素材\第3章\35401.xd"、"35402.xd"文件，复制"35402.xd"文件中的所有内容到"35401.xd"文件中，放到合适位置并编组。使用钢笔工具、椭圆工具和文本工具完成高保真原型页面中标题栏的绘制，如图3-164所示。

STEP 02 单击工具栏中的"文本"按钮，在画板中的标题栏下方输入文本。使用"文本工具"和"钢笔工具"完成"更多"按钮的绘制，如图3-165所示。

图3-164 导入状态栏并绘制标题栏

图3-165 输入文本并绘制按钮

STEP 03 导入一张素材图像，使用"矩形工具"绘制矩形对象，同时选中图像和矩形对象，单击鼠标右键，在弹出的快捷菜单中选择"带有形状的蒙版"命令。使用"文本工具"输入文本，使用"矩形工具"和"文本工具"完成"查看"按钮的绘制，效果如图3-166所示。

STEP 04 选中带有形状的蒙版、文本和"查看"按钮等元素，单击鼠标右键，在弹出的快捷菜单中选择"组"命令，将选中对象编组。使用步骤3~步骤4的绘制方法完成另外两本上新书籍的绘制，效果如图3-167所示。

图3-166 绘制上新书籍

图3-167 绘制另外两本上新书籍

? 疑问解答 移动端原型设计的分类

移动端原型设计可以分为低保真原型和高保真原型。

低保真原型就是验证交互想法的粗略展现，不用精细展现，因为在这个阶段会有很多更改，需要不断地进行评审和讨论，最好用纸和笔手绘，也可以使用 Axure RP 或者 Sketch 制作简单的草图，还可以使用 Adobe XD 制作带有简单交互的草图。图 3-168 所示为一款 App 的低保真原型。

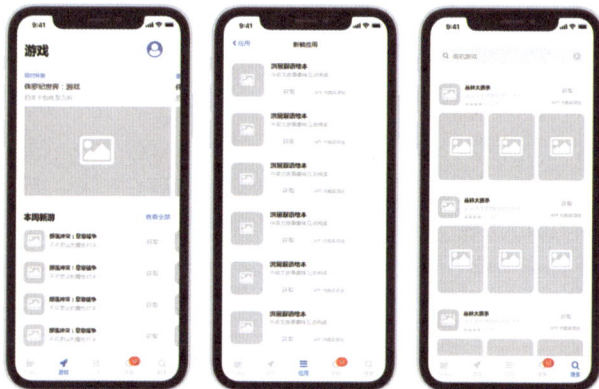

图3-168 低保真原型

高保真原型则要将详细的页面控件、布局、内容、操作指示、转场动画和异常情况等内容都清晰地展现出来，为视觉和开发提供详细参考。图 3-169 所示为一款 App 的高保真原型。

图3-169 高保真原型

高保真原型可以显著降低沟通成本。高保真原型的具体内容需要由团队习惯和时间来决定，有的团队会无限接近视觉设计图，模拟真实的产品交互操作；有的团队则以黑白灰为主，只把交互细节都展现出来。只有特别需要用颜色体现交互的地方才加一些颜色提示。

3.6 设计画板

在使用Adobe XD制作移动App原型的过程中，当画板的长度无法容纳全部的设计内容时，可以通过创建滚动画板和滚动组放置完整的设计内容，同时滚动画板或者滚动组也可以适应不同的设备尺寸，为设计制作移动App原型带来了极大便利。

3.6.1 创建垂直滚动

选中预设画板，将光标移至画板底部边线中间的手柄上，当光标变为 ↕ 状态时，按住鼠标左键并拖曳，使画板长度超过画板的预设长度。虚线表示滚动内容的起始位置，如图3-170所示。

图3-170 为预设画板创建垂直滚动

此外，选中自定尺寸的画板，然后单击"属性"面板中的"滚动"下拉按钮，在打开的下拉列表框中选择"垂直"选项，如图3-171所示。选择完成后，用户也可以为自定尺寸的画板创建垂直滚动范围。

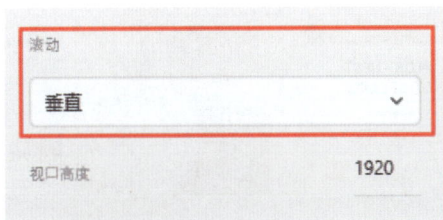

图3-171 选择"垂直"选项

? 疑问解答　创建垂直滚动时的相关操作

为画板创建垂直滚动后，可在"属性"面板的"视口高度"文本框中输入具体数值，指定该画板预览时的视口高度。

用户还可以选中移动端原型设计中的某个元素，选择"属性"面板中的"滚动时固定位置"复选框，预览带有垂直滚动的移动端原型设计时，该元素将固定在界面的某个位置，不会随内容一起滚动。

3.6.2　创建滚动组

在Adobe XD中，除了可以制作滚动画板扩展移动App的界面空间，还可以通过创建独立于画板中其余内容的滚动组来扩展移动App的界面空间。

用户可以通过"属性"面板中的"滚动组"按钮，如图3-172所示，在画板中定义独立于画板其余内容的滚动区域，实现水平或者垂直的滚动效果。

图3-172　"滚动组"按钮

● 滚动组

选中想要添加滚动组效果的对象、文字和图像等元素，如图3-173所示。单击"属性"面板中的"滚动组"按钮或者按【Shift+Alt+H】组合键，即可为选中的元素添加滚动组效果，此时添加的滚动组沿水平方向进行变换。

将光标移至滚动组左右边线的中间位置，按住鼠标左键并拖曳可以调整滚动组的范围，如图3-174所示。设置完成后，可以预览滚动组的效果，如图3-175所示。

图3-173 选中元素　　　图3-174 调整滚动组范围　　　图3-175 预览滚动组效果

87

● 垂直滚动

选中想要添加垂直滚动效果的对象、文字和图像等元素，如图3-176所示。单击"属性"面板中的"垂直滚动"按钮或者按【Shift+Alt+V】组合键，即可为选中的元素添加垂直滚动效果，此时添加的滚动效果沿垂直方向进行变换。

将光标移至垂直滚动元素上下边线的中间位置，按住鼠标左键并拖曳可以调整垂直滚动的范围，如图3-177所示。设置完成后，可以预览垂直滚动的效果，如图3-178所示。

图3-176 选中元素　　　　　　　图3-177 调整滚动范围　　　　　　　图3-178 预览垂直滚动效果

● 水平和垂直滚动

选中对象、文字或图像等元素后，单击"属性"面板中的"水平和垂直滚动"按钮或者按【Shift+Alt+D】组合键，选中的元素即可沿各个方向进行滚动操作，如图3-179所示。

拖曳水平和垂直滚动元素任意边线中间的矩形手柄，即可调整水平和垂直滚动元素的滚动范围。调整完成后，可以预览水平和垂直滚动的效果，如图3-180所示。

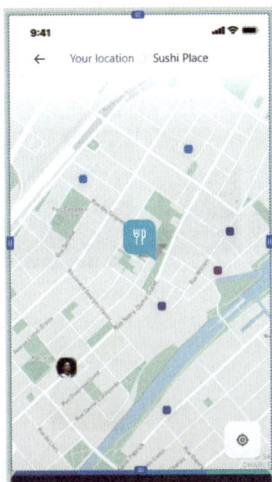

图3-179 创建水平和垂直滚动　　　　　　　图3-180 预览水平和垂直滚动效果

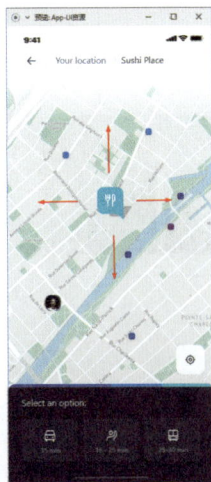

> **提示**　可以使用"水平和垂直滚动"效果为移动 App 原型创建交互式地图或者购物界面的商
> 品主图。

3.6.3　应用案例——设计制作App高保真原型的推荐部分

　　源文件：资源包\源文件\第3章\3-6-3.xd
　　素材：资源包\素材\第3章\36301.xd
　　技术要点：掌握【高保真原型中滚动组】的制作方法

扫描观看视频　扫描下载素材

STEP 01 打开"素材 \ 第 3 章 \36301.xd"文件，使用"选择工具"在画板左右两侧添加参考线。使用"矩
形工具"绘制细长的矩形，如图 3-181 所示。

STEP 02 复制"上新"文字和"更多"按钮并向下移动，调整文本内容。使用"带有形状的蒙版"选
项和素材图片完成"好忙的除夕"和"中国节日故事"图书封面，使用"文本"工具输入书名、作
者和书籍简介等内容，如图 3-182 所示。

图3-181 添加参考线确定全局边距　　　　　　图3-182 绘制推荐书籍

STEP 03 将"好忙的除夕"和"中国节日故事"的相关图层编为两个组，选中两个组，单击"属性"
面板中的"垂直滚动"按钮，调整滚动组的范围，如图 3-183 所示。

STEP 04 导入 5 张素材图像并调整位置和大小，使用"文本工具"在素材图像下方添加文字，完成高
保真原型页面标签栏的绘制，如图 3-184 所示。

图3-183 添加滚动组并调整范围　　　　　　图3-184 绘制标签栏

？疑问解答　iOS 系统 UI 设计的全局边距

了解了 iOS 系统的组件尺寸后，还应对界面中的全局边距进行设置。全局边距是指页面内容到屏幕边缘的距离，整个应用的界面都应该以此来进行规范，以达到页面整体视觉效果的统一。通过设置全局边距可以更好地引导用户垂直向下浏览。图 3-185 所示为淘宝 App 全局边距。

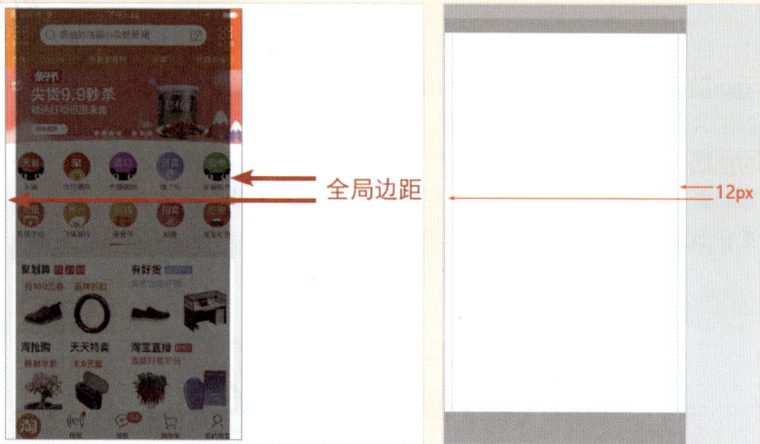

常用的全局边距有 32px、30px、24px、20px 和 12px 等。本案例的全局边距为 12px，如图 3-186 所示。

图3-185 淘宝App全局边距　　　图3-186 本案例的全局边距

3.7 解惑答疑

通过前面的知识讲解，相信读者已经掌握了使用Adobe XD设计制作App原型页面的操作方法，本节提供了一些提高和加快原型制作的小技巧，帮助读者提高工作效率。

3.7.1 如何使用"多边形工具"绘制"收藏"图标

在制作移动App草图设计时，针对当前阶段的设计和美观要求，可以使用一些便捷的方法，快速完成移动App原型设计中的元素绘制。例如，可以使用"多边形工具"快速绘制"收藏"图标，接下来讲解具体的操作方法。

单击工具栏中的"多边形"按钮，在Adobe XD的工作区域中绘制一个多边形对象，在"属性"面板的"角计数"文本框中输入如图3-187所示的参数，工作区域中的多边形对象随之进行调整，绘制效果如图3-188所示。

图3-187 输入参数　　　　图3-188 绘制效果

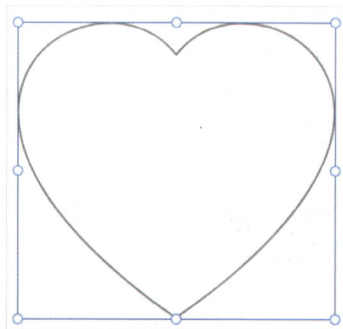

完成后还可以简单地为"收藏"图标添加醒目的填充颜色，使其在原型界面中具有突出的显示效果，也方便之后的设计人员进行更加细致、完善的调整。

3.7.2　App图标集的工作流程是否与UI设计一致

因为UI设计本身包含图标集，又由于绘制图标和UI设计的侧重点不同，所以App图标集的工作流程是在UI设计工作流程的基础上加以改进。下面为用户讲解制作App图标集的工作流程。

> **提示**　无论是制作单个图标还是整个图标集，首先需要明确图标最终的输出要求，也就是要知道设计出来的图标将被应用到什么程序中。了解了最终的输出目的后，将有利于设计者选择正确的尺寸、色彩模式和输出格式。

● 制作规范文档

在实际的设计工作中，图标往往都是成套出现的，一个完整的图标集往往是由一个团队制作完成的。

为了统一团队中每个人的制作规范，避免出现制作效果不一致的现象，在开始制作前往往要通过文本的形式创建一个制作规范文档。在该文档中以列表的形式将图标的设计内容、规格尺寸、图标风格、输出格式、制作流程和时间进度等信息罗列出来，并由全体成员签字确认。

创建一个制作规范文档将有利于在设计制作过程中保持正确的方向和焦点，这是保证设计工作快速有效完成的前提。即使整个项目只由一个人独立完成，也要在正式开始设计制作前制作一个规范文档。

● 创建制作清单

完成制作规范文档的创建后，就可以进入实质性的制作过程了。在开始制作之前，要将所有要制作的图标分类。按照图标的不同种类，将不同制作方法、不同输出要求的图标以表格的形式罗列出来。完成一个图标后即对照该表进行检查，将完成的图标进行标记，可以很好地跟踪整个项目的制作进度，记录制作过程中的技术细节。

> **提示**　使用制作清单可以使设计者将注意力更好地集中在创建图标上。同时在制作列表中可以随时查找制作进度，并督促制作者坚持制作下去，直至完成所有案例。

● 设计草图

草图对于图标设计来说尤其重要。在设计的最初阶段，设计者往往通过一个简单的线稿来获得灵感。尤其是在设计一些复杂风格的作品时，更需要使用草图将图标的概念喻义以一种相对清晰简单的方式呈现出来。

可以使用铅笔在纸上绘制草图，也可以使用数字绘图板在计算机上绘制草图。绘制完成后将草图绘制或者打印到纸上，然后拿给身边的朋友或者同事看，根据他们的反应进行适当的修改。绘制时要将图标传达的喻义准确地传达出来，并用统一的风格将整个图标集中的所有图标草图绘制出来，如图3-189所示。初次绘制的草图也需要根据设计要求多次修改调整，直到图标集喻义准确。

图3-189 设计图标草图

● 数字呈现

　　草图绘制完成后，就可以使用计算机软件将其进行数字呈现了。常用的软件有Adobe Photoshop、Adobe Illustrator、Adobe XD和Sketch。

　　制作过程中要合理地利用计算机软件的各种功能，如合理利用符号和图案填充、存储通用的图层样式等。这样做既能提高工作效率，又可以保证图标集中的所有对象具有相同的效果，如图3-190所示。

草图 ——→

数字化图标 ——→

图3-190 将图标草图数字化

● 确定最终效果

　　绘制完所有图标后，要针对一些共同的元素进行检查，如图标尺寸是否正确，图标是否对齐，颜色是否匹配等。一旦所有的图标都完成了评审，就可以为整个图标组创建一个图标，开始图标的最终测试。

　　应用程序的开发人员可以临时使用一个简陋的图标测试程序。也就是说图标对于整个应用程序的开发来说并不太着急，但是尽早地将图标应用到应用程序的测试环节，有利于发现图标的不足，从而有更充足的时间加以改进。

● 命名并导出

　　完成图标的设计后，要将它们保存。一个明确又容易理解的文件名不仅可以帮助用户快速识别图标，还可以帮助用户快速排列图标，方便检查和浏览。而且不同的操作平台对于图标都有不同的命名习惯和文件夹结构，这些内容都应该在最初的规范文档中有所体现，以避免由于名称混乱而造成不必要的麻烦。

提示　为图标命名时，尽可能地将图标的属性显示在文件中，如可以将图标尺寸命名为icon-256px.ico。同时，将不同格式的图标放在不同的文件夹中，方便查找使用。

3.8　总结扩展

　　想要熟练地使用Adobe XD完成App原型设计，需要掌握对象和文本的绘制方法和绘制技巧。

　　任何一款原型页面都不可能只使用一种工具独立完成，在使用Adobe XD进行移动端原型设计时，要灵活使用多种工具，综合运用，配合使用，才能设计出符合用户体验的原型设计。

3.8.1　本章小结

本章主要讲解了如何使用Adobe XD完成App的原型设计，从基本的创建对象和创建文本等操作入手，再配合讲解为对象设置样式、管理对象、管理文本和设计画板的操作方法，以及布尔运算、形状蒙版、创建重复元素、编辑对象、设置文本格式和创建滚动组的使用方法。

通过本章的学习，读者需要了解对象和文本的创建、为对象设置样式和编辑对象等基本操作，并掌握滚动画板的操作方法和技巧。

3.8.2　扩展练习——设计制作Android系统App原型界面

源文件：资源包\源文件\第3章\3-8-2.xd

素材：无

技术要点：掌握使用【Adobe XD绘制Android系统原型界面】的方法

扫描观看视频

学习完本章内容后，接下来通过完成一款Android系统App原型界面的制作，检验一下使用Adobe XD完成移动端原型设计的学习效果，同时加深对所学知识的理解，案例效果如图3-191所示。

图3-191 案例效果

第4章 使用 Adobe XD 完成 UI 设计

了解了如何使用Adobe XD绘制移动端原型设计后，本章将讲解使用Adobe XD把构思并设计好的移动端原型设计整理和填充为UI设计的方法，同时增加相应的移动UI设计规范，使用户制作完成的移动UI设计具有良好的用户体验和美观性，更符合设计规范。

4.1 使用处理设计系统

在设计制作一整套移动端UI作品时，保持UI作品的一致性是一项关键性内容。构建和使用设计系统的方法，可以使UI设计和构建用户体验更加完美地融合在一起。

设计系统可以为用户提供可重复使用的且一致、稳健的设计模式，这些设计模式不仅可以使用共同的可视语言将设计人员、开发人员和产品利益关联人员整合起来，同时还可以减少UI设计中的重复工作，加快设计过程，并在UI团队之间搭建桥梁，将产品构思变为现实生活中的实物。

> **提示** 可视语言是一类用图形符号描述计算任务的处理对象和处理过程的语言。

4.1.1 创建库资源

用户可以通过Adobe XD使设计系统的创建和维护变得更加灵活、流畅且直观。接下来讲解如何创建设计系统。

● 添加颜色资源

在Adobe XD的工作区域中选择一个或者一组设置了填充颜色的对象，执行"对象>为资源添加颜色"命令或者按【Shift+Ctrl+C】组合键，如图4-1所示，即可将选中对象的填充颜色和边界颜色添加到"资源"库的"颜色"分组中，如图4-2所示。

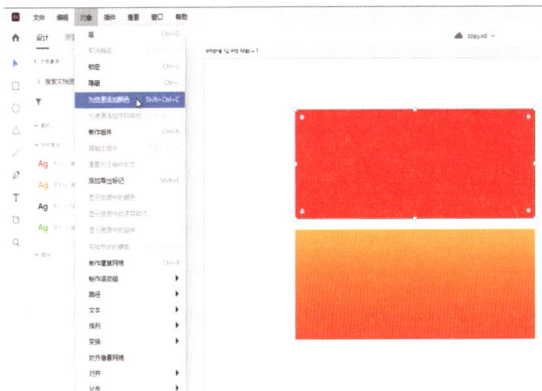

图4-1 选中对象并执行命令　　　　　　　　　　图4-2 添加"颜色"资源

用户也可以在工作区域中选中一个或者一组对象后，单击"资源"面板中"颜色"分组右侧的"添加所选颜色"按钮➕，如图4-3所示。将对象所填充的纯色和渐变颜色添加到"资源"面板中，如图4-4所示。

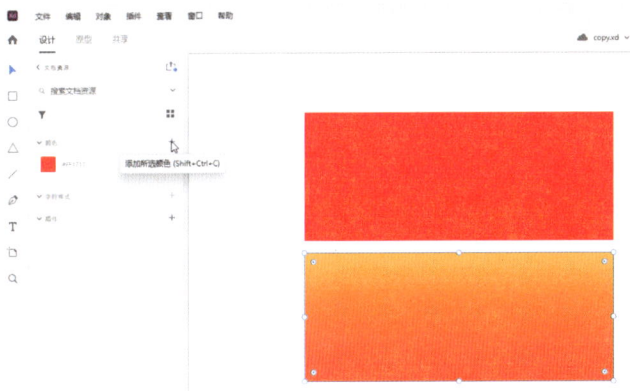

图4-3 单击"添加所选颜色"按钮　　　　　　　　图4-4 添加"颜色"资源

● 添加字符样式资源

在工作区域中选择文本或者文本框，单击"资源"面板中"字符样式"分组右侧的"添加所选字符样式"按钮➕，如图4-5所示。完成后将所选文本应用的字符样式添加到"资源"面板的"字符样式"分组中，如图4-6所示。

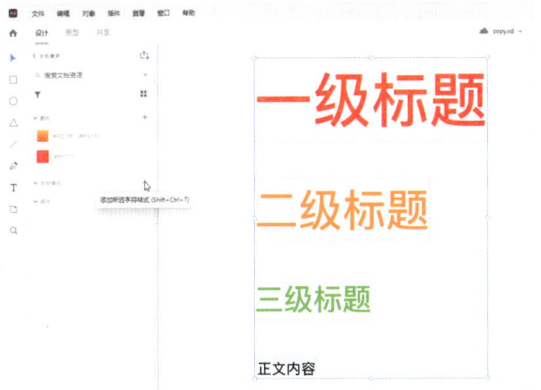

图4-5 单击"添加所选字符样式"按钮　　　图4-6 添加"字符样式"资源

提示 用户同样可以执行"对象 > 为资源添加字符样式"命令或者按【Shift+Ctrl+T】组合键，将选中文本所应用的字符样式添加到"资源"面板中。

● 添加组件资源

在工作区域中选择多个或者一组对象，执行"对象>制作组件"命令或者按【Ctrl+K】组合键，即可将所选对象添加到"资源"面板的"组件"分组中。

用户还可以单击"资源"面板中"组件"分组右侧的"将所选内容制作组件"按钮╋，也可将所选对象添加为组件资源。

提示 此处只为用户简单介绍了如何添加组件资源，组件资源的更多知识点将在本章4.4节进行详细介绍。

● 为对象应用资源

在工作区域中选中要应用资源的对象或者对象组，单击"资源"面板中的颜色选项，该颜色选项将作为填充颜色应用到对象上。

用户还可以在颜色选项上单击鼠标右键，弹出快捷菜单，如图4-7所示，选择"应用边框颜色"命令，颜色选项将作为边框颜色应用到选中对象上，如图4-8所示。需要注意的是，渐变颜色资源无法作为边框颜色应用到对象上，如图4-9所示。

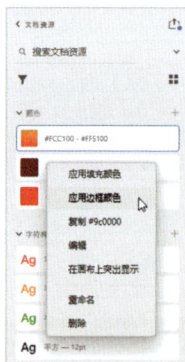

图4-7 快捷菜单　　图4-8 应用边框颜色　　图4-9 渐变颜色资源无法应用边框

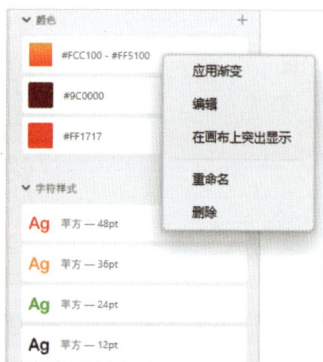

提示 由于字符样式资源的应用方法与颜色资源的应用方法一致，此处不再赘述。

在打开的"资源"面板中，将光标移至组件资源选项上方，按住鼠标左键并将其拖曳到工作区域的任意位置，如图4-10所示。松开鼠标，该位置将应用选中的组件资源。

图4-10 应用组件资源

4.1.2　管理库资源

接下来为用户讲解如何在Adobe XD中使用"资源"面板管理颜色、字符样式和组件等资源。

● 查看资源

Adobe XD在"资源"面板中为用户提供了两种查看方式，分别是"网格视图"和"列表视图"。

单击"资源"面板中的"网格视图"按钮 ，系统通过优化后显示各个资源的缩略图，方便用户直观地识别资源，如图4-11所示。

单击"资源"面板中的"列表视图"按钮 ，系统将对资源进行优化，优化后可以查看所有资源的名称，如图4-12所示。

用户可以在这两个视图中添加、重复使用和编辑资源，并且可以通过名称搜索资源或者在面板中筛选特定类别的资源，如图4-13所示。

图4-11 网格视图　　　　图4-12 列表视图　　　　　　图4-13 搜索和筛选资源

● 重新排序

将光标移至某个资源选项上方，按住鼠标左键不放并拖曳其到其他资源的旁边，如图4-14所示。松开鼠标，即可完成为资源重新顺序的操作。

● 删除资源

打开"资源"面板并选中想要删除的资源，单击鼠标右键，在弹出的快捷菜单中选择"删除"命令，如图4-15所示，完成后即可删除选中资源。

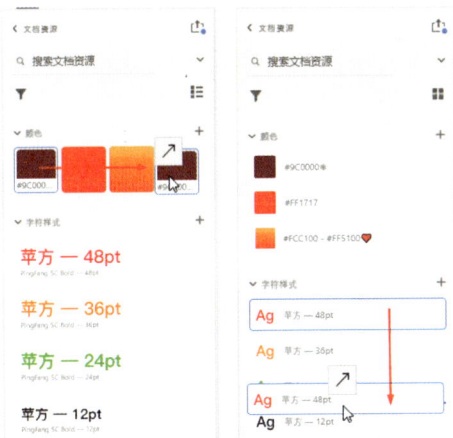

图4-14 为资源重新排序　　　　　　图4-15 删除资源

● 编辑资源

打开"资源"面板，在某个资源上单击鼠标右键，弹出如图4-16所示的快捷菜单，用户可以编辑资源，还可以查看这些资源在整个文档中的应用。

选择"编辑"命令，颜色资源将弹出"拾色器"对话框，如图4-17所示，可在其中重新设置颜色资源。字符样式资源将弹出"文本编辑"对话框，包括文本格式与拾色器两部分，如图4-18所示，可在该对话框中为字符样式资源重新设置文本格式和颜色。

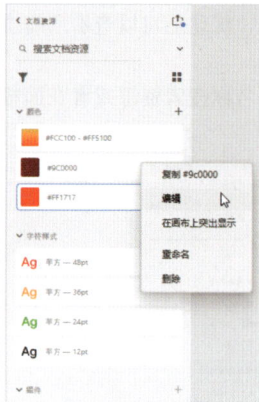

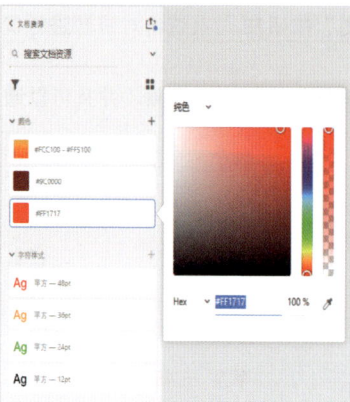

图4-16 快捷菜单　　　　　图4-17 "拾色器"对话框　　　　　图4-18 "文本编辑"对话框

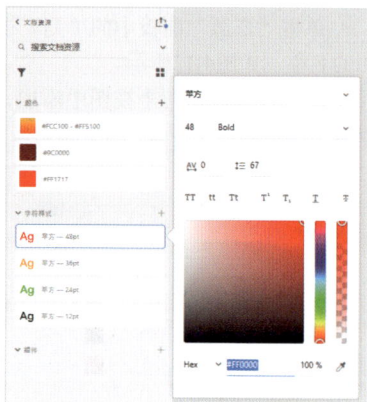

● 为资源重命名

将颜色或者字符样式添加到"资源"面板时，颜色资源的默认名称为颜色编码，字符样式的默认名称为"字体类型+字号"，如图4-19所示。

将光标移至资源上并单击鼠标右键，在弹出的快捷菜单中选择"重命名"命令，资源名称变为文本框，用户可以输入文本为资源重命名，如图4-20所示。

图4-19 资源的默认名称　　　　　图4-20 为资源重命名

提示　当用户为某个组件重命名后，"图层"面板中的该组件也将应用更改后的组件名称。同时，Adobe XD允许用户为资源重命名时带有表情符号。

● 在画布上突出显示

　　将光标移至资源上并单击鼠标右键，在弹出的快捷菜单中选择"在画布上突出显示"命令，在工作区域中应用了该资源的对象、文本或者组件实例将突出显示，如图4-21所示。

图4-21 在画布上突出显示

● 查看资源详细信息

　　将光标悬停在某个资源选项或者缩略图的上方，系统将显示该资源的详细信息。下面是不同资源所包含的信息内容。

　　颜色资源：显示资源名称、十六进制颜色值、RGB颜色值和不透明度，如图4-22所示。

　　字符样式资源：显示资源名称、字体类型、字体粗细、字号、字符间距和行间距，如图4-23所示。

　　组件资源：显示组件资源的名称和画布上该组件的实例数，如图4-24所示。

图4-22 颜色资源　　　　图4-23 字符样式资源　　　　图4-24 组件资源

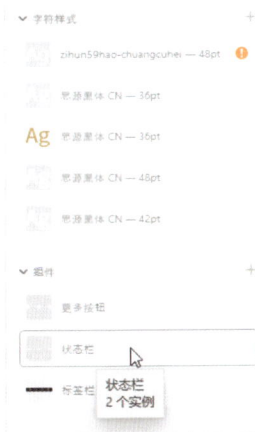

提示　渐变颜色资源只显示资源名称和渐变类型。

4.1.3 共享库资源

　　单击工具栏中的"库"按钮，可以打开"资源"面板。Adobe XD的"资源"面板中包括3种类型的资源库，分别是文档资源、您的库和共享资源，如图4-25所示。

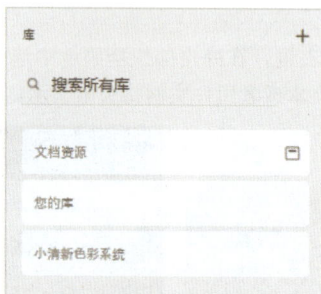

图4-25 资源库的类型

在云文档中创建的可以重复使用的颜色、字符样式和组件资源，都被存储在"文档资源"中，用户可将这些文档资源发布为库，之后的所有UI设计项目可以方便、快捷地重复使用它们。

单击"资源"面板中"文档资源"类型右上角的"发布为库"按钮⬆️，如图4-26所示，弹出"资料库"对话框，如图4-27所示。单击"发布"按钮，可以创建一个以当前文件名称命名的资源库。

图4-26 单击"发布为库"按钮

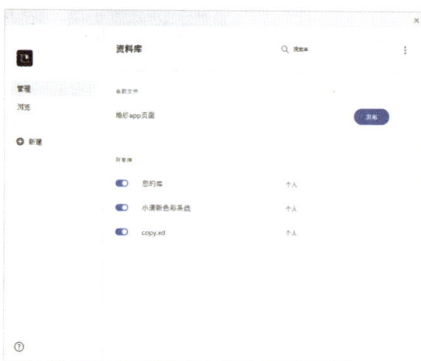

图4-27 "资料库"对话框

资源库的所有者可以选择与移动端产品团队中的其他成员共享资源库，使整个产品团队完成的UI设计拥有一致性，同时提高工作效率。

资源库发布完成后，单击当前文件选项后面的"共享"按钮，或者单击所有库列表中某个库的"更多"按钮，并在打开的下拉列表框中选择"邀请人员"选项，如图4-28所示，都可以弹出"邀请至库"对话框，如图4-29所示。

用户可在该对话框中添加想要共享资源库的团队人员，并为共享的资源库设置"可以查看"或者"可以编辑"等状态。

图4-28 选择"邀请人员"选项

图4-29 "邀请至库"对话框

> **提示**　资源库的使用者可以接受资源库邀请、预览和接受更改、重复使用共享资源，以及在所有者更新这些资源时也更新它们。

4.1.4　应用案例——创建移动UI处理设计系统

源文件：无

素材：资源包\素材\第4章\41401.xd

技术要点：掌握【创建与共享设计系统】的方法

扫描下载素材

STEP 01 打开"素材 \ 第 4 章 \41401.xd"文件，使用"选择工具"选中画板中的所有对象和文本。单击鼠标右键，在弹出的快捷菜单中选择"制作组件"命令，将选中内容制作为组件资源，如图 4-30 所示。

STEP 02 打开"资源"面板，更改组件的名称为"iOS 系统状态栏"，使用相同的方法将"信号""电池""蓝牙"和 Wi-Fi 图标定义为组件，如图 4-31 所示。

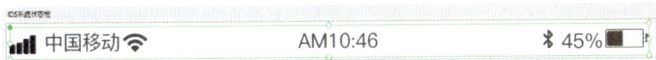

图4-30 制作组件

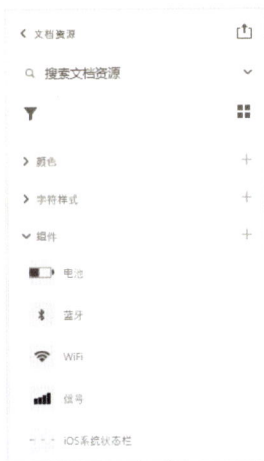

图4-31 重命名组件名称并制作多个组件

STEP 03 使用"多边形工具"绘制心形对象并为对象设置线性渐变填充颜色，将该颜色添加为颜色资源。再次绘制一个矩形对象并填充颜色，将矩形对象的填充颜色也定义为颜色资源，如图 4-32 所示。

STEP 04 执行"文件 > 另存为"命令，将文件保存在云文档中并命名为"iOS 系统 UI 设计系统"。单击"资源"面板中"文档资源"类型顶部的"发布为库"按钮，弹出"资料库"对话框，单击"发布"按钮，如图 4-33 所示。

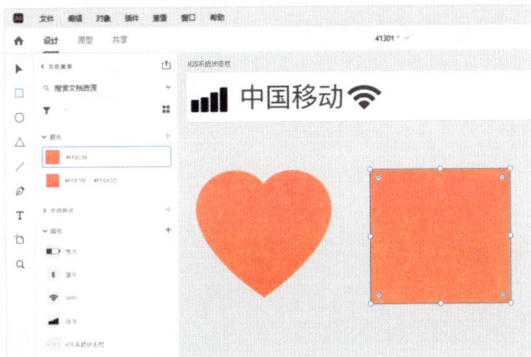

图4-32 定义颜色资源

图4-33 发布为库

4.2 使用图层

　　Adobe XD中的图层是Illustrator和Photoshop中的图层的优化版本，它根据原型交互和UI设计等主体使用人员进行了重新设计。特点是只有用户正在处理的画板关联的图层会高亮显示，这一特性使得"图层"面板通常会保持干净整洁的状态。

4.2.1 "图层"面板

　　单击工具栏中的"图层"按钮 ，打开"图层"面板。如果当前用户没有选中对象、文本和组件等元素，将进入"图层"面板的第一层级（画板），如图4-34所示。

　　在该层级中用户可以查看文件中的所有画板，双击某个画板图标，即可从"图层"面板中平移和缩放到该画板，如图4-35所示。

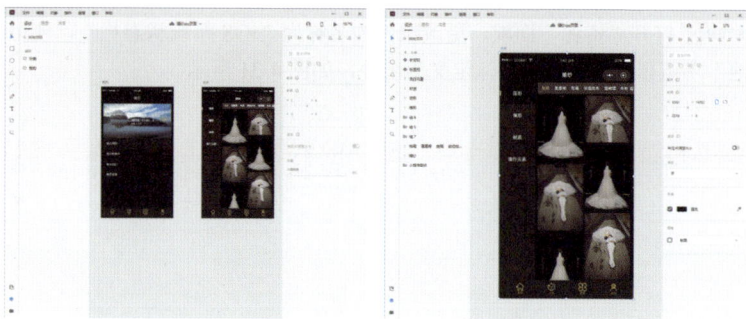

图4-34 "图层"面板的第一层级　　　　　　　　图4-35 平移和缩放到指定画板

4.2.2 搜索图层

　　在设计制作移动端UI产品的过程中，使用"搜索图层"功能可以快速地在"图层"面板中找到想要的图层。

　　Adobe XD为用户提供了两种搜索图层的方式，一种是在"图层"面板中按图层名称进行搜索，另一种是按照文本、形状和图像等类别进行筛选。

> **提示**　新版的 Adobe XD 对搜索体验进行了优化，优化完成后的搜索结果只显示包含关键字的相关图层和画板，而不显示带有上下结构的图层（如展开的组）。

　　单击"图层"面板顶部的"搜索"按钮 ，选项栏变为蓝色输入框，输入想要搜索的图层名称的关键字，从而筛选出与之相关的图层或者图层组，如图4-36所示。

　　单击"图层"顶部"搜索"按钮后面的 ⌄ 按钮，打开"图层筛选"下拉列表框，如图4-37所示。选择其中的任一图层类型，从而筛选出与之相关的图层或者图层组。

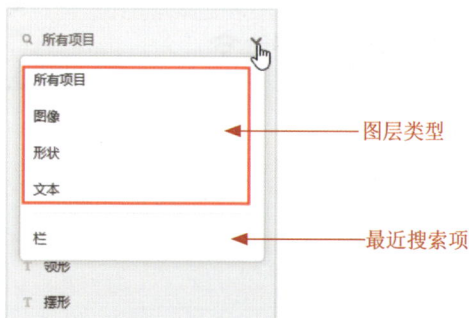

图4-36 按图层名称筛选　　　　　　图4-37 下拉列表框

4.2.3　管理图层

默认情况下,每个对象和文本都位于一个独立图层上。例如,用户绘制一个矩形对象时,系统将为此矩形对象创建一个单独的新图层。再次绘制另一个矩形时,系统同样会为此矩形对象创建一个单独的新图层。

基于此种情况,当用户完成了整套移动端UI设计时,UI文件将包含大量的图层数据,这不利于UI文件的管理与预览,因此,需要适当地对图层进行管理和整合。

在"图层"面板的画板列表中双击画板图标,即可进入"图层"面板的第二层级,如图4-38所示。此层级仅显示所选画板的图层,用户可在该层级中快速、轻松地重新排序、重命名、显示、隐藏、锁定和解锁图层。

在画板上为对象编组时,编组操作也会显示在"图层"面板中。使用布尔运算组合对象后,被组合的多个图层会替换为带有子图层的单个图层,图层名称为当前应用的布尔运算的名称+数字序号,如图4-39所示。

图4-38　"图层"面板的第二层级　　　　　　　　　　图4-39 带有子图层的单个图层

用户可以使用"图层"面板来管理图层,包括编组、重命名、复制或者导出图层等,下面分别进行介绍。

● 编组图层

在"图层"面板中选中多个图层并将光标悬停于选中图层的上方,如图4-40所示。单击鼠标右键,在弹出的快捷菜单中选择"组"命令或者按【Ctrl+G】组合键,即可将选中图层编为一个图层组,如图4-41所示。

● 重命名图层

双击图层或者画板的名称,当名称变为输入框后,如图4-42所示,输入图层的新名称,完成重命名操作。如果想要继续为下一个图层或者画板进行重命名操作,按【Tab】键即可。

图4-40 选中多个图层

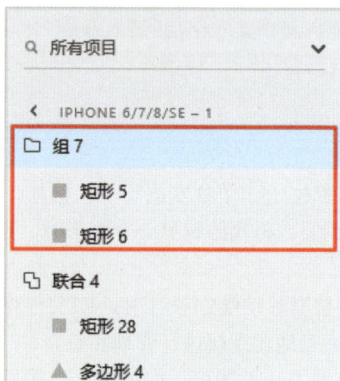
图4-41 编组图层

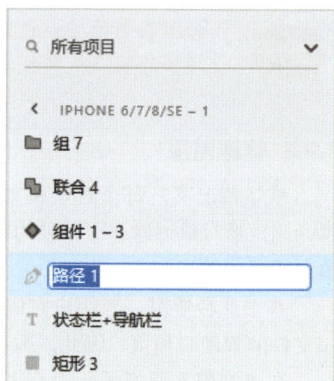
图4-42 重命名图层

● 复制图层

在"图层"面板中，将光标移至某个图层选项上方并单击鼠标右键，在弹出的快捷菜单中选择"复制"命令，图层将被复制在画板的当前位置。

● 隐藏和显示图层

将光标悬停在想要显示或者隐藏的图层或者图层组上，然后单击图层选项后面的 👁 按钮，即可隐藏或者显示该图层，如图4-43所示。

● 锁定和解锁图层

将光标悬停在想要锁定或者解锁的图层或者图层组上，然后单击图层选项后面的 🔒 按钮，即可锁定或者解锁该图层，如图4-44所示。图层被锁定后，用户在画板中执行的所有编辑操作均不会对锁定图层产生效果。

● 导出图层

在"图层"面板中，将光标移至某个图层选项的上方并单击鼠标右键，在弹出的快捷菜单中选择"导出"或者"批量导出"命令，弹出"导出资源"对话框，如图4-45所示。

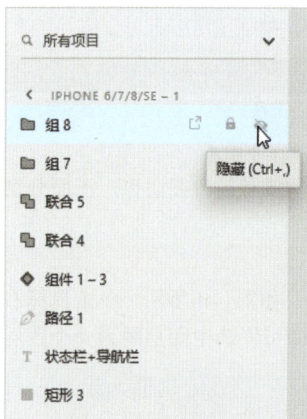
图4-43 显示或者隐藏图层

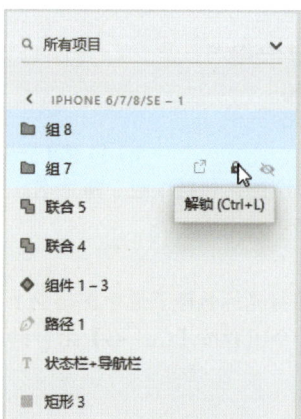
图4-44 锁定或者解锁图层

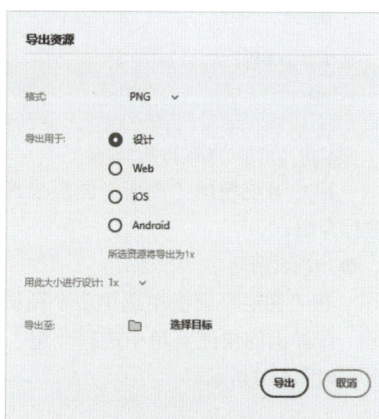
图4-45 "导出资源"对话框

用户可在该对话框中为导出图层设置格式、导出用途、倍数和导出位置等参数，设置完成后单击"导出"按钮，完成导出图层的操作。

● 删除图层

在"图层"面板中，将光标移至某个图层选项的上方并单击鼠标右键，在弹出的快捷菜单中选择"删除"命令，即刻删除该图层。

4.2.4　应用案例——绘制App收藏界面中的心形元素

源文件：资源包\源文件\第4章\4-2-4.xd
素材：无
技术要点：掌握【管理和编组图层】的方法

STEP 01 在 Adobe XD 的主页界面中选择"iPhone6/7/8/SE"预设画板尺寸，进入工作区域后，使用"选择工具"添加参考线。打开"资源"面板，选择前面案例发布过的"iOS 系统 UI 设计系统"资源库，将 iOS 系统状态栏组件放置在画板中，如图 4-46 所示。

STEP 02 使用"多边形工具"绘制一个心形对象，调整对象的边线轮廓。为对象应用"资源"面板中的渐变颜色资源，调整对象填充颜色的角度，如图 4-47 所示。

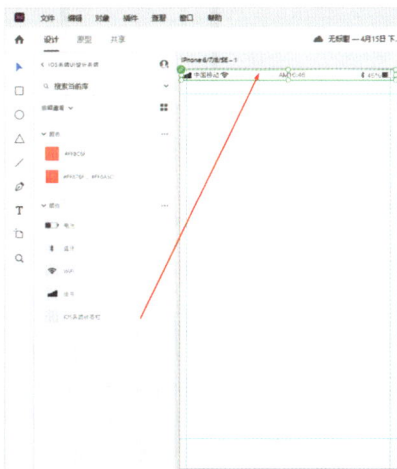

图4-46 在画板中放置资源组件

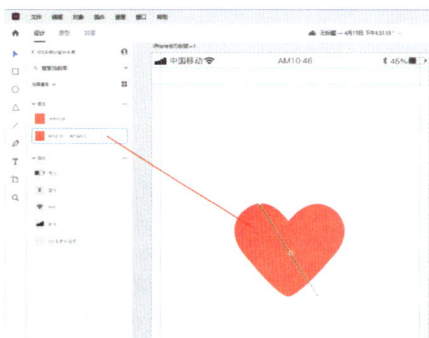

图4-47 绘制心形对象

STEP 03 按住【Alt】键不放并拖曳心形对象，得到心形对象的副本。使用"钢笔工具"沿心形对象绘制不规则形状，同时选中心形副本对象和不规则形状，单击"属性"面板顶部的"减去"按钮，为减去对象填充渐变颜色，如图 4-48 所示。

STEP 04 打开"图层"面板，选中心形对象的图层和减去对象的图层，单击鼠标右键，在弹出的快捷菜单中选择"组"命令，并将图层组重命名为"心形"，如图 4-49 所示。

图4-48 绘制形状并填充颜色

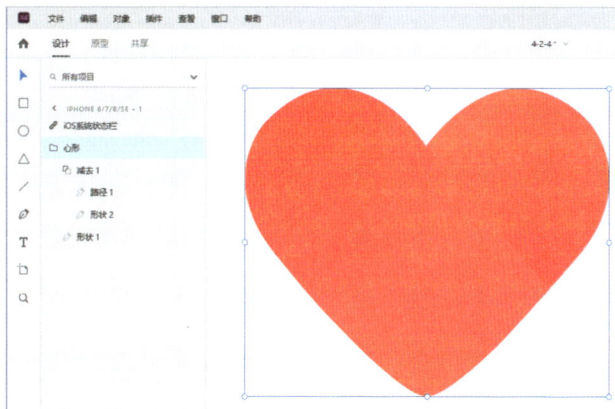

图4-49 编组图层并重命名

目前主流的 iOS 设备有 iPhone SE（4 英寸）、iPhone 6s/7/8（4.7 英寸）、iPhone 6s/7/8 Plus（5.5 英寸）、iPhone X（5.8 英寸）、iPhone XR（6.1 英寸）、iPhone XS Max（6.5 英寸），它们都采用了 Retina 视网膜屏幕。图 4-50 所示为 iOS 主流设备的尺寸。

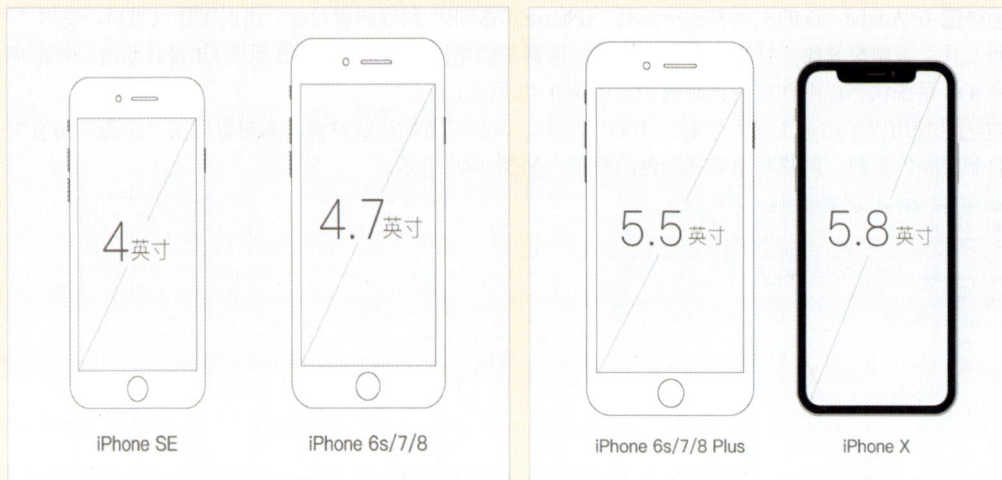

图4-50 iOS主流设备的尺寸

这些设备的屏幕尺寸各不相同，其中 iPhone 6s/7/8 Plus、iPhone X 和 iPhone XS Max 采用的都是 3 倍率的分辨率，其他采用的都是 2 倍率的分辨率。可以简单的理解为，在 3 倍率情况下，1pt=3px，在 2 倍率情况下，1pt=2px。不同设备的设计像素、开发像素和倍率如表 4-1 所示。

表4-1 不同设备的设计像素、开发像素和倍率

机型	设计像素	开发像素	倍率
iPhone SE	640×960 px	320×480 pt	@2x
iPhone 5/5s/5c	640×1136 px	320×568 pt	@2x
iPhone 6/6s/7/8	750×1334 px	375×667 pt	@2x
iPhone 6/6s/7/8 Plus	1242×2208 px	414×736 pt	@3x
iPhone X/XS/11 Pro	1125×2436 px	375×812 pt	@3x
iPhone XR/11	828×1792px	414×896pt	@2x
iPhone XS Max/11 Pro Max	1242×2688px	414×896pt	@3x

为了便于适配所有的设备，在为 iOS 系统设计 App 界面时，一般都会以 iPhone 6 的尺寸为基准，也就是 750px×1334px。

无论是栏高度还是应用图标，用户提供给开发人员的切片大小，前者始终是后者的 1.5 倍，并分别以 @3x 和 @2x 在文件名结尾命名，程序再根据不同分辨率自动加载 @3x 或者 @2x 的切片。

4.3 为对象设置效果

使用Adobe XD制作移动端UI设计的过程中，用户可以利用模糊效果和混合模式功能，增强或者降低UI设计中图像的视觉效果，使移动端UI设计的主题更加突出，内容形式更加丰富多彩。

4.3.1　使用模糊效果

接下来学习如何在Adobe XD中为对象添加背景模糊效果，或者对整个对象进行模糊处理。

● 背景模糊

在想要进行模糊处理的图像、对象或者特定区域上绘制一个形状对象，然后在"属性"面板中选择"背景模糊"复选框，下方出现"数量""亮度"和"不透明度"参数，如图4-51所示。

设置了背景模糊的形状对象被称为模糊蒙版，通过为模糊蒙版设置参数，完成为图像、对象或者特定区域添加背景模糊的操作，如图4-52所示。

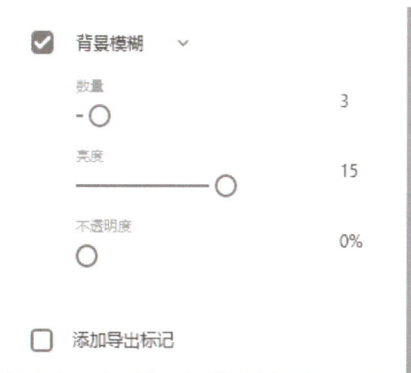

图4-51 模糊参数　　　　　　　　　　图4-52 应用模糊效果

背景模糊的3个参数分别用来控制背景模糊的程度、模糊蒙版的亮度和模糊蒙版的不透明度，用户可以通过调整参数下方的滑块改变背景模糊效果。

> **提示**
> 如果需要隐藏背景模糊效果，可以取消选择"属性"面板中的"背景模糊"复选框。
> 如果想要删除背景模糊效果，只需选择应用了背景模糊效果的对象并将其删除即可。

● 对象模糊

选中需要添加模糊效果的对象或者图像，在"属性"面板中单击"背景模糊"下拉按钮，在打开的下拉列表框中选择"对象模糊"选项，如图4-53所示。

完成后可以为选中的对象或者图像应用"对象模糊"效果，同时"属性"面板中的"对象模糊"选项下方出现"数量"参数，如图4-54所示。

用户可以通过拖动"数量"滑块来控制对象模糊的程度。图4-55所示为应用了对象模糊效果后的图像。

图1-53 选择"对象模糊"选项　　　图4-54 "数量"参数　　　图4-55 应用对象模糊的图像效果

4.3.2 应用案例——设计制作App收藏界面

源文件：资源包\源文件\第4章\4-3-2.xd
素材：资源包\素材\第4章\43201.xd、人.png
技术要点：掌握【在Adobe XD中模糊对象】的方法

扫描观看视频　扫描下载素材

STEP 01 在 Adobe XD 中打开"素材 \ 第 4 章 \43201.xd"文件，使用"钢笔工具"和"矩形工具"绘制形状。选中刚刚绘制的所有对象，在"属性"面板的"背景模糊"下拉列表框中选择"对象模糊"选项，参数设置如图 4-56 所示。

STEP 02 设置完成后将对象编组并重命名为"树"。使用"椭圆工具"在画板中绘制椭圆对象，在"属性"面板中设置对象的填充颜色为从灰色到透明的线性渐变，在"图层"面板中将椭圆对象的图层调整到底部，如图 4-57 所示。

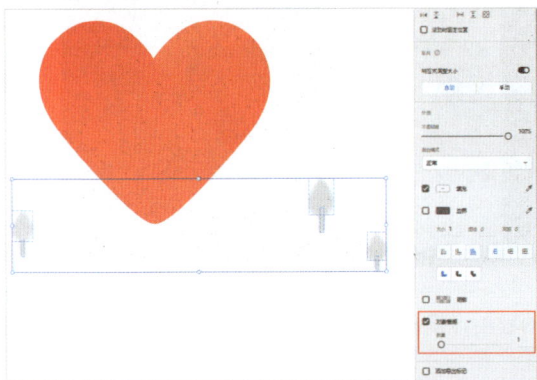

图4-56 绘制对象并设置对象模糊

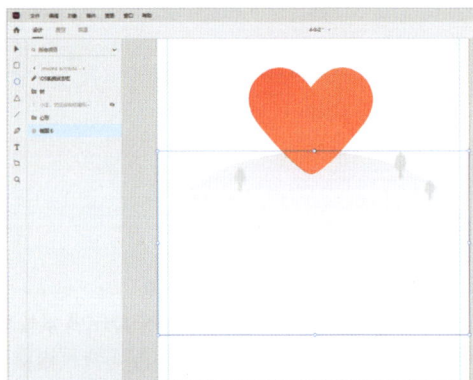

图4-57 绘制椭圆对象并设置填充颜色

STEP 03 将"人 .png"图像拖曳到画板中，使用"选择工具"调整其大小和位置，效果如图 4-58 所示。

STEP 04 使用"文本工具"在画板中输入文字内容，在"属性"面板中设置文字的字体类型、字号和填充颜色等参数，完成 App 收藏页面的绘制，如图 4-59 所示。

图4-58 添加图像素材

图4-59 输入文本并设置属性

? 疑问解答 iOS 系统 App 界面中的文字设置

iOS 系统 App 界面中的字体应选择苹果公司的苹方字体，字体大小应以 2 的倍数进行划分。一般情况下，App 界面中字体的大小按照标题的文字层级分别使用 12pt、14pt、16pt 和 18pt 的字号。为了便于观察，通过 App 原型界面中文字的字体和字号，向用户展示 iOS 系统 UI 设计中的文字规范，如图 4-60 所示。

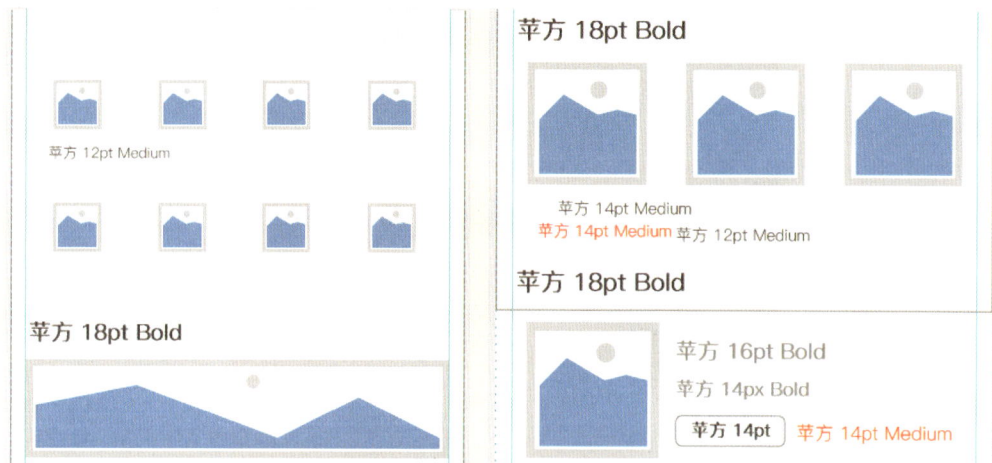

苹方 12pt Medium

苹方 18pt Bold

苹方 18pt Bold

苹方 14pt Medium

苹方 14pt Medium 苹方 12pt Medium

苹方 18pt Bold

苹方 16pt Bold

苹方 14px Bold

苹方 14pt 苹方 14pt Medium

图4-60 iOS系统UI设计中的文字规范

4.3.3　使用混合效果

Adobe XD为用户提供了多种混合效果，用于增强移动端UI设计的视觉效果。下面详细介绍混合效果的概念、使用方法和混合效果等内容。

在UI设计过程中，进行图像处理时，用户可以为视觉效果单调的图像打造引人注目的独特效果。比如，用户可以将品牌的颜色应用到图像效果中，从而创建更具有视觉吸引力的UI设计。

在Adobe XD中，可以使用混合模式完成上述内容表达的图像效果。混合模式是指将当前一个图层的颜色与其正下方图层的每个像素的颜色相混合，以便生成一个新图像效果。图4-61所示为应用了不同混合模式的图像效果对比。

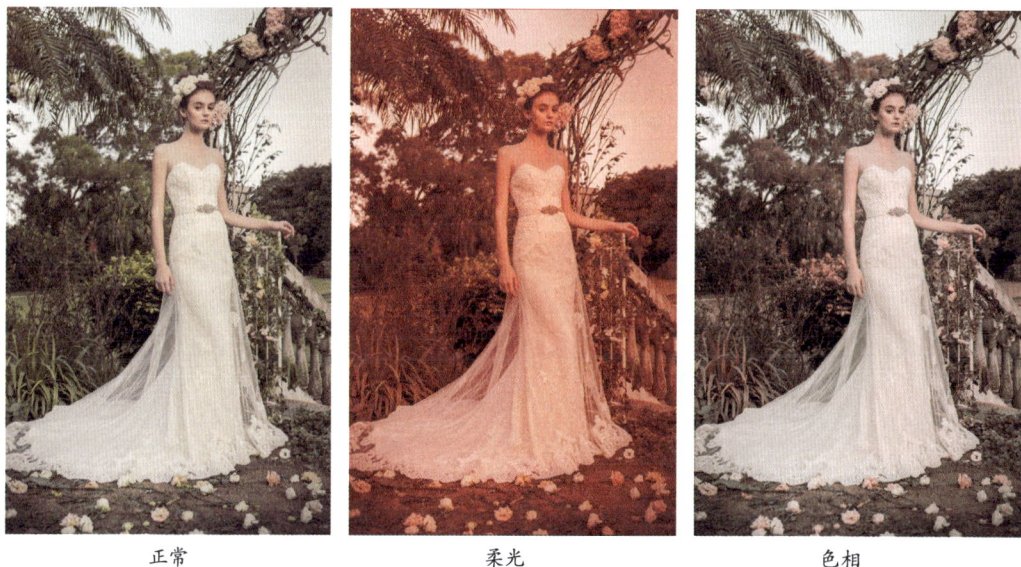

正常　　　　　　　　　　　　　柔光　　　　　　　　　　　　　色相

图4-61 应用不同混合模式的图像效果对比

● 混合模式的概念

想要彻底理解什么是混合效果，首先需要知道基色、混合色和结果色的概念。下面是这3种颜色的概念描述和图像描述，如图4-62所示。

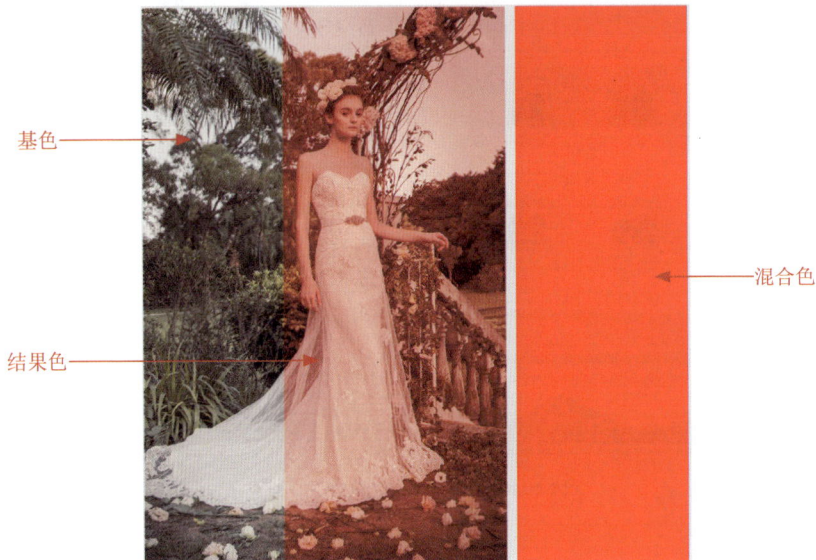

图4-62 3种颜色的图像描述

基色：图稿的底层颜色。

混合色：选定对象、组或者图层的原始颜色。

结果色：混合后得到的颜色。

基色和混合色根据所选的混合模式加以混合，得到合成后的结果色，也就是应用了混合模式后自动生成的图像效果。Adobe XD中的16种混合模式被分成了6类，表4-2所示为这16种混合模式的分类情况和混合效果。

表4-2 16种混合模式的分类情况和混合效果

分类	混合模式	混合效果
正常	正常	默认模式，未应用混合模式
变暗	变暗	通过查看每个图像的颜色信息，选择基色或者混合色中较暗的颜色作为结果色。将替换比混合色亮的像素，而比混合色暗的像素保持不变
	正片叠底	通过查看每个图像的颜色信息，将基色与混合色进行正片叠底。结果色总是较暗的颜色
	颜色加深	通过查看每个图像的颜色信息，增加二者之间的对比度，使基色变暗以突出混合色
变亮	变亮	通过查看每个图像的颜色信息，选择基色或者混合色中较亮的颜色作为结果色
	滤色	通过查看每个图像的颜色信息，将混合色的互补色与基色进行正片叠底，结果色总是较亮的颜色
	颜色减淡	通过查看每个图像中的颜色信息，减小二者之间的对比度，使基色变亮以突出混合色

表4-2（续）

分类	混合模式	混合效果
对比度	叠加	对颜色进行正片叠底或者过滤，具体取决于基色。图案或者颜色在现有像素上进行叠加操作，同时保留基色的明暗对比
	柔光	使颜色变暗或者变亮，具体取决于混合色。结果色与发散的聚光灯照在图像上的效果相似
	强光	对颜色进行正片叠底或者过滤，具体取决于混合色。结果色与耀眼的聚光灯照在图像上的效果相似
倒置	差值	通过查看每个图像的颜色信息，从基色中减去混合色，或者从混合色中减去基色，采用两个颜色之间亮度值更大的颜色
	排除	创建与"差值"模式相似但对比度更低的效果
组件	色相	用基色的明亮度和饱和度及混合色的色相创建结果色
	饱和度	用基色的明亮度和色相及混合色的饱和度创建结果色
	颜色	用基色的明亮度及混合色的色相和饱和度创建结果色
	明度	用基色的色相和饱和度及混合色的明亮度创建结果色

● 应用混合模式

在画板中选择图像或者对象（包括形状、文本、蒙版或组件），在"属性"面板中单击"混合模式"下拉按钮，在打开的下拉列表框中选择任意一种混合模式，即可为选中的对象或者图像应用该混合模式，如图4-63所示。

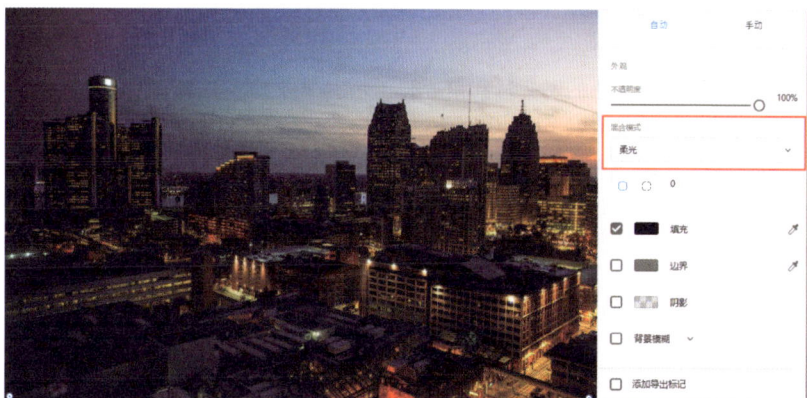

图4-63 为选中对象或者图像应用混合模式

为对象或者图像应用混合模式后，用户可以按【Shift+Alt++】组合键或者【Shift+Alt+－】组合键切换混合模式，逐一查看各种混合模式的图像效果，以便为UI设计选用更加合适的图像效果。

? 疑问解答 不同对象应用混合效果的规则

用户为不同对象使用混合效果时，需要了解在应用或者修改混合模式时对象会经过哪些处理，掌握这些规则，以便更好地完成移动端UI设计。

对象外观：使用混合模式后应用并影响整个对象。

主组件：使用混合模式后应用并影响设计项目中的所有实例。比如，修改了组件中对象的颜色，则将改变设计项目中所有实例的颜色。

重复网格：使用混合模式后应用于所有单元格。

互操作性：当与Photoshop、Illustrator、Sketch和After Effects一起使用混合模式时，可保留混合效果。

4.3.4 应用案例——绘制App界面中的卡片模块

源文件：资源包\源文件\第4章\4-3-4.xd

素材：资源包\素材\第4章\43401.png～43403.png

技术要点：掌握【Adobe XD中混合模式】的使用方法

扫描观看视频 扫描下载素材

STEP 01 在Adobe XD的主页界面中选择"自动大小（1080px×1920px）"预设画板尺寸，进入工作区域后，使用"矩形工具"在画板中绘制一个矩形对象并设置圆角半径。将"43401.png"图像文件拖曳到圆角矩形对象中，如图4-64所示。

STEP 02 再次使用"矩形工具"绘制一个圆角矩形对象，在"属性"面板中设置对象的填充颜色为#140663，"混合模式"为"滤色"，效果如图4-65所示。

图4-64 绘制圆角矩形并导入图片

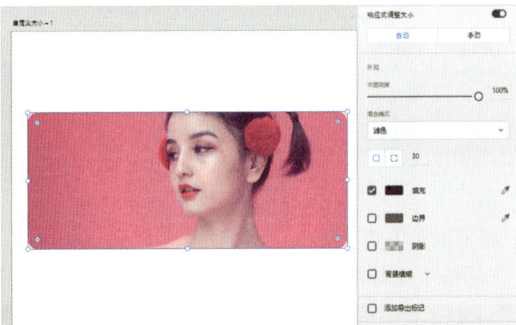

图4-65 绘制圆角矩形对象

STEP 03 使用"文本工具"在画板中输入标题文本和解释说明文字，再次使用"文本工具"配合"矩形工具"绘制"正在征集"按钮，完成"美妆"卡片模块的制作，如图4-66所示。

STEP 04 选中"美妆"卡片模块中的所有对象和文本，单击鼠标右键，在弹出的快捷菜单中选择"组"命令，将其编组并重命名为"美妆"。使用步骤1～步骤4的绘制方法，完成"旗袍"和"最美的年华"卡片模块的制作，如图4-67所示。

图4-66 "美妆"卡片模块

图4-67 完成其他卡片模块的制作

4.4　设计UI界面的结构

　　在进行移动App UI设计时，用户可能会使用多个对象合成一个UI元素。由于Adobe XD中的对象具有独立性，不利于用户对合成UI元素进行调整和编辑等操作。此时，可以将多个对象合成的UI元素定义为组件，用以完善和丰富UI设计的页面结构。

4.4.1　响应式调整大小

　　在学习使用组件之前，先来了解如何对多种屏幕尺寸和布局使用响应式调整大小和约束功能。

◀》）　应用响应式调整大小的原因

　　对多设备环境进行移动端UI设计时，需要考虑iOS系统移动设备和Android系统移动设备所使用的各种屏幕尺寸。此时，设计人员需要考虑同样的页面内容如何适应多种屏幕尺寸。

　　为解决这个设计问题，Adobe XD开发了一项"响应式调整大小"功能，此功能支持用户调整对象大小，同时保持调整后不同对象的大小与空间关系，方便用户的UI设计更好地适应多种屏幕大小。

◀》）　响应式调整画板大小

　　默认情况下，"响应式调整大小"功能对画板处于关闭状态。在Adobe XD的"设计"模式中，选中一个画板并单击"属性"面板中的"响应式调整大小"按钮，启用"响应式调整大小"功能，如图4-68所示。

　　将光标移至画板四周边线中间的手柄上，当光标变为 ↕ 或这 ↔ 状态时，按住鼠标左键并拖曳，Adobe XD将自动预测用户可能应用的约束，并在调整画板大小后为对象自动应用这些约束，如图4-69所示。

图4-68 启用"响应式调整大小"功能　　　　　图4-69 调整画板大小

> **提示**　简单来说，就是用户在使用"响应式调整大小"功能时，Adobe XD将分析选中画板内对象、对象的分组结构、与父组边缘的接近度及布局信息，进而自动调整大小和间距。

◀》）　响应式调整对象大小

　　除了可对整个画板应用"响应式调整大小"功能，用户也可以为对象或者组使用此功能。需要注意的是，为对象进行调整时，可以选择"自动"与"手动"两种调整方式，如图4-70所示。

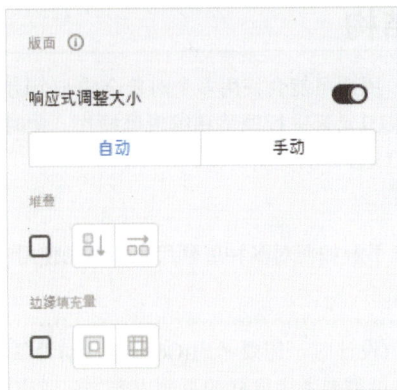

图4-70 两种调整方式

● 手动编辑约束

如果用户对自动调整的响应式布局不满意，也可以手动编辑约束规则。通过设置手动约束，用户可以明确判断使用图层调整组件、画板或者组的大小时，对象的距离范围。

单击"属性"面板中"响应式调整大小"选项下的"手动"按钮，即可手动编辑响应式调整大小已在对象上放置的约束，如图4-71所示。

用户设置的手动约束将覆盖系统放置的自动约束，可以使用"固定宽度""固定右边距"和"可变宽度"等约束来指定规则并控制各种组件的距离范围，如图4-72所示。

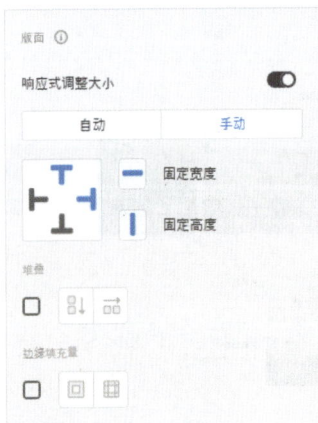

图4-71 手动调整

图4-72 指定约束规则

● 响应式调整组

在调整大小之前，可以为相似的对象分组，从而使它们之间建立联系。默认情况下，Adobe XD会将已分组的对象保留到一起，并支持用户使用组织机制在项目中建立的层次结构。调整大小后，已分组的对象仍然聚集在一起。

4.4.2 创建和使用组件

组件是一种拥有很强的灵活性的设计元素，它可以帮助用户创建和维护移动端UI设计中的重复元素，同时还可以针对不同的内容布局更改实例。

除了4.1.1节中讲解的两种创建组件的方法，用户也可以选中想要创建为组件的对象、图像和文本等，单击"属性"面板中"组件"选项后面的"制作组件"按钮╋，如图4-73所示，将选中的多个对象、图像和文本制作为组件。

用户还可以将光标移至选中对象的上方，单击鼠标右键，在弹出的快捷菜单中选择"制作组件"命令，如图4-74所示，也可以完成制作组件的操作。

图4-73 单击"制作组件"按钮　　　　图4-74 选择"制作组件"命令

● 主组件

选中对象、文本和图像等多个元素，将其创建为组件，此组件将成为主组件，主组件的左上角设计为绿色实心菱形，用于区分其他实例组件，如图4-75所示。用户也可以像编辑其他任何元素一样对主组件进行编辑。

图4-75 主组件

> **提示**　如果要取消链接单个组件实例，在该组件上单击鼠标右键，在弹出的快捷菜单中选择"取消组合组件"命令。如果要取消链接画板上的所有组件实例，可在"资源"面板中删除组件选项。

● 组件实例

主组件的每个副本都被称为实例。按住【Alt】键并拖曳主组件或者将"资源"面板中的主组件拖曳到画板中，得到一个组件实例。

组件实例的左上角设计为绿色空心菱形，如图4-76所示。如果对主组件进行了修改，系统会对所有实例应用相同的修改。

图4-76 组件实例

● 编辑主组件

如果想要编辑主组件，首先需要在画板中选择一个组件实例，然后在"属性"面板的"组件"分组的"默认状态"后面单击"编辑主组件"按钮 ✏️，如图4-77所示，即可进入主组件的编辑状态。

也可以打开"资源"面板，将光标移至想要编辑的组件选项上，单击鼠标右键，在弹出的快捷菜单中选择"编辑主要组件"命令，如图4-78所示，完成进入主组件的编辑状态操作。

还可以将光标移至主组件或者组件实例上方，单击鼠标右键，在弹出的快捷菜单中选择"编辑主组件"命令或者按【Shift+Ctrl+K】组合键，如图4-79所示，也可以进入主组件的编辑状态。

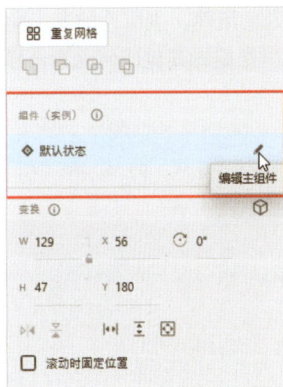

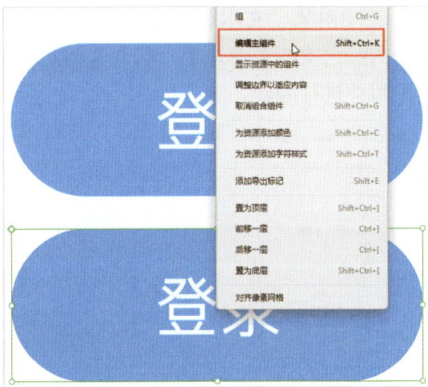

图4-77 单击"编辑主组件"按钮　图4-78 选择"编辑主要组件"命令　图4-79 选择"编辑主组件"命令

4.4.3 应用案例——设计制作Android系统App主题界面

源文件：资源包\源文件\第4章\4-4-3.xd
素材：资源包\素材\第4章\44301.xd、44301.png
技术要点：掌握绘制【Android系统UI界面】的方法

扫描观看视频　扫描下载素材

STEP 01 在 Adobe XD 中打开"素材\第 4 章\44301.xd"文件，隐藏画板中的图层组。使用"选择工具"为画板添加多条参考线，确定 Android 系统界面的基础结构与内容间距。使用"矩形工具"绘制 3 个矩形对象，显示图层组并移动到合适位置，如图 4-80 所示。

STEP 02 使用"矩形工具""椭圆工具""钢笔工具"和"文本工具"绘制 App 界面状态栏和标题栏中的内容，如图 4-81 所示。

图4-80 添加参考线并移动图层组　　　　　图4-81 绘制状态栏和标题栏

STEP 03 使用"椭圆"工具绘制正圆对象，将素材图像拖曳到正圆对象上，完成头像的制作。使用相同的绘制方法完成其余 3 个头像内容的制作。同时选中 4 个头像，单击"属性"面板中的"重复网格"按钮，使用"文本工具"输入文字内容，界面效果如图 4-82 所示。

STEP 04 选中"重复网格"内容和文本内容，按住【Alt】键不放并向下拖曳复制所选内容，拖曳"重复网格"内容右侧的边线，调整第 2 个卡片下方的头像内容，移动文字内容，界面效果如图 4-83 所示。

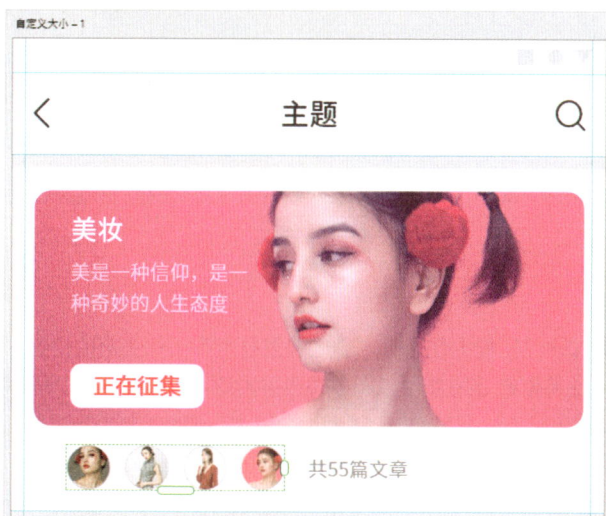

图4-82 制作头像内容　　　　　　　　图4-83 复制内容并进行调整

？疑问解答　Android 系统 UI 内容间距

为了保证用户在 Android 系统界面中阅读的流畅性，必须对 Android 系统界面设计元素的间距有一个明确的规定。

最新的 Material Design（材料设计语言，简称 MD）规范发明了一个名为 8dp 原则的栅格系统。这个规范的最小单位是 8dp，一切距离和尺寸都选取 8dp 的整数倍。如果按照 MD 规范设计界面的话，官方的界面排版如图 4-84 所示。

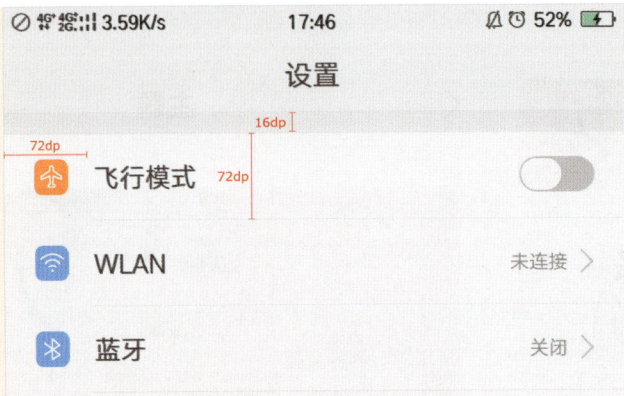

图4-84 Android系统元素间距

由图4-84可以看出，界面的列表高度为72dp，列表项的间距为16dp，这些数值都是8dp的整数倍。界面的左右边距可以设置为8dp~32dp，如果带有图标或者头像内容，可以设置为72dp。

4.4.4 覆盖组件实例

覆盖是指只对某个组件实例进行了修改，而非修改主组件的操作。如果更改了实例中的属性，Adobe XD会为该属性添加"覆盖"标记。

用户可以在不断开该组件实例与主组件连接的情况下，覆盖实例属性。图4-85所示为主组件、组件实例与具有"覆盖"标记实例左上角的显示情况。

图4-85 主组件、组件实例与具有"覆盖"标记实例左上角的显示情况

> 提示：如果用户想要清除组件实例中的覆盖并恢复为主组件的副本，可以将光标移至该组件实例上方，单击鼠标右键，在弹出的快捷菜单中选择"重置为主组件状态"命令即可。

用户创建组件并在制作移动端UI设计的过程中使用时，会出现需要覆盖组件实例的情况。表4-3所示为组件实例的覆盖类型及各个覆盖类型的适用场景。图4-86所示为应用了外观覆盖的多个组件实例。

图4-86 应用外观覆盖的组件实例

表4-3 组件实例的覆盖类型及适用场景

覆盖类型	适用场景
文本	在更改移动端UI设计中的按钮组件标签时，可以编辑组件实例中的文本内容
位图	在移动端UI设计中替换个人资料照片组件的图像时，可以替换组件实例中的位图内容
大小	在修改移动端UI设计中表单文本字段的大小时，应用内边距和响应式调整大小的过程中，可以调整实例的大小
外观	在修改移动端UI设计的通知背景颜色时，可以修改填充颜色、边框和模糊等外观属性
布局和结构	在修改移动端UI设计中包含其他菜单条目的下拉菜单时，可以在组件实例中添加、删除和移动对象

提示　组件也可以调整大小，并且组件天生具备响应式调整大小的强大功能。如果调整主组件的大小，则未经覆盖的所有组件实例会自动调整大小。

4.4.5　为组件添加多个状态

根据交互而改变外观的组件对于用户来说非常具有吸引力，而移动App UI设计中具有不同状态的组件包括按钮、复选框和图标等。

用户可以使用Adobe XD为组件添加多个状态，完成后预览移动App UI设计的过程中，点击或者长按组件时，组件将根据设定改变状态，如图4-87所示。

图4-87 组件的不同状态

提示　让组件拥有多个状态，还可以更加轻松地管理资源和创建交互式设计系统。

❓疑问解答　使用拥有多个状态的组件时的注意事项

在主组件上创建的状态在该组件的所有实例中都可用。
用户可以在"属性"面板的状态切换器选项上重命名和删除状态。
用户可以为拥有多个状态的组件添加一个触发器（交互设计知识点），其中包含用于切换组件状态的操作。比如将鼠标悬停在按钮组件上时，可以从默认状态切换至悬停状态。

● 添加状态

在Adobe XD中创建组件后，"属性"面板会列出具有"默认状态"的组件。用户可以为拥有"默认状态"的组件添加"新建状态"或者"悬停状态"，如图4-88所示。

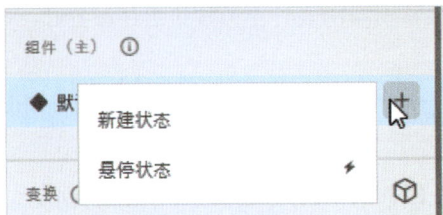

图4-88 状态类型

● 新建状态

为组件添加"新建状态"并调整外观后，用户可以通过点击该组件使其显示禁用或单击等不同状态。

在画板中选中主组件，单击"属性"面板中"默认状态"选项右侧的"添加状态"按钮＋，然后在打开的下拉列表框中选择"新建状态"选项，并为新建状态调整外观。调整过后，完成为组件添加新建状态的操作。

> 提示　"新建状态"没有任何已经内置在状态中的交互性，如果用户想要为组件添加交互，必须在"原型"模式下进行连接。关于如何为组件添加交互，请参考本书第5章中的相关知识点。

● 悬停状态

如果用户希望通过将光标悬停在组件上而发生变化并显示不同的状态，可以为组件添加"悬停状态"。

单击"属性"面板中"默认状态"选择右侧的"添加状态"按钮＋，然后在打开的下拉列表框中选择"悬停状态"选项，并为悬停状态调整外观。调整过后，完成为组件添加悬停状态的操作。

使用"悬停状态"时，无须进入"原型"模式即可连接交互，系统将自动为用户完成交互操作。

● 重命名组件状态

在"属性"面板中双击组件"默认状态"以外的任一状态名称，该组件状态变为输入框，如图4-89所示。删除状态的旧名称并输入新名称，或者在状态旧名称的基础上添加文本，完成为组件重命名的操作。

● 删除组件状态

在"属性"面板中，将光标移至想要删除的组件状态上方，单击鼠标右键，在弹出的快捷菜单中选择"删除"命令，如图4-90所示。完成后，即可删除该组件状态。从主组件删除组件状态时，画板中具有该状态的组件实例将切换回默认状态。

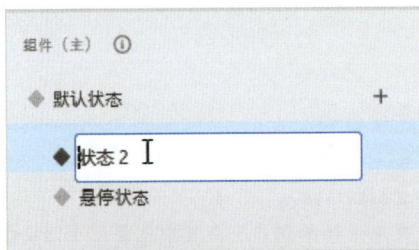

图4-89 重命名组件状态

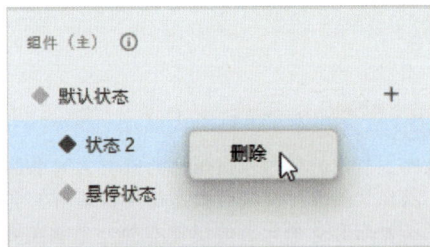

图4-90 删除组件状态

> **提示**　为了简化组件状态的管理操作，Adobe XD 只允许用户从主组件中添加、重命名和删除状态。该组件的实例将自动继承主组件中的任何状态更改。

4.4.6　应用案例——为移动端UI设计添加不同状态

源文件：资源包\源文件\第4章\4-4-6.xd
素材：资源包\素材\第4章\44601.xd
技术要点：掌握【为组件添加不同状态】的方法

扫描观看视频　扫描下载素材

STEP 01 在 Adobe XD 中打开"素材 \ 第 4 章 \44601.xd"文件，使用"选择工具"同时选中与"查看"按钮相关的圆角矩形对象和文本，单击鼠标右键，在弹出的快捷菜单中选择"制作组件"命令，组件效果如图 4-91 所示。

STEP 02 删除其余两个"查看"按钮，连续两次使用"选择工具"将"资源"面板中的"组件 1"拖曳到画板中，得到两个组件实例，并将其移至合适位置，如图 4-92 所示。

图4-91 制作组件

图4-92 添加组件实例

STEP 03 在画板中选择"组件 1"的主组件，在"属性"面板的"组件"分组下单击"默认状态"选项右侧的"添加状态"按钮，为"组件 1"新建一个名为"立即阅读"的状态，设置状态效果如图 4-93 所示。

STEP 04 状态添加完成后，在画板中选择"组件 1"的主组件，在"属性"面板中设置组件状态为"默认状态"。选择"组件 1"的任一组件实例，在"属性"面板中设置其组件状态为"立即阅读"，如图 4-94 所示。

图4-93 状态效果

图4-94 设置组件状态

? 疑问解答 移动端 UI 设计的布局方式

在一整套移动端 UI 设计中，页面数量通常都比较多，为了给用户带来不一样的视觉体验，项目中的每一个页面基本都采用不同的布局方式。

● 瀑布流布局方式

一般情况下，"购物"页面采用瀑布流布局方式，如图 4-95 所示。瀑布流布局有效降低了界面的复杂度，节省了空间，不再需要臃肿复杂的页面导航链接或者按钮；通过向上滑动进行页面滚动和数据加载，对操作的精准程度要求远远低于点击按钮或者链接；使用户能更好地专注于浏览而不是操作。

● 列表式布局方式

大多数 App 的"我的"页面会采用列表式布局方式，如图 4-96 所示。列表式布局通常采用竖排列表的形式，采用"图标＋文本"的形式，用于展示同类型或者并列的元素，通过上下滑动可以查看更多列表内容，用户可接受程度较高，同时在视觉上也较为规整。

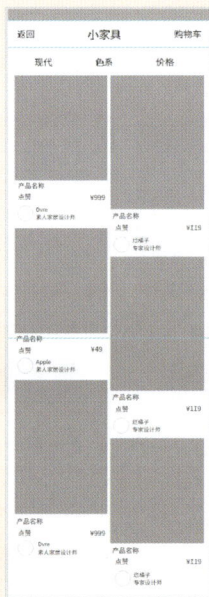

图4-95 瀑布流布局　　　　图4-96 列表式布局

列表式布局可以使用户快速获取一定量的信息，以决定是否点击进入更深的层级进行深度浏览或者操作；用户可以在多类信息中进行筛选和对比，自主、高效地选择自己想要的内容。

列表式布局信息展示的层级较为清晰，并且可以灵活地通过不同形式进行展示。在展示主要信息的同时还可以展示一定的次级信息，提醒及辅助用户理解。符合用户从上到下查看的视觉流程，排版也较为整齐，延展性强。

● 卡片式布局方式

卡片式布局形式非常灵活，每张卡片的内容和形式都可以相互独立，互不干扰，可以在同一个页面中出现不同的卡片，承载不同的内容。由于每张卡片都是独立存在的，所以其信息量比列表式布局更加丰富。图 4-97 所示为某个采用了卡片式布局方式的 App 页面。

卡片式布局能够直接展示页面中最重要的内容信息，分类位置固定，用户十分清楚当前所在入口位置，减少页面跳转层级，可使浏览者轻松地在各个入口间频繁跳转。

● 宫格式布局方式

宫格式布局通常采用一行三列的布局方式。这种布局方式非常有利于内容区域随手机屏幕分辨率不同而自动伸展宽高，方便适配所有的智能终端设备。同时也是 iOS 系统和 Android 系统开发人员比较容易编写的一种布局方式。图 4-98 所示为某款采用了宫格式布局方式的 App 页面。

图4-97 卡片式布局   图4-98 宫格式布局

宫格式布局是目前最常见的一种布局方式，也是一种符合用户习惯和黄金比例的设计方式。这种信息内容展示方式简单明了，能够清晰地展现各个入口，方便用户快速查询。

4.4.7 使用嵌套组件

构建设计系统需要在拥有多个层级的移动App UI设计中创建组件，用以表达组件的重用性和灵活性。在创建组件时，通过在Adobe XD中相互嵌套这些组件，可以提高组件的可用性。

在移动App UI设计中，嵌套组件可以帮助用户创建菜单、卡片式布局和列表式布局等复杂结构。

● 创建嵌套组件

因为在更新主组件时，所有实例都可以收到关于更新（包括嵌套组件）的通知。因此，使用嵌套组件可以构建健全的设计系统。下面讲解创建嵌套组件的3种方法。

方法1：按【Ctrl+C】组合键复制一个组件实例，选择另外一个组件并进入组件的编辑状态，如图4-99所示。按【Ctrl+V】组合键粘贴组件实例到此组件中，将组件实例移动到合适位置，如图4-100所示，最终完成嵌套组件的创建操作。

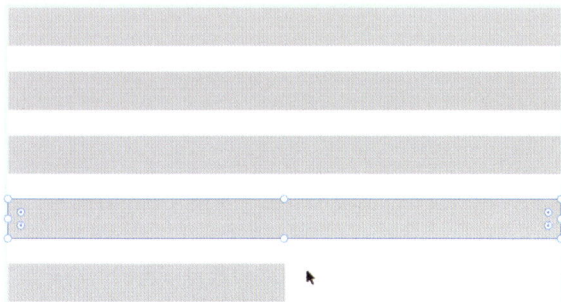

图4-99 复制组件实例   图4-100 创建嵌套组件

方法2：复制一个组件实例，将其粘贴到一个对象组中，然后将对象组转换为组件，也可完成嵌套组件的创建。

方法3：选择一个具有可用性的复杂组件，进入其编辑状态，选择组件中的可重用部分，将其创建为组件，完成后复杂组件即成为嵌套组件。

● 交换嵌套组件

由于嵌套组件支持所有类型的覆盖，所以拥有组件交换功能的嵌套组件具有极高的灵活性。通过组件交换，可以将整个嵌套组件或者嵌套组件中的某个组件，替换为文档资源中的另一个组件。

在Adobe XD中选中要交换的嵌套组件或者嵌套组件中的某个组件，打开"资源"面板中的"文档资源"分组，将一个组件拖曳到需要交换的嵌套组件上，如图4-101所示。松开鼠标，即可完成嵌套组件交换，如图4-102所示。

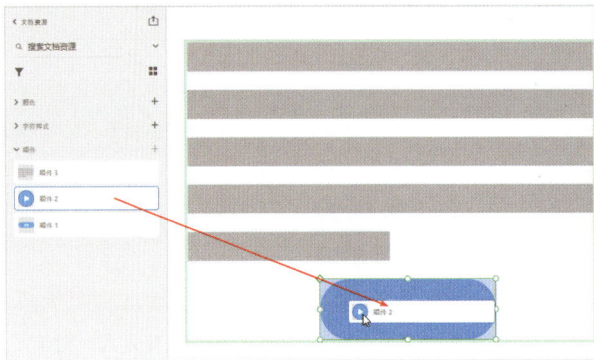

图4-101 拖曳交换组件

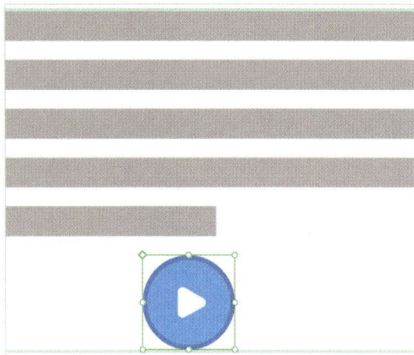

图4-102 完成嵌套组件交换

> **提示** 如果嵌套组件中包含的某个组件的主组件发生了更改，此更改将同步更新到嵌套组件中的所有实例。

● 为嵌套组件添加状态

每一次重用嵌套组件时，可以通过为组件添加状态而保存组件的不同变化，使嵌套组件的功能变得更加强大。比如，用户可以创建一个弹出式菜单，并为弹出式菜单设置不同的状态，包括主菜单和辅助菜单。

4.5 使用3D变换进行透视设计

Adobe XD为用户提供了在模拟沉浸式和交互式用户体验的过程中创建3D对象的方法。通过3D变换功能，可为对象、文本或者图像增加一个全新的维度，使其实现3D动画、透视模型和卡片翻转等多种视觉效果。

4.5.1 启用3D变换

用户可以将"3D变换"功能应用于合成移动App UI设计中的复杂元素，如滚动组、重复网格和堆叠等复杂元素。

在画板中选中一个对象、文本、图像或者组，在"属性"面板中单击"变换"分组右侧的"3D变换"按钮 ，启用"3D变换"功能。

此时"属性"面板的"变换"分组中的参数如图4-103所示。利用这些参数可以控制所选元素沿X轴或者Y轴方向，以及Z轴应用深度进行变换。

启用"3D变换"功能后，所选元素的四周出现变换框，所选元素的中心出现 图标，如图4-104所示。

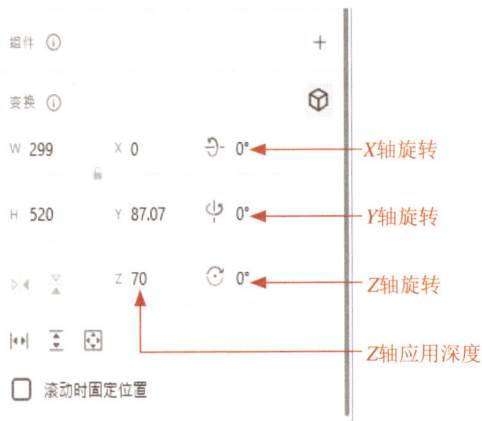

图4-103 变换参数

图4-104 所选元素中心出现相应图标

4.5.2 旋转物体

在"属性"面板中启用"3D旋转"功能后，可以使用"X轴旋转"和"Y轴旋转"选项微调所选元素的方向。

选中要旋转的元素，在"属性"面板中的"X轴旋转"文本框或者"Y轴旋转"文本框中输入具体的方向值，如图4-105所示。输入完成后，所选元素将会按照数值进行旋转操作。

用户也可以将光标移至所选元素的中心图标上，当光标变为 状态时，按住鼠标左键并拖曳，可以沿X轴旋转所选元素，如图4-106所示。当光标变为 状态时，按住鼠标左键并拖曳，可以沿Y轴旋转所选元素。

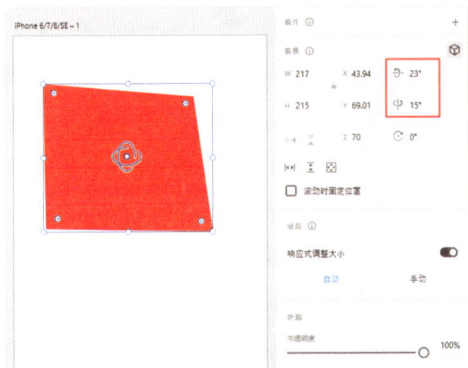

图4-105 输入数值

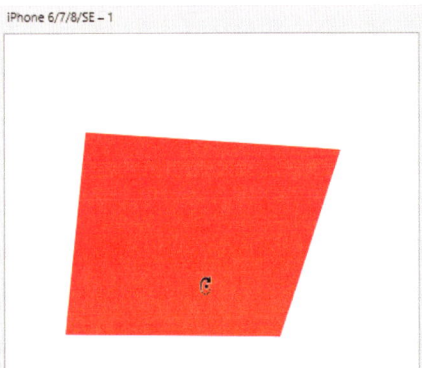

图4-106 沿X轴旋转所选元素

4.5.3 应用案例——绘制App界面的基础结构

源文件：资源包\源文件\第4章\4-5-3.xd

素材：资源包\素材\第4章\45301.png、"呼叫铃.png"

"购物车.png" "Banner.png"

技术要点：掌握绘制【App界面基础结构】的方法

扫描观看视频　扫描下载素材

STEP 01 在 Adobe XD 的主页界面中选择"自动大小（1080px×1920px）"预设画板尺寸，进入工作区域后，使用"选择工具"在画板上添加多条参考线，确定 App 界面的基础结构。使用"矩形工具""椭圆工具""钢笔工具"和"文本工具"绘制 App 界面的状态栏和标题栏，如图 4-107 所示。

STEP 02 将"呼叫铃.png"和"购物车.png"图像拖曳到画板中，使用"椭圆工具""直线工具"和"文本工具"完成 App 界面标签栏的绘制，如图 4-108 所示。

图4-108 绘制App界面的标签栏

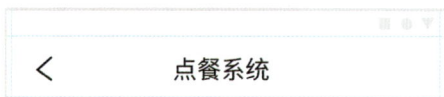

图4-107 绘制状态栏和标题栏

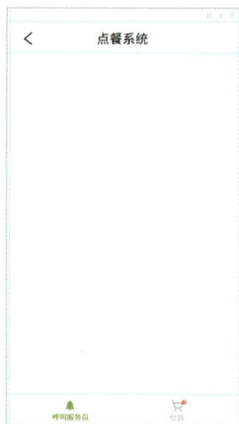

STEP 03 使用"选择工具"在 App 界面中添加 4 条参考线，确定 App 界面的内容布局和间距，如图 4-109 所示。

STEP 04 使用"矩形工具"绘制圆角矩形对象，将"Banner.png"图像拖曳到圆角矩形对象上方，将其导入到文件中。使用"椭圆工具"绘制 3 个正圆对象，并在"属性"面板中为其逐一设置填充颜色，如图 4-110 所示。

图4-109 添加参考线

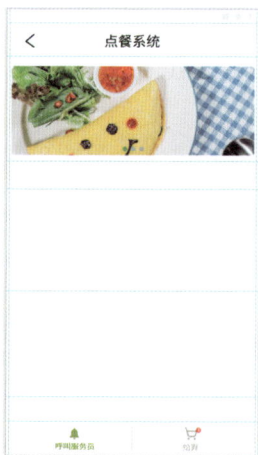

图4-110 绘制Banner广告

? 疑问解答 Android 系统 UI 设计的字体规范

为了追求更好的视觉效果，提高用户体验，Google 公司对 Android 系统中文本的字体和字号使用有着严格的规定。

● 字体

Android 系统中默认的英文字体为 Roboto，如图 4-111 所示。Roboto 包括 6 种字形，分别是 Thin、Light、Regular、Medium、Bold 和 Black，如图 4-112 所示。

图4-111 Roboto字体

Android Text
Thin

Android Text
Light

Android Text
Black

Android Text
Medium

Android Text
Bold

Android Text
Regular

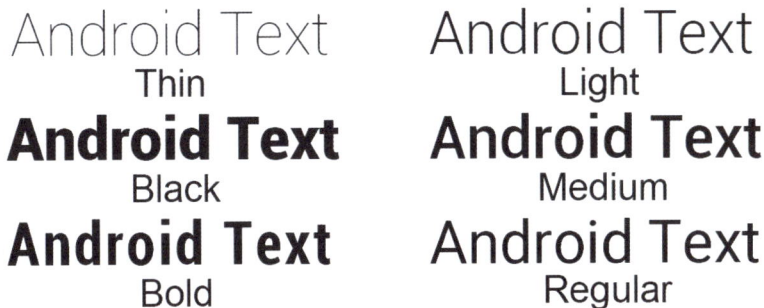

图4-112 Roboto字体的6种字形

Android 系统中默认的中文字体为思源黑体，英文名称为 SourceHanSansCN。这种字体与微软雅黑很像，是 Google 公司与 Adobe 公司合作开发的，支持中文简体、中文繁体、日文和韩文，如图 4-113 所示。

安卓中文字体

图4-113 思源黑体

该字体字形较为平稳，便于阅读，有 ExtraLight、Light、Normal、Regular、Medium、Bold 和 Heavy 共 7 种不同的字形，能够充分满足不同场景下的设计需求，如图 4-114 所示。

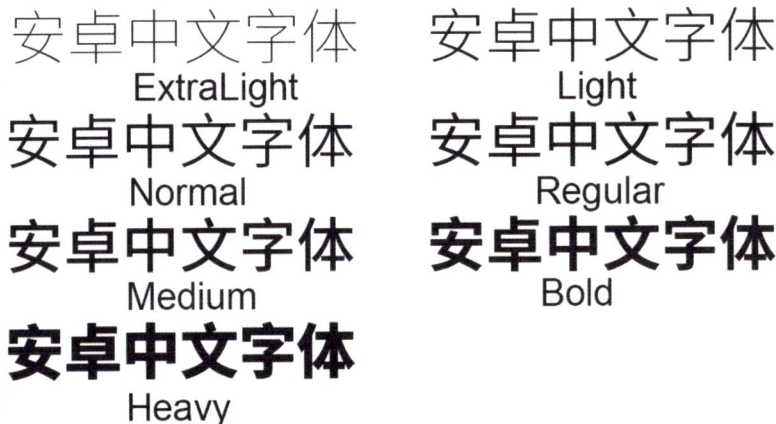

安卓中文字体
ExtraLight

安卓中文字体
Light

安卓中文字体
Normal

安卓中文字体
Regular

安卓中文字体
Medium

安卓中文字体
Bold

安卓中文字体
Heavy

图4-114 思源黑体的7种字型

🔵 字号

Android 系统界面设计中的字号大小与 iOS 系统中的字号大小相似，设计时不需要特别改动，保持一致即可。在 1080px×1920px 分辨率下，各部分文本的字号如表4-4 所示。

表4-4 1080px×1920px分辨率下的文本字号

设计文档（1080px×1920px）	
导航栏标题	52px
常规按钮	48px~ 54px
内容区域	36px~ 42px
特殊情况	不限

127

4.5.4 使用Z轴应用深度

用户使用透视法设计卡片或者创建卡片翻转交互时，可以为所选元素设置Z轴应用深度，使元素拥有进深感。

在画板中选择想要透视的元素，在"属性"面板的"Z轴应用深度"文本框中输入具体数值，如图4-115所示。输入完成后，所选元素将会按照数值呈现进深效果。

用户也可以将光标移至所选元素的中心图标上，当光标变为↧状态时，按住鼠标左键并拖曳，可以为所选元素添加进深感，如图4-116所示。

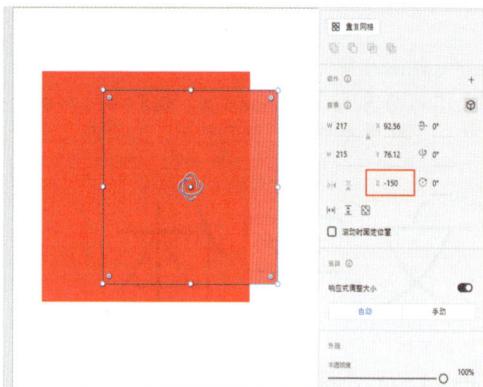

图4-115 输入具体数值

图4-116 添加进深感

4.5.5 应用案例——设计制作Android系统App点餐界面

源文件：资源包\源文件\第4章\4-5-5.xd
素材：资源包\素材\第4章\45501.png~45503.png
技术要点：掌握绘制【Android系统界面内容】的方法

扫描观看视频　扫描下载素材

STEP 01 在 Adobe XD 中打开"素材 \ 第 4 章 \45501.xd"文件。使用"文本工具"在画板中 Banner 广告图的下方输入导航文字，在"属性"面板中设置文本的填充颜色。使用"矩形工具"在第一个导航文本下方绘制圆角矩形对象，完成后将相关图层编组，效果如图 4-117 所示。

STEP 02 使用"矩形工具"绘制矩形对象，将图像拖曳到矩形对象上方，完成餐点广告的制作。使用"矩形工具"绘制白色矩形对象，在"属性"面板中设置不透明度，为图像添加半透明的遮罩。使用相同的绘制方法完成其余两个餐点广告的制作，如图 4-118 所示。

图4-117 输入导航文本并编组

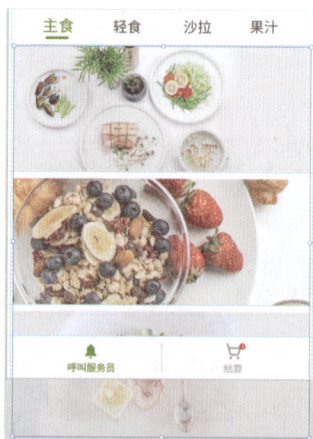

图4-118 制作点餐图像

STEP 03 使用"文本工具"在餐点图像上输入餐点类型、餐点名称和餐点价格等文字，使用"矩形工具"和"文本工具"制作"加入"按钮，选中相关文本和按钮并编组，如图 4-119 所示。

STEP 04 连续两次按住【Alt】键不放并向下拖曳鼠标，复制图层组内容。复制完成后，根据餐点广告的内容，对文本内容进行相应的调整，效果如图 4-120 所示。

图4-119 制作文字和按钮

图4-120 复制内容并调整

❓疑问解答　移动端 UI 设计的内容间距

一款 App 产品除了组件（状态栏、导航栏、标签栏）和控件，剩下的剩余的就是内容了，内容的布局形式多种多样，此处只讨论内容的间距设置问题。

单个元素之间的相对距离会影响浏览者感知它是否组织在一起，互相靠近的元素看起来属于一组，而那些距离较远的元素则自动被划分在组外。如图 4-121 所示，左图中的圆在水平方向比垂直距离近，可以看到 4 排圆点，而右图则容易被看成 4 列圆点。

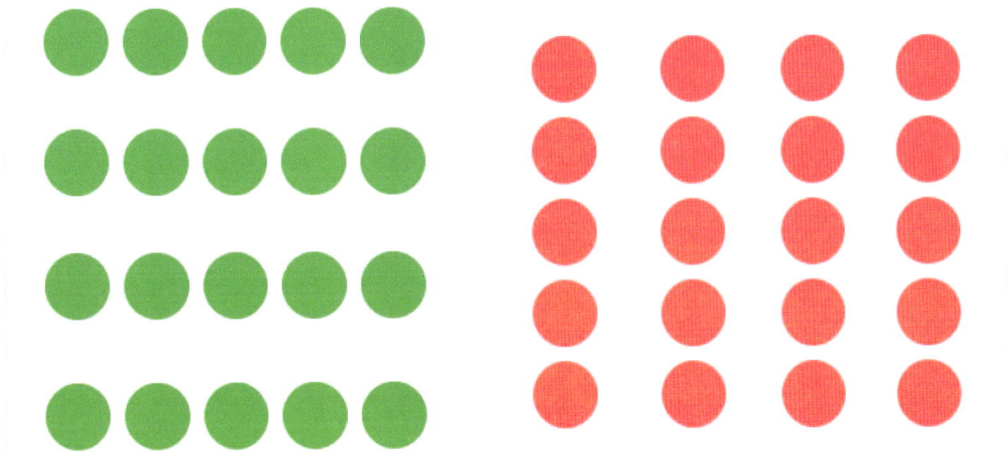

图4-121 距离决定分组

在设计界面内容布局时，一定要重视邻近性原则的运用。图 4-122 所示为 App 的主界面中，每一个应用名称都远离其他图标，与对应的图标距离较近，使浏览者的浏览变得更直观。如图 4-123 所示，当应用名称与上下图标距离相同时，则分不出它是属于上面还是下面，会产生错误的视觉体验。

图4-122 运用临近性原则

图4-123 错误的视觉体验

临近性原则是指对于彼此接近的事物和元素，人们倾向于认为它们是相关的。所以，面对数据时，浏览者会自动将数据与不同的对象分组。

4.6 解惑答疑

经过前面的知识讲解，相信读者已经掌握了使用Adobe XD设计制作移动App UI项目的方法和设计规范。下面介绍如何在制作项目之前确定移动App UI的配色设计，以及如果在项目制作过程中遇到了缺失字体的情况，应该如何解决。

4.6.1 如何确定移动App UI项目中的配色

当用户完成移动端UI项目的草图后，接下来开始设计制作页面内容。为了确保界面的美观性，首先需要确定一套配色方案。一套配色方案通常由主色、辅色（强调色）和文本色3部分组成。下面以一款电子商务App界面为例，对其配色设计进行逐一分析，如图4-124所示。

图4-124 电子商务App界面

● 确定界面主色

作为一款电子商务App，需要向用户传达可信、健康、轻松、休闲的感受。因此可以选择具有这些色彩意向的颜色作为主色。蓝色、绿色、黄色和青色等都能表达轻松、欢快的感觉，如图4-125所示。

图4-125 符合电子商务App要求的颜色

黄色有热情、甜美的感觉，与该电子商务App主题并不相符。而绿色和青色虽然具有轻松、健康和修改的感受，但对于一个全新App而言却无法给用户带来信任感。因此该案例采用了既具有科技含义，又能增加用户信任感的蓝色作为主色。

由于纯蓝色明度较低，不能刺激用户浏览并购买。因此将纯蓝色的明度提高作为主色，如图4-126所示。

1b85e9

图4-126 确定界面主色

● 确定界面辅色

确定主色后，接下来可以根据主色确定辅色。为了将电子商务科技、休闲的感觉最大化呈现出来，该界面采用同色系搭配方式。尽量采用浅绿色和浅蓝色的图标和图片，如图4-127所示。

图4-127 确定界面辅助色

需要突出或者着重说明的，可以使用黄色或者红色作为强调色，如图4-128所示。整个界面色调统一，内容突出。

图4-128 确定界面强调色

● 确定界面文本色

电子商务App界面中的文字内容并不多，但文本的颜色会影响界面的友好性和易读性。通常情况下，App界面中文字的颜色都会选用深灰色，而不是黑色。这样做既能保证用户清晰阅读，又能很好地避免由于黑色的低沉和沉闷而影响App界面的整体效果。

对于一些需要着重突出的文本，最简单的方式就是直接使用主色，如图4-129所示。

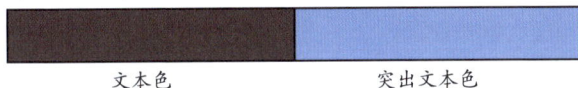

文本色　　　　　　　　　　　突出文本色

图4-129 确定界面文本色

4.6.2　如何处理Adobe XD中的缺失字体

用户在设计制作移动App UI项目时，可能会遇到在"资源"面板中创建字符样式资源后，字符样式资源选项旁边出现黄色感叹号的情况，如图4-130所示。之所以出现此种情况，是因为Adobe XD在提醒用户，所使用的计算机中缺失设置字符样式的字体类型。

同时，"资源"面板顶部也会显示"缺少字体"分组选项及黄色感叹号标记，如图4-131所示，用以告知用户该文件中缺失字体的详细信息，包括缺失字体的数量和含有每种缺失字体的实例个数。

图4-130 缺失字体　　　　　　　　　　　图4-131 缺失字体信息

下面讲解如何解决缺失字体的问题，即如何确定和替换缺失字体。

将光标移至"缺少字体"选项上方，单击鼠标右键，在弹出的快捷菜单中选择"在画布上突出显示"命令，在替换字体之前突出显示UI设计中的缺失字体，如图4-132所示。

图4-132 突出显示缺失字体

再次将光标移至"缺少字体"选项上方，单击鼠标右键，在弹出的快捷菜单中选择"替换字体"命令。弹出"替换缺失字体"对话框，可以在该对话框中自动预览可以替换的字体类型，如图4-133所示。

选择想要替换的字体类型后，单击"确定"按钮，画板及定义的字符样式资源中的缺失字体将被替换为该字体。

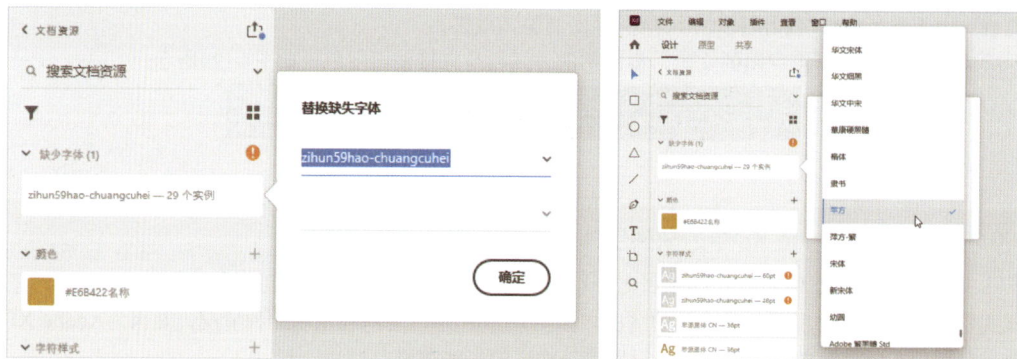

图4-133 替换缺失字体

4.7 总结扩展

Adobe XD的强大功能很大一部分体现在设计与原型的结合使用上，而且Adobe XD还允许用户制作和使用颜色、字符样式和组件等资源，这无疑为Adobe XD的强大功能又增添了一层强有力的功能。

4.7.1 本章小结

本章主要介绍了使用处理设计系统、使用图层、为对象设置效果、设计UI界面的结构，以及使用3D变换进行透视设计等内容。从介绍库资源的创建、管理和共享着手，再介绍图层和UI结构的详细使用方法，帮助读者循序渐进地领会如何完成一套移动UI设计。

4.7.2　扩展练习——设计制作iOS系统图片浏览界面

源文件：资源包\源文件\第4章\4-7-2.xd
素材：资源包\素材\第4章\47201.jpg~47207.jpg
技术要点：掌握使用【Adobe XD完成iOS系统App界面】的方法

扫描观看视频　扫描下载素材

学习完本章内容后，接下来通过使用Adobe XD完成一款iOS系统App主页界面的绘制，检验一下使用Adobe XD完成UI设计的学习效果，同时加深对Adobe XD设计系统、图层、对象效果和资源等知识点的理解，案例效果如图4-134所示。

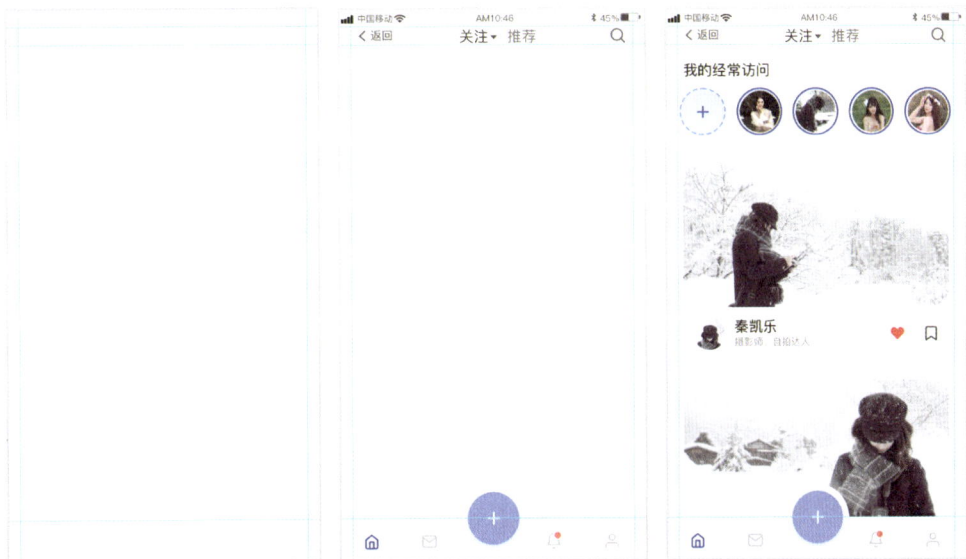

图4-134 案例效果

读书
笔记

第5章 使用 Adobe XD 完成 UX 设计

了解了如何使用Adobe XD制作移动App原型设计和UI设计后，可以为移动App设计添加交互动效，用以测试、优化和完善移动App项目的可用性和用户体验。

本章将围绕如何使用Adobe XD创建移动端交互式原型设计和UI设计展开，并且讲解在这个过程中增加交互设计的相关基础知识，使用户可以更加深入地理解和掌握移动UI交互设计。

5.1 添加交互

完成移动App原型设计或者UI设计后，用户可以通过构建交互式设计，直观地了解该款App界面的用户体验。

5.1.1 设置主页屏幕

对于一个完整的移动UI项目来说，使用者需要通过点击"启动图标"进入该移动项目的"主页"屏幕，即App的第一个屏幕。进入"主页"屏幕后，使用者可以根据导航浏览App界面中的相关信息。

Adobe XD在"原型"模式下为用户提供了"设置主页屏幕"功能，用以使交互式移动App项目更加贴近真实的移动App产品。

在Adobe XD的工作区域中，在模式栏中选择"原型"模式，即可将工作区域切换到"原型"模式，如图5-1所示。

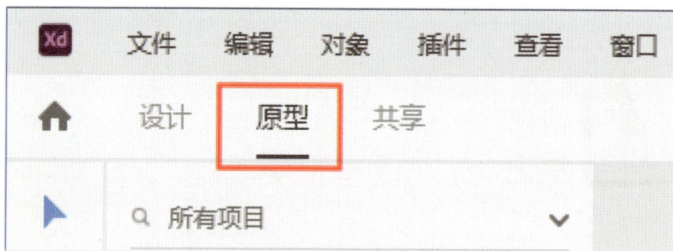

图5-1 "原型"模式

进入"原型"模式后，工具栏中的"选择工具"被激活。单击工作区域中的任意画板，画板左上角出现灰色的"主页"图标，如图5-2所示。单击"主页"图标，将该画板定义为"主页"屏幕，该画板左上角的"主页"图标变为蓝色，画板顶部出现"流量1"文字，如图5-3所示。

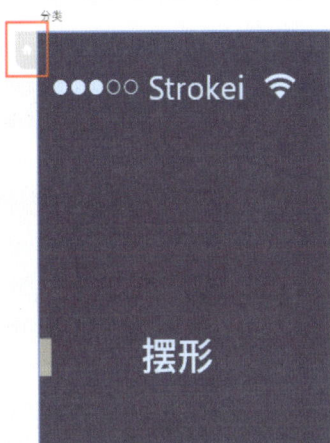

图5-2 灰色的"主页"图标　　　　　　　　　图5-3 定义"主页"屏幕

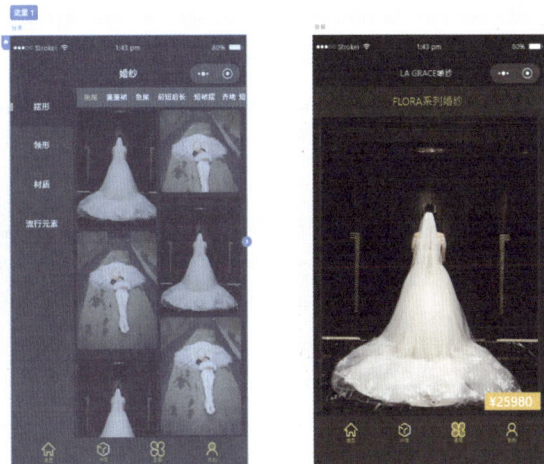

> **提示**　在一个移动 UI 项目中已经设置过主页屏幕后，如果想要添加主页屏幕，只需选中另外一个画板并单击该画板左上角的"主页"图标即可。

　　如果用户在预览移动App UI设计时没有指定画板（屏幕），将从"主页"屏幕开始预览。简单来说就是在默认情况下，"主页"屏幕会被设置为第一个建立链接的画板。

5.1.2　建立链接

　　要想在Adobe XD中创建交互式原型或者UI设计，可以通过将交互式元素链接到目标对象或者画板来完成操作。为了更加方便、快捷地完成交互式设计，在链接画板和元素之前，可以为工作区域中的每一个画板设计一个独一无二的名称。

　　用户在创建交互式UI设计时，可以选择定义和创作单个或者多个交互流程。

● 单个交互流程

　　在"原型"模式下，选中想要链接的元素或者画板，对象或者画板被蓝色半透明边框包围，边框右侧边线的中间出现带箭头的连接手柄，如图5-4所示。

　　将光标移至连接手柄上方，按住鼠标左键并拖曳连接手柄，出现蓝色的连接线，连接手柄变为连接器，如图5-5所示。

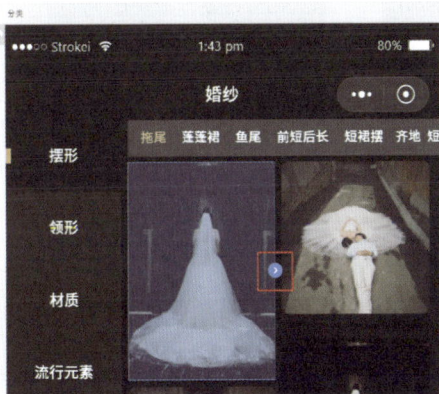

图5-4 连接手柄　　　　　　　　　　　　　图5-5 蓝色连接线

拖曳连接器到目标画板中，松开鼠标，使选中元素或者画板与目标画板建立链接，如图5-6所示。在单个交互流程下，Adobe XD工作区域内的任意元素或者画板都可以成为链接对象。

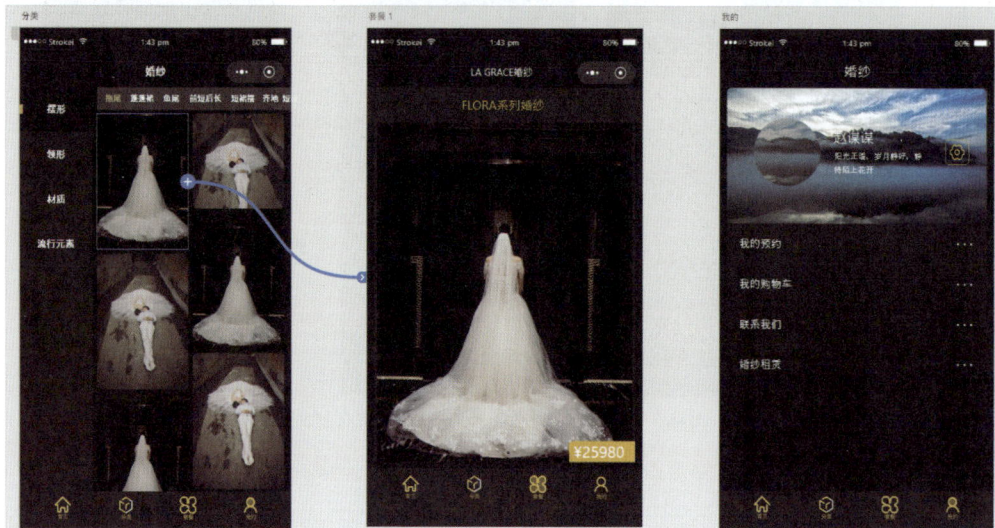

图5-6 创建单个交互流程

● 多个交互流程

在"原型"模式下，选中任意画板并将其定义为"主页"画板，用于定义交互动效的起点并输入交互流程的名称，如图5-7所示。选中主页画板后，整个主页画板被蓝色半透明边框包围，同时边框右侧边线的中间出现带箭头的连接手柄，如图5-8所示。

交互流程名称

图5-7 定义"主页"画板并输入交互流程名称

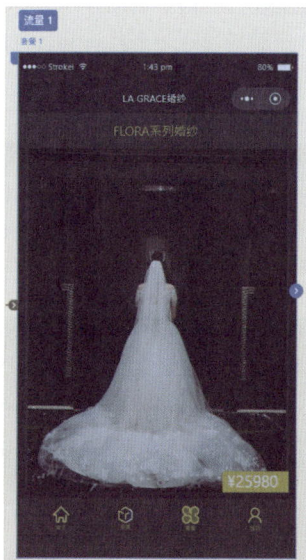

图5-8 "主页"画板的显示效果

将光标移至"主页"画板的连接手柄上方，按住鼠标左键并拖曳连接手柄，将连接手柄拖曳到目标画板中，然后松开鼠标，使"主页"画板与目标画板建立链接，如图5-9所示。

在多个交互流程下，Adobe XD只允许画板与画板建立链接，且在任一交互流程状态下，该交互流程中的连接线显示为蓝色。

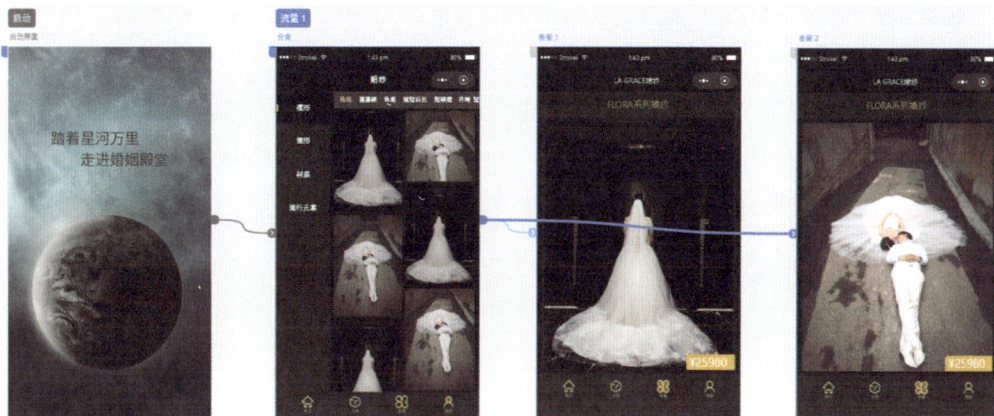

图5-9　创建多个交互流程

> **提示**　如果用户的移动 UI 项目包含多个交互流程，可以为每个交互流程设置"主页"画板。

5.1.3　设置交互效果

为元素或者画板定义并建立链接后，通过在"属性"面板中设置"交互"和"操作"分组中的参数选项，可以使移动原型设计或者UI设计更具吸引力。

在工作区域中为元素或者画板添加链接后，"属性"面板出现如图5-10所示的"交互"和"操作"分组选项，用户可在该面板中为链接对象设置触发条件、操作类型、操作目标和操作动画等参数。

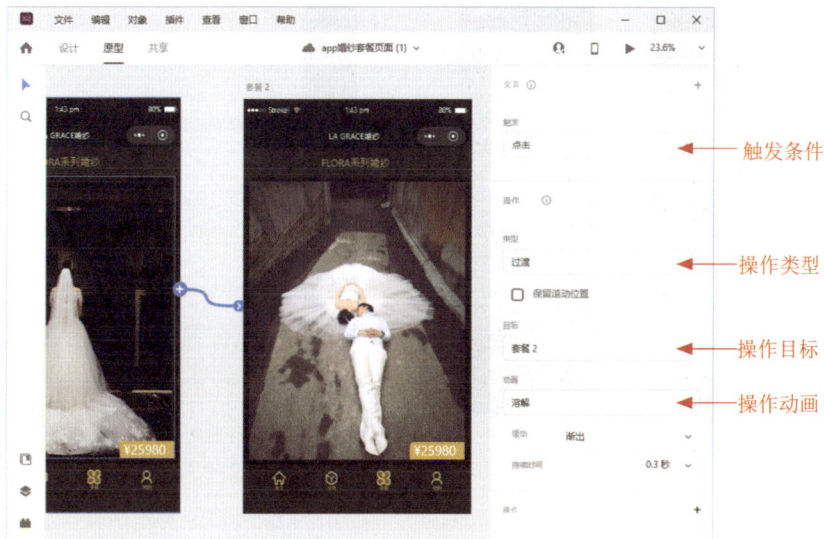

图5-10　"属性"面板

● 触发条件

单击"属性"面板中的"触发"下拉按钮，打开触发条件的下拉列表框，如图5-11所示。用户可在其中选择任意一个选项作为链接对象的触发条件。

如果选择"点击"选项作为触发条件，则可以将两个操作（如过渡）与一个非过渡性操作（如"语音播放"或者"音频播放"）合并在一起。

137

如果选择"时间"选项作为触发条件，则选项下方出现"延迟"选项，如图5-12所示，用户可在输入框中为链接对象设置以秒为单位的延迟时间。

图5-11 "触发"下拉列表框

图5-12 "延迟"输入框

用户还可以为链接对象设置多个触发条件来创建高级交互，而无须在画板上的不同对象之间分配触发条件。将光标移至链接对象右侧边线中间的蓝色"+"按钮上，如图5-13所示，按住鼠标左键并拖曳连接线到目标画板中，可添加新的触发条件。

用户还可以单击"属性"面板顶部"交互"分组旁边的"添加交互"按钮＋，链接对象的右侧边线中间出现一条新的连接线。此时，用户可拖曳连接线到目标画板添加新的触发条件，如图5-14所示。

图5-13 单击按钮

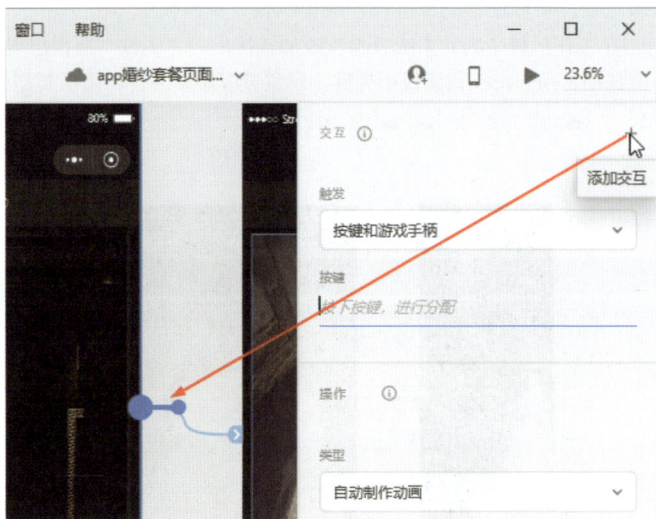

图5-14 添加新的触发条件

提示 需要注意的是，"点击""拖移"和"时间"等触发条件只能应用一次，而"语音""按键和游戏手柄"触发条件可以应用多次。

为链接对象设置完触发条件后，可以继续为其设置"操作"选项，包括操作类型、操作目标和操作动画3个参数。

● 操作类型

单击"属性"面板中的"类型"下拉按钮，打开操作类型的下拉列表框，如图5-15所示，在其中选择任意一个操作类型，为链接对象应用该操作类型。

选择"叠加"操作类型，触发条件固定为"点击"选项，链接对象上出现绿色的交叉线条并且交叉中点伴随绿色的"叠加"按钮，如图5-16所示。单击"叠加"按钮，可查看叠加效果。

图5-15 "类型"下拉列表框　　　　　　　　　　图5-16 选择"叠加"操作类型

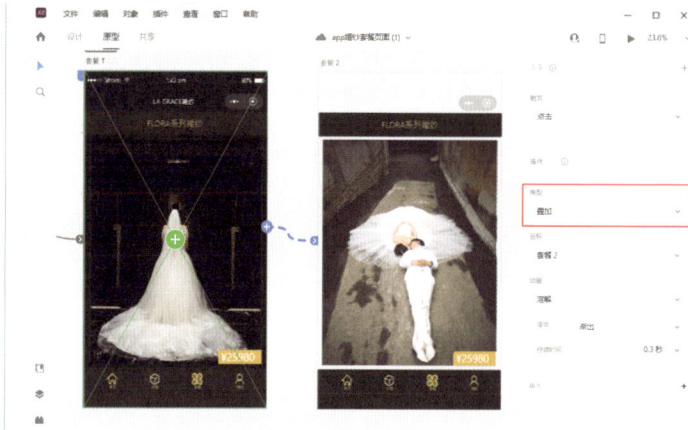

● 操作目标

单击"属性"面板中的"目标"下拉按钮，打开操作目标的下拉列表框，如图5-17所示，在其中选择任意一个画板选项，为链接对象与选中画板建立操作。当前XD文件中所包含的所有画板都会存在于"目标"下拉列表框中。

● 操作动画

单击"属性"面板中的"动画"下拉按钮，打开操作动画的下拉列表框，如图5-18所示，在其中选择任意一个动画选项，在链接对象与目标画板的转换过程中将应用该动画效果。

设置完动画类型后，单击"缓动"选项后面的 ∨ 按钮，打开缓动选项的下拉列表框，如图5-19所示，在其中选择任意一个选项，预览时链接对象与目标画板转换时，应用的动画效果将以该种缓动方式呈现在使用者面前。

图5-17 "目标"下拉列表框　　　　图5-18 "动画"下拉列表框　　　　图5-19 "缓动"下拉列表框

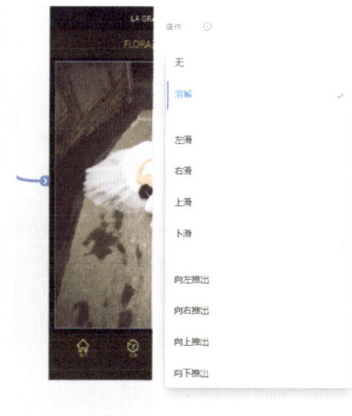

用户还可以为操作动画设置持续时间。一般情况下，将动画的"持续时间"设置为1秒。因为太短的动画可能会让使用者无法清晰地感受动画效果，难以产生愉悦的感受；而太长的动画同样也会让使用者感到烦躁，从而使其对移动UI设计失去耐心。

? 疑问解答　如何为链接对象添加多个操作

要想为链接对象添加多个操作，首先需要将"属性"面板中的第一个操作"类型"选项设置为"过渡""自动制作动画""叠加"或者"上一个画板"。

然后单击"属性"面板底部"操作"分组旁边的"添加操作"按钮，即可添加一个操作选项。第二个"操作"选项只能设置为"音频播放"或者"语音播放"类型，如图 5-20 所示。

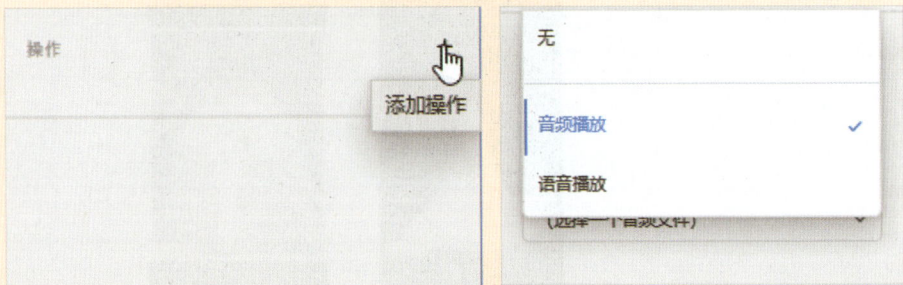

图5-20 为链接对象添加多个操作

? 疑问解答　UX 设计的概念

近年来，人们对移动端App产品的要求越来越高，不再仅仅喜欢那些功能好、实用和耐用的产品，而是转向了产品给人的心理感觉，这就要求设计人员在设计产品时能够提高产品的用户体验。

提高体验的目的在于给用户带来一些舒适的、与众不同的或者意料之外的感觉。用户体验的提高可使整个操作过程更符合用户的基本逻辑，使交互操作过程顺理成章，而良好的用户体验则是用户在这个流程的操作过程中获得的便利和收获。

用户体验是从 User Experience 翻译而来的，所以简称为 UX 或者 UE，而 UX 设计的主要表达方式就是交互动效，因此设计人员将设计过程中 App 的用户体验称为交互动效设计。UX 设计作为一种提高移动端 UI 项目操作可用性的方法，越来越受到人们的重视，国内外各大企业都在自己的产品中加入了 UX 设计。

为什么现在的 App 越来越注重交互设计？可以先从使用者对于产品元素的感知顺序来看，如图 5-21 所示。不难看出，使用者对于产品的动态信息感知是最强的，其次才是产品的颜色，最后才是产品的形状，也就是说动态效果的感知明显高于产品的界面设计。

图5-21 使用者对于产品元素的感知顺序

动效是物体空间关系与功能有意识的流动之美，适当的动效设计能够使用户更了解移动端 App 产品。在产品的交互操作过程中恰当地加入精心设计的动效，能够向用户有效地传达当前的操作状态，增强用户对直接操纵的感知，通过视觉化的方式向用户呈现操作结果。

5.1.4　应用案例——设计制作App聊天气泡交互动效

源文件：资源包\源文件\第5章\5-1-4.xd
素材：资源包\素材\第5章\51401.png~51402.png
技术要点：掌握为【两个画板之间建立连接】的方法

扫描观看视频　扫描下载素材

STEP 01 在 Adobe XD 的主页界面中选择"iPhone6/7/8/SE"预设画板尺寸，进入工作区域。使用"矩形工具"绘制状态栏和标签栏的白色背景，使用"选择工具"添加参考线，确定 App 界面边距，使用 UI 资源绘制 App 界面的状态栏、标题栏和标签栏，如图 5-22 所示。

STEP 02 使用"椭圆工具"绘制正圆对象并导入图像，完成人物头像的绘制。使用"矩形工具"和"多边形工具"绘制聊天框，使用"文本工具"在聊天框中输入文字，如图 5-23 所示。

图5-22 绘制App界面　　　　　　图5-23 绘制聊天信息

STEP 03 将第一个 App 界面中的相关内容进行编组，完成后单击画板名称将其选中，向右拖曳复制画板，连续两次向右拖曳复制两个画板。使用步骤 2 的绘制方法逐一修改每个画板中的聊天信息，如图 5-24 所示。

图5-24 复制画板并修改聊天信息

STEP 04 在模式栏中选择"原型"模式，使用"选择工具"为第一个和第二个画板建立链接。在"属性"面板中设置"类型"和"缓动"选项。使用相同的方法为其余画板建立链接并设置交互参数，如图 5-25 所示。

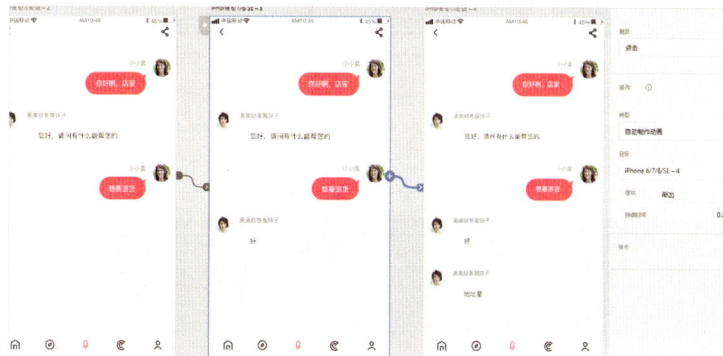

图5-25 在画板之间建立链接并设置交互参数

? 疑问解答　基础动效类型

用户在移动端 App 应用界面中看到的交互动效设计，都是由一些基础的变化组合而成的。图 5-26 所示为组成交互动效的基础变化。

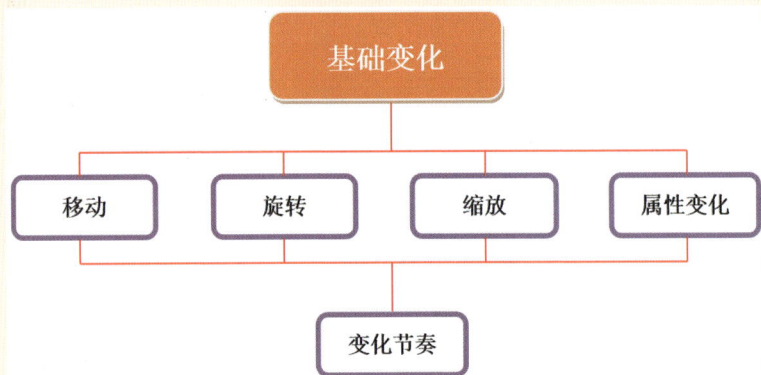

图5-26 组成交互动效的基础变化

🔵 **基础动效**

用户平时在 App 应用界面中看到的动效其实都是由一些最基础的动效组合而成的，这些基础动效包括移动、旋转和缩放。在交互动效设计软件中，通常用户只需设置对象的起点和终点，并在软件中设置想要实现的动效，设计软件便会根据这些设置去渲染整个动画过程。

🔵 **移动**

移动，顾名思义就是将一个对象从一个位置移动到另一个位置，如图 5-27 所示。这是最常见的一种动态效果，如滑动、弹跳和振动等动态效果都是从移动扩展而来的。

图5-27 移动效果

🔵 **旋转**

旋转是指通过改变对象的角度，使对象产生旋转的效果，如图 5-28 所示。通常在页面加载或者点击某个按钮触发一个较长时间的操作时，使用到的 Loading 效果或者一些菜单图标的变换，都会使用旋转动态效果。

图5-28 旋转效果

🔵 **缩放**

缩放动态效果在移动 App 应用中被广泛使用，如图 5-29 所示。例如，点击一个 App 图标，打开该 App 全屏界面时，就是以缩放的方式展开的，此外，通过点击一张缩略图查看具体内容时，通常也会以缩放的方式从缩略图过渡到满屏的大图。

图5-29 缩放效果

● 属性变化

前面已经介绍了 3 种最基础的动效：移动、旋转和缩放，但元素的动效除了使用这 3 种基础的动效进行组合，还会加入元素属性的变化。属性变化其实就是指元素的透明度、形状和颜色等属性在运动过程中的变化。

属性变化也可以理解为是一种基础动效，如可以通过改变元素的透明度来实现元素淡入/淡出的动画效果等。同时用户还可以通过改变元素的大小、颜色和位置等几乎所有属性来表现动画效果。图 5-30 所示为应用了属性变化基础动效的 App 界面。

图5-30 应用了属性变化基础动效的App界面

● 运动节奏

自然界中的大部分物体的运动都不是线性的，而是按照物理规律呈曲线性运动。通俗来说，就是物体运动的响应变化与执行运动的物体本身的质量有关。例如，打开抽屉时，首先会让它加速，然后慢下来；当某个东西往下掉时，首先是越掉越快，撞到地板上后回弹，最终才又碰触地板。优秀的动效设计应该反映真实的物理现象，如果动效要表现的对象是一个沉甸甸的物体，那么它的起始动画响应的变化会比较慢；反之，如果对象是轻巧的物体，那么其起始动画响应的变化会比较快。图 5-31 所示为元素缓动效果示意图。

图5-31 元素缓动效果示意图

因此，用户在为 App 界面设计交互动效时，还需要考虑元素的运动节奏，从而使所制作的交互动效表现得更加真实和自然。

5.1.5 链接上一个画板

在"原型"模式下，选中要链接的元素或者画板，将光标移至连接手柄上方，按住鼠标左键并拖曳连接器到目标画板，松开鼠标后建立链接，如图5-32所示。

在"属性"面板的"操作"分组下的"类型"下拉列表框中选择"上一个画板"类型，如图5-33所示，连接线的尾部会显示"返回"图标。

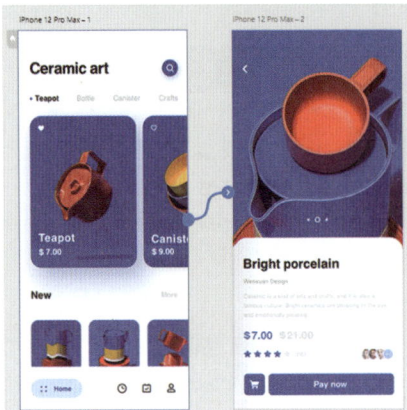

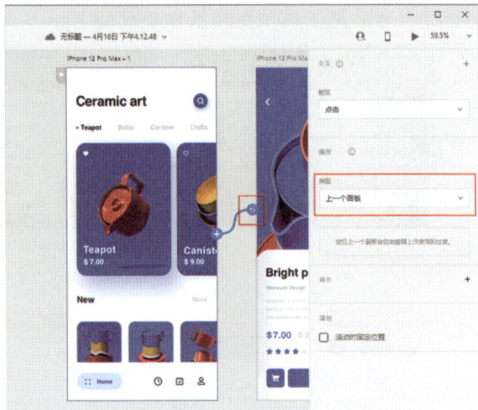

图5-32 建立链接   图5-33 选择"上一个画板"选项

5.1.6 取消链接

在"原型"模式下，选择想要取消链接的元素或者画板，单击"属性"面板中的"目标"下拉按钮，在打开的操作目标下拉列表框中选择"无"选项，如图5-34所示。完成后，即可取消选中元素或者画板的链接操作。

用户也可以单击想要取消链接的元素或者画板，将光标移至链接上，按住鼠标左键并拖曳，将连接线移出目标画板的范围，如图5-35所示。操作完成后，也可取消元素或者画板的链接。

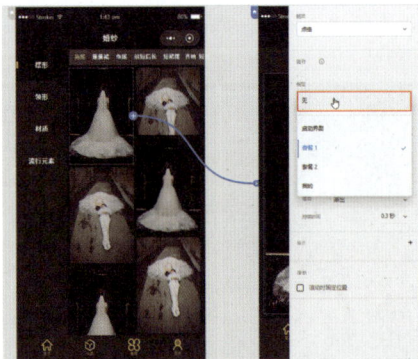

图5-34 选择"无"选项   图5-35 拖曳连接线

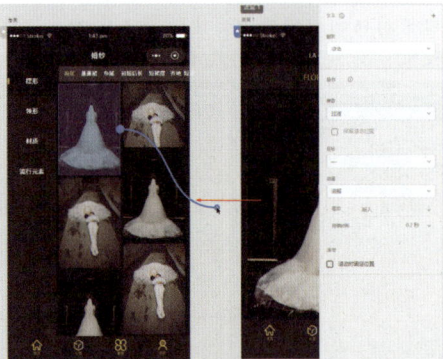

5.1.7 应用案例——设计制作App猫爪菜单交互动效

源文件：资源包\源文件\第5章\5-1-7.xd

素材：资源包\素材\第5章\51701.png~51703.png

技术要点：掌握为【元素与画板之间建立连接】的方法

扫描观看视频 扫描下载素材

STEP 01 在 Adobe XD 的主页界面中选择"iPhone6/7/8/SE"预设画板尺寸，进入工作区域。使用 UI 资源、"矩形工具"、素材图像和"文本工具"绘制图像列表。使用"椭圆工具"和 UI 资源在画板中绘制猫爪菜单，如图 5-36 所示。

STEP 02 将画板名称重命名为"展开"，单击画板名称将其选中，按住【Alt】键不放并向左拖曳复制一个画板，修改画板名称为"菜单"，调整猫爪菜单的位置和顺序。再次复制"展开"画板并放置在画板的右侧，修改并复制画板名称为"介绍"，调整猫爪菜单的大小，添加文字内容，如图 5-37 所示。

图5-36 绘制"展开"画板　　　　图5-37 绘制"菜单"和"介绍"画板

STEP 03 切换到"原型"模式，使用"选择工具"单击"菜单"画板中的猫爪菜单，拖曳猫爪菜单的连接器到"展开"画板中建立链接，并在"属性"面板中设置"类型"和"缓动"选项。选中"展开"画板中的猫爪菜单，将其与"菜单"画板建立链接，如图 5-38 所示。

图5-38 为"菜单"画板和"展开"画板建立链接

STEP 04 选中"展开"画板中的第 2 个菜单列表，拖曳菜单列表上的连接器到"介绍"画板中建立链接，并在"属性"面板中设置"类型"和"缓动"选项。选中"介绍"画板中的菜单列表，将其与"展开"画板建立链接，如图 5-39 所示。

图5-39 为"介绍"画板和"展开"画板建立链接

❓ 疑问解答　动效在 UI 界面中的作用

为什么需要在 UI 界面中加入动效设计呢？除了能够给用户带来酷炫的视觉效果，UI 界面中的动效设计在用户体验中其实发挥着很重要的作用。

● 吸引用户注意力

人类天生就对运动的物体格外注意，因此 UI 界面中的动态效果是吸引用户注意力的一种很有效的方法。通过动态效果来提示用户操作比传统的"点击此处开始"这样的提示更直接，也更美观。

例如，在运动 App 界面中，随着用户不断地进行运动，界面中的各项数值也在不断变化，从而有效地提醒用户注意到这些运动数据的变化。虽然这样的动效表现很细微，但是能够有效引起用户的注意，如图 5-40 所示。

而在 iOS 系统中，当用户轻触 Safari 的地址栏时，界面发生了 3 个变化：地址栏变窄，右侧出现取消按钮；界面中出现书签；界面下方弹出键盘。在这几个动画中，幅度最大的动效是弹出键盘，从而将用户的注意力吸引到键盘上，有利于接下来要进行的操作，如图 5-41 所示。

图5-40 细微动效吸引用户注意力

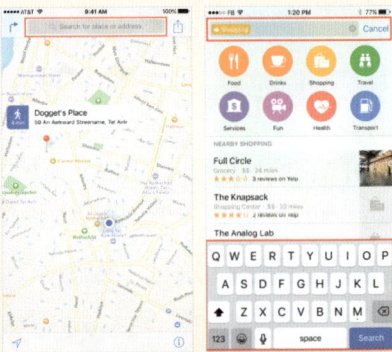

图5-41 动效可吸引用户注意力到键盘上

● 为用户提供操作反馈

在智能移动设备的屏幕上点按虚拟元素，不像按下实体按钮一样能够感觉到明确的触觉反馈。此时，动态的交互效果就成为一种很重要的反馈途径。有些动态效果反馈非常细微，但是组合起来却能传达出很复杂的信息。

● 加强指向性

当用户为移动 App 设计页面间的切换效果时，如查看照片、进入聊天等，合理的动态交互效果能够帮助用户建立很好的方向感，就像设计合理的公路和路标能够引导人们走向正确的道路一样。

例如用户登录购物 App，在商品列表界面轻触某个商品图像后，图像从列表中的位置放大，逐渐过渡到该商品的详细信息界面。单击商品详细信息界面左上角的"返回"图标，则该商品图片逐渐缩小，返回商品列表界面，指引用户找到浏览的位置，如图 5-42 所示。

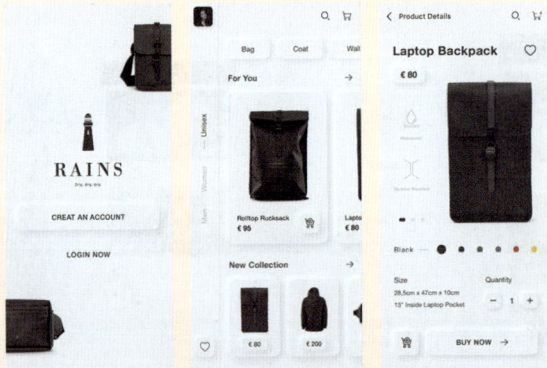

图5-42 动效可加强指向性

● 传递信息深度

动态交互效果除了可以表现元素在界面上的位置和大小的变化，还可以用来表现元素之间的层级关系。借助陀螺仪和加速度传感器，让界面元素之间产生微小的位移，从而产生视差效果，这样可以将不同层级的元素区分开来。

5.2　交互动画

　　Adobe XD为用户提供的"自动制作动画"操作类型，可以用来创建交互动画。也就是说，通过自动制作动画功能，用户可以创建沉浸式过渡，用以呈现移动App UI内容在画板之间的移动变化。

5.2.1　创建交互动画

　　在使用"自动制作动画"操作类型的同时，还可以通过设置"拖移"或者"时间"的触发条件，帮助用户创建更多、更灵活的交互效果，同时还能帮助用户优化和完善移动App UI设计。图5-43所示为使用"自动制作动画"功能为App界面制作滑动效果。

图5-43 使用"自动制作动画"功能为App界面制作滑动效果

　　在移动App UI设计中添加交互动画时，除了将"自动制作动画"操作类型与不同的触发条件相结合，还可以为元素与画板的链接内容添加多个交互操作，如图5-44所示。添加完成后，可以制作出更加丰富的交互动画。

图5-44 添加多个交互操作

5.2.2 应用案例——设计制作App删除和置顶交互动效

源文件：资源包\源文件\第5章\5-2-2.xd
素材：资源包\素材\第5章\52201.xd
技术要点：掌握为【画板添加交互动画】的方法

扫描观看视频 扫描下载素材

STEP 01 打开"素材 \ 第 5 章 \52201.xd"文件，切换到"原型"模式下，使用"选择工具"选中"置顶删除 -1"画板中的第 4 个信息栏，将光标移至信息栏右侧边线中间的连接手柄上，拖曳连接手柄到"置顶删除 -2"画板中建立链接，如图 5-45 所示。

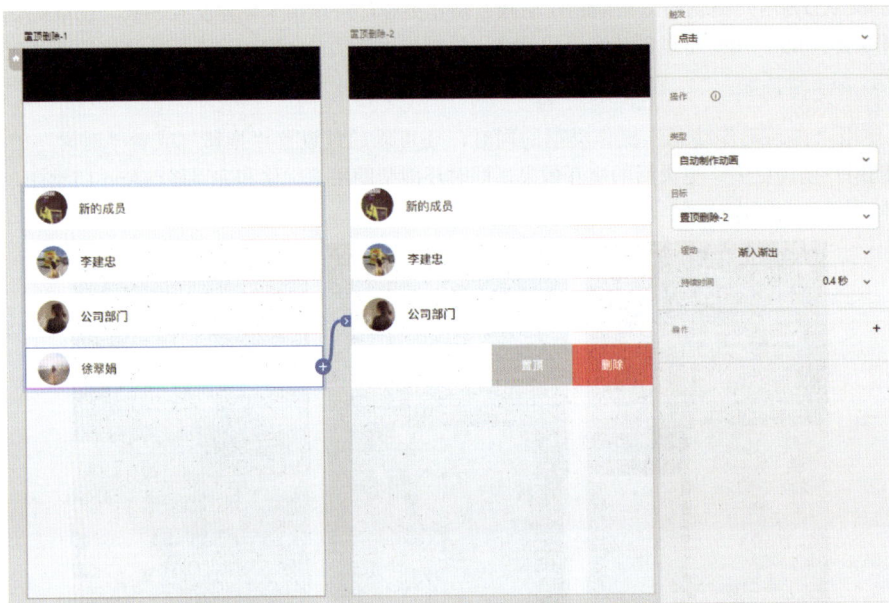

图5-45 为信息栏和"置顶删除-2"画板建立链接

STEP 02 使用"选择工具"选中"置顶删除 -2"画板中的"删除"按钮，为"删除"按钮与"置顶删除 -3"画板建立链接。再次使用"选择工具"选中"置顶删除 -3"画板中的"删除"按钮，为"删除"按钮与"置顶删除 -4"画板建立链接，如图 5-46 所示。

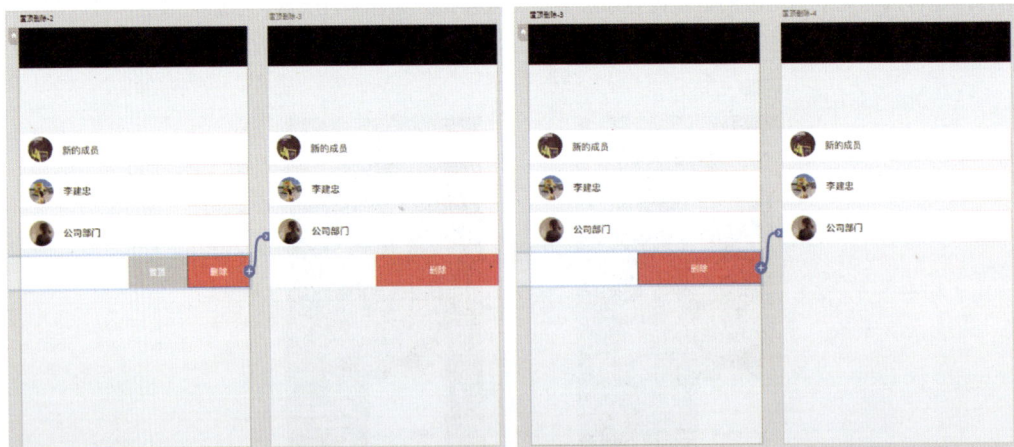

图5-46 为多个画板与元素建立链接

STEP 03 使用"选择工具"选中"置顶删除 -4"画板中的第 3 个信息栏，拖曳连接手柄到"置顶

删除 -5”画板中建立链接。使用"选择工具"选中"置顶删除 -5"画板中的"置顶"按钮，为"置顶"按钮与"置顶删除 -6"画板建立链接，如图 5-47 所示。

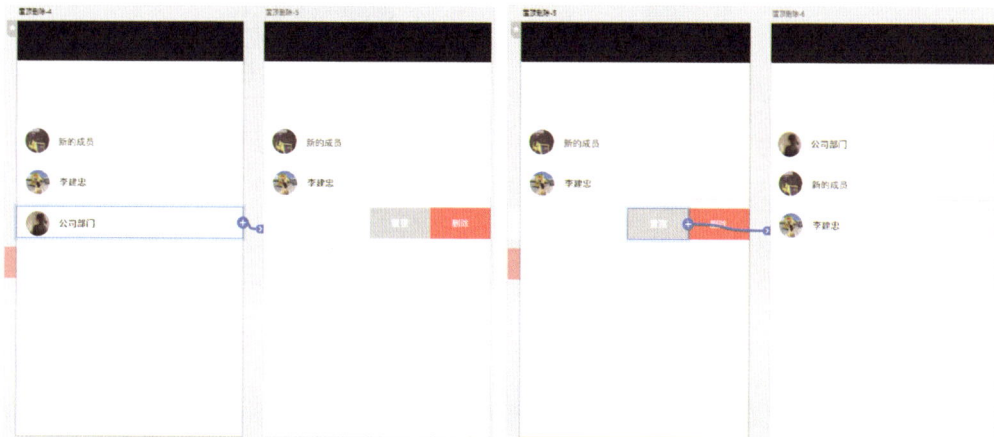

图5-47 为多个画板与元素建立链接

STEP 04 使用"选择工具"单击"置顶删除 -6"画板名称将其选中，拖曳连接线到"置顶删除 -7"画板中建立链接，继续为"置顶删除 -7"画板与"画板 -1"画板建立链接，如图 5-48 所示。

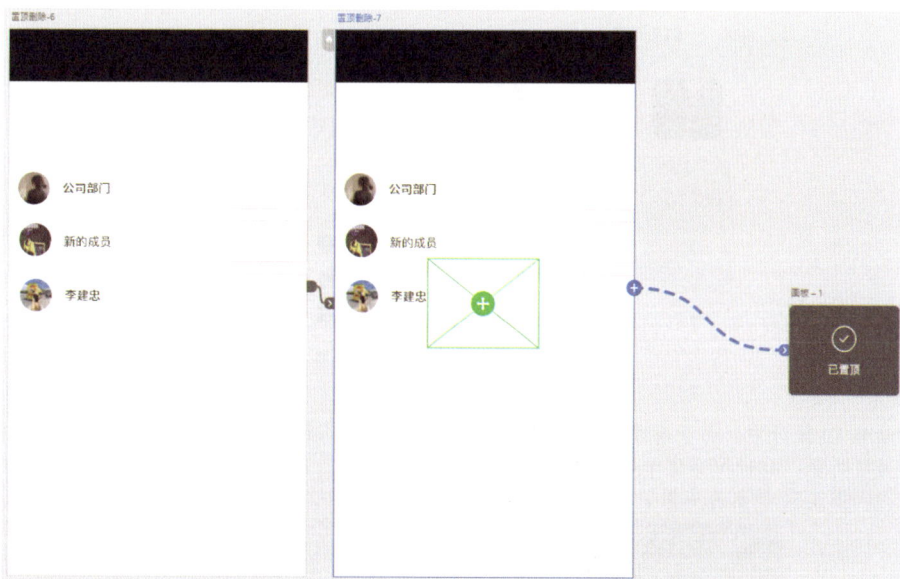

图5-48 为多个画板创建交互效果

？疑问解答　交互动效设计的类型

一个好的交互动效设计应该是自然、舒适、锦上添花的，绝对不是仅仅为了吸引目光而生拉硬套。所以要把握好交互过程中动效设计的轻与重，先考虑用户使用的场景和频繁程度，然后再确定动效的注目程度，并且还需要重视界面交互整体性的编排。

● **转场过渡**

人的大脑对动态事物（如对象的移动、变形、变色等）比较敏感，在 App 界面中加入一些平滑舒适的过渡转场效果，不仅能够让界面显得更加生动，还能帮助用户理解界面前后变化的逻辑关系。图 5-49 所示为应用了转场过渡动效的 App 界面。

图5-49 应用转场过渡动效的App界面

🔵 层级展示

在现实空间中，物体存在近大远小的原则，运动则会表现为近快远慢。当界面中的元素存在不同的层级时，恰当的动效可以帮助用户厘清前后位置关系，通过动效能够体现出整个界面的空间感。图 5-50 所示为应用了层级展示动效的 App 界面。

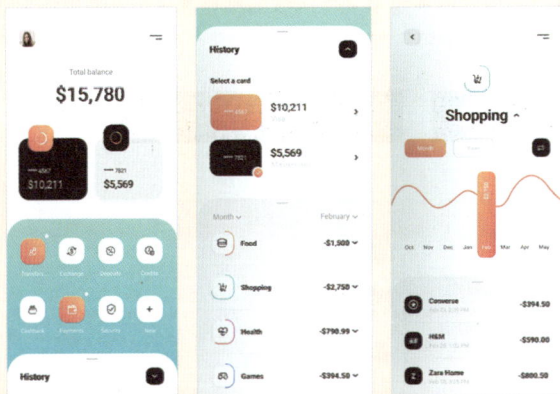

图5-50 应用层级展示动效的App界面

🔵 空间扩展

在移动端 UI 设计中，由于有限的屏幕空间难以承载大量的信息内容，通过制作动效，可以在界面中通过折叠、翻转和缩放等形式拓展附加内容的界面空间，以渐进展示的方式来减轻用户的认知负担。图 5-51 所示为应用了空间扩展动效的 App 界面。

图5-51 应用空间扩展动效的App界面

● 关注聚焦

关注聚焦是指在界面中通过元素的动作变化，提醒用户关注界面中特定的信息内容。这种提醒方式不仅可以降低视觉元素的干扰，使界面更加清爽简洁，还能够在用户使用过程中，轻盈自然地吸引用户的注意力。

例如在天气 App 界面中，通过右上角人物和天气动画的形式来表现天气状况，按照元素缓动的原理，为内容赋予弹性处理，如图 5-52 所示。

图5-52 应用关注聚焦动效的App界面

● 内容呈现

内容呈现是指界面中的内容元素按照一定的秩序规律逐级呈现，引导用户视觉焦点的走向，帮助用户更好地感知页面布局、层级结构和重点内容，同时也能够让界面的操作流程更加丰富流畅，增添了界面的表现活力。

例如在 App 界面中，各个功能选项以风格统一但颜色不同的图标整齐排列表现，当用户在界面中单击某个功能图标时，将切换过渡到相应的信息列表界面中，而信息列表的呈现方式同样通过动效的形式来表现，并且不同的信息使用了不同的背景颜色，使得界面的信息内容表现非常清晰，如图 5-53 所示。

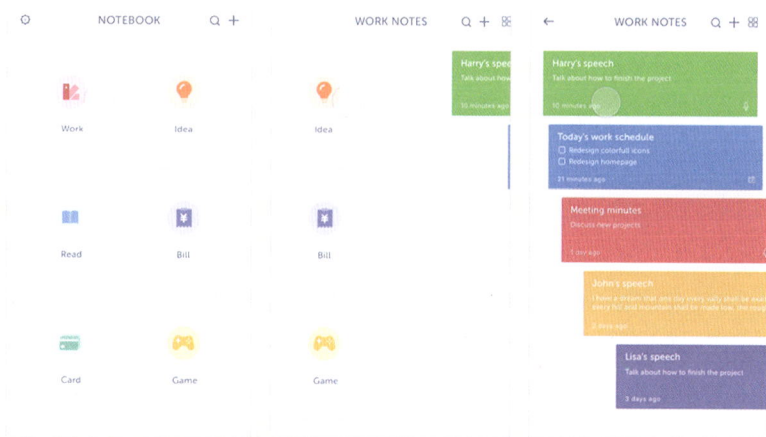

图5-53 应用内容呈现动效的App界面

● 操作反馈

在 App 界面中进行点击、长按、拖曳和滑动等交互操作，都应该得到系统的即时反馈，将其以视觉动效的方式呈现，帮助用户了解当前系统对用户交互操作过程的响应情况，为用户带来安全感。

5.3 使用其他方式创建交互

除了"点击"和"拖移"这两个常用的触发条件，Adobe XD还提供了"按键和游戏手柄"触发条件，使用户能够更加便捷地为PC端UI设计和游戏UI设计创建交互式UI设计。

Adobe XD中提供的"语音"命令触发条件，是为了配合移动App UI设计中的语音功能，使用户构建的移动App UI交互式设计更加真实有效。

5.3.1 使用键盘和游戏手柄创建交互

Adobe XD支持使用键盘快捷键和游戏手柄作为触发条件来模拟PC端应用程序，并构建丰富的交互式UI设计。

在Adobe XD的"原型"模式下连接UI设计时，用户可以在"属性"面板的"触发"下拉列表框中选择"按键和游戏手柄"选项，并为触发条件分配键盘快捷键或者游戏手柄，如图5-54所示。

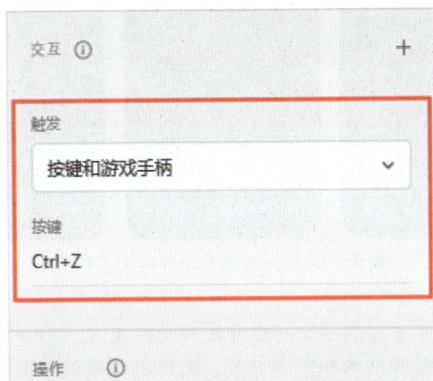

图5-54 选择"按键和游戏手柄"选项并分配快捷键

设置完成后，用户可以在预览窗口、Web浏览器或者移动应用程序中播放或录制这些动画，与移动UI项目团队分享录制的交互动画，便于团队之间进行协作审阅。这一过程可以帮助用户优化和完善移动UI项目的整体用户体验。

● 使用键盘触发条件

选择"按键和游戏手柄"作为触发条件后，用户可以按键盘上的任意键将其指定为单个对象、某个组件状态或者整个画板的触发条件。这表示在Adobe XD中，同一画板内可以使用多个触发条件。

用户还可以将按键和修饰符组合，比如将【Ctrl+R】组合键作为快捷键定义为触发条件。但是使用快捷键作为触发条件时，注意不能使用空格键、功能、睡眠、音量和电源等其他系统级按键。

> 提示　在为桌面应用程序或者游戏UI构建交互时，用户需要使用键盘与UI设计进行交互。考虑到这一要求，Adobe XD引入了使用键盘快捷键作为触发条件在原型中跨屏幕或者组件状态过渡的功能。

● 使用游戏手柄触发条件

使用实际的游戏控制器硬件来测试交互式游戏UI是优化和完善游戏UI用户体验的最佳方法。Adobe XD支持使用连接的游戏手柄控制器在桌面播放器或者Web浏览器中与游戏UI进行交互，并使用游戏手柄作为触发条件来构建交互式游戏UI，以便实现跨屏幕或者组件状态的过渡。

用户可以通过蓝牙连接游戏手柄控制器或者通过USB接口连接游戏手柄控制器，然后在Adobe XD的"原型"模式下连接游戏UI时，选择"按键和游戏手柄"选项作为触发条件。

之后，用户可以按已经连接的游戏手柄上的任意键，将其指定为单个对象、某个组件状态或者整个画板的触发条件。

> **提示** 因为"按键和游戏手柄"的触发条件主要针对的是为 PC 端 UI 设计和游戏 UI 设计构建交互式动画，因此只作为扩展知识进行简单介绍，不再进行更加细致的讲解。

5.3.2 使用"语音"命令和"语音播放"操作类型创建交互

Adobe XD 为用户提供了一个操作和使用都非常简易的触发条件，即使用"语音"命令触发画板或者组件状态之间的交互。

与使用"拖移"或者"点击"作为触发条件一样，用户可以使用"语音"命令来构建交互式移动 UI，并将"语音播放"、"音频播放"和"滚动至"选项用作触发的操作。

> **提示** 如果用户要在移动 UI 设计中引入语音搜索功能，则可以使用"语音"命令和"语音播放"来实现画板之间的自动过渡。如果想要优化设计中的滚动效果，可以使用"滚动至"选项设置锚点链接并导航到画板上的特定部分。

● 使用"语音"命令作为触发条件

切换到"原型"模式下，为一个对象、组件状态或者画板与另一个画板添加链接，在"属性"面板中设置"触发"选项为"语音"，选项下方出现"命令"输入框，用户可以根据自己的需要输入文本形式的语音命令，如图5-55所示。

将触发条件设置为"语音"后，用户需要将操作"类型"设置为"过渡"；"操作"分组中的"动画"选项可以根据可用选项和用户需求进行设置；"缓动"选项也可以根据可用选项和用户需求进行设置，如图5-56所示。

图5-55 设置"语音"触发条件　　　　　　　　　　图5-56 设置操作选项

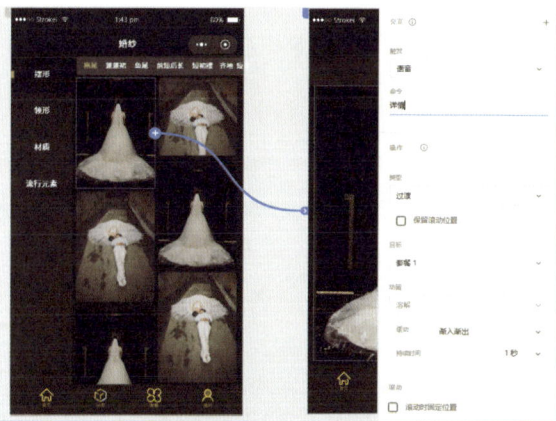

● 使用"音频播放"作为操作类型

使用"音频播放"操作类型可以将MP3或者WAV格式的音频添加到交互式移动 UI 中，如成功发送电子邮件后的音频确认。

要为对象或者画板添加音频播放，需要切换到"原型"模式。选择元素或者画板，然后在"属性"面板中单击面板顶部"交互"分组右侧的"添加交互"按钮 ＋。

然后设置"触发"为"点击"选项，设置操作"类型"为"音频播放"选项，单击"音频文件"下拉按钮，打开音频文件的下拉列表框，如图5-57所示。

如果其中包含用户需要的音频文件，选择它即可应用该文件。如果其中没有用户所需的音频文件，则选择"添加新文件"选项，弹出"打开"对话框，如图5-58所示，浏览并添加音频文件即可。

图5-57 "音频文件"下拉列表框　　　　　　图5-58 "打开"对话框

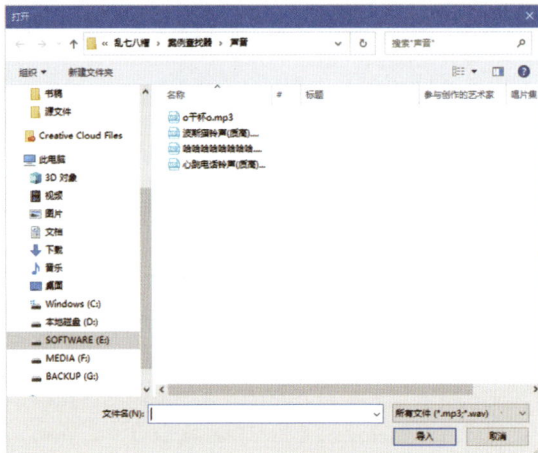

> **提示** 将操作类型设置为"音频播放"后，用户需要预览交互式移动 UI 设计。在预览过程中，单击相关元素或者画板，即可播放添加的音频文件。

● 使用"语音播放"作为操作类型

使用"语音播放"操作类型可将语音播放添加到交互式移动UI设计中。如果用户想要为构建交互的元素或者画板添加语音播放，首先需要选中该元素或者画板，然后在"属性"面板中设置操作类型为"语音播放"，选项下方出现"语音"选项和"语音"文本框。

在"语音"下拉列表框中选择想要播放的语音，单击"语音"文本框，输入文本形式的语音播放内容，如图5-59所示。

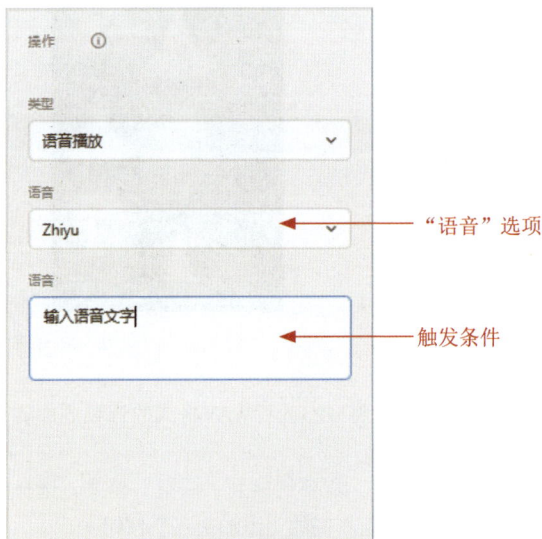

图5-59 设置"语音播放"操作类型

> **提示** 将操作类型设置为"语音播放"后，用户需要预览交互式移动 UI 设计。在预览过程中，单击相关元素或者画板，即可播放添加的语音内容。

5.4 创建定时过渡

用户可以使用"属性"面板中的"时间"触发条件、"延迟"选项和"持续时间"选项，在两个或者多个画板之间构建定时过渡的交互动效。

5.4.1 使用"时间"触发条件创建交互

用户可以将"时间"触发条件与不同的操作类型相结合，构建一系列的交互动效，如循环动画、进度条和动画计算器等。接下来讲解如何使用"时间"触发条件结合操作类型，构建简单的定时过渡交互动效。

在"原型"模式下，选中源画板的标题并将其链接到目标画板。单击连接线进行查看并在"属性"面板中设置交互参数，如图5-60所示。设置完成后，完成定时过渡交互效果的构建。

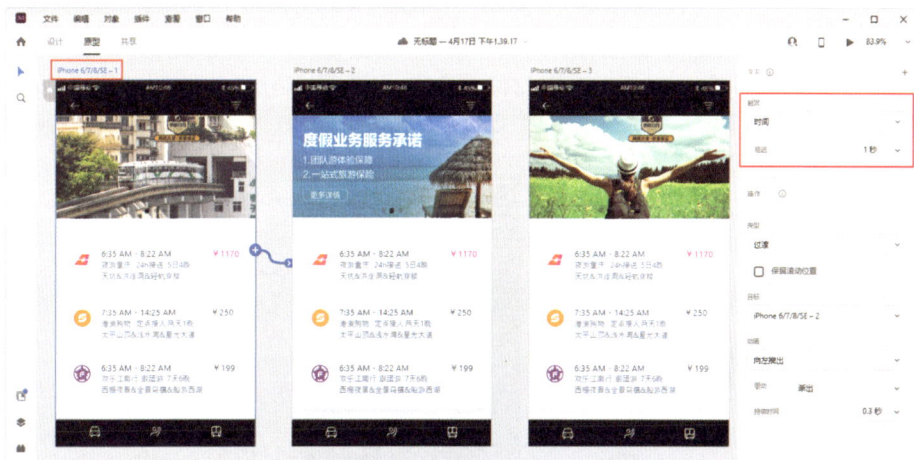

图5-60 设置交互参数

触发条件：单击"触发"下拉按钮，在打开的下拉列表框中选择"时间"选项。

延迟：输入开始过渡的延迟时间，延迟时间的范围为0.2秒～5秒。

操作类型：选择"过渡"选项。用户也可以将"时间"触发条件与其他"操作类型"互相结合，如"自动制作动画"、"叠加"和"语音播放"，用以打造不同的交互效果。

目标：选择想要链接的目标画板，用户可以根据自己的需要进行修改。

缓动：单击"缓动"选项后面的 ▾ 按钮，在打开的下拉列表框中选择一个选项来模拟缓动效果。

持续时间：输入缓动效果的持续时间，使缓动效果的播放符合用户体验。持续时间的范围为0.2秒～5秒。

5.4.2 应用案例——设计制作App加载界面交互动效

源文件：资源包\源文件\第5章\5-4-2.xd
素材：资源包\素材\第5章\54201.xd
技术要点：掌握为【画板设置定时过渡交互效果】的方法

扫描观看视频　扫描下载素材

STEP 01 打开"素材 \ 第 5 章 \54201.xd"文件，在"设计"模式下，使用"选择工具"选中"主页"画板，按住【Alt】键不放并向右拖曳复制主页画板。使用"矩形工具"绘制黑色对象并在"属性"面板中设置不透明度，如图 5-61 所示。

STEP 02 使用"椭圆工具"、"钢笔工具"和"文本工具"完成加载图标和文字的绘制，使用"选择工具"单击"主页 -1"画板名称将其选中，按住【Alt】键不放并向右拖曳复制画板，设置加载图标的旋转角度并调整文字内容，如图 5-62 所示。

图5-61 复制画板并设置半透明遮罩　　　　　图5-62 完成加载图标与文字制作

STEP 03 切换到"原型"模式，使用"选择工具"选中"主页"画板顶部的添加图标，拖曳图标的连接器到"主页-1"画板上建立链接，在"属性"面板中设置"类型"和"缓动"选项，如图5-63所示。

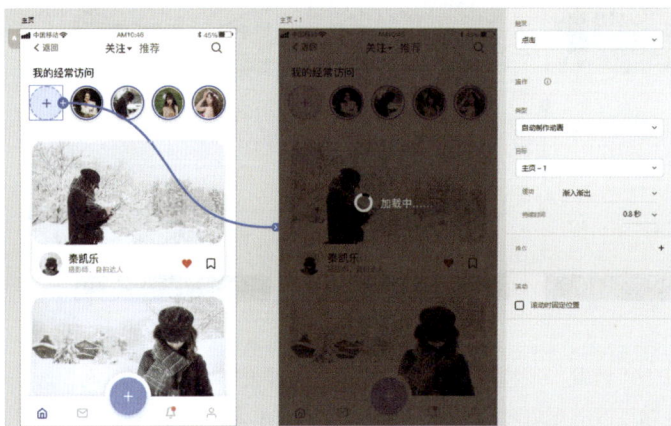

图5-63 为"主页"画板与"主页-1"画板建立链接

STEP 04 使用"选择工具"单击"主页-1"画板的名称，拖曳连接器到"主页-2"画板上，使"主页-1"画板与"主页-2"画板建立链接，在"属性"面板中设置"触发"、"类型"和"缓动"选项。使用相同的方法为"主页-2"画板与"主页-1"画板建立链接，如图5-64所示。

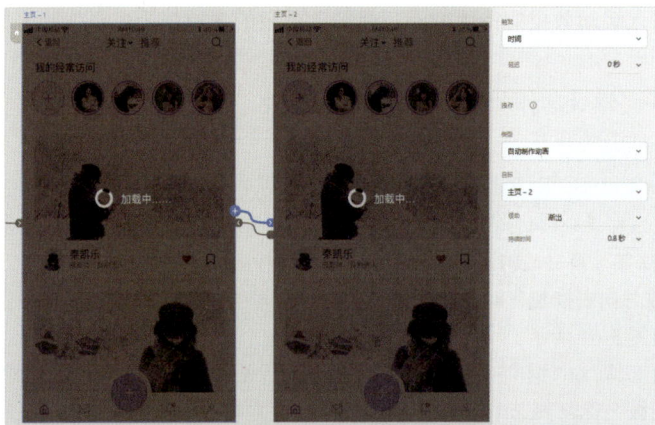

图5-64 在"主页-1"画板和"主页-2"画板之间相互建立链接

5.5　添加叠加

Adobe XD允许用户将一个画板中的所有内容堆叠在另一个画板上，作用是模拟移动App UI设计中的下拉列表框和上滑键盘等交互动效。

5.5.1　使用"叠加"操作类型创建交互

在"设计"模式中，创建一个画板并将需要叠加显示的内容放置在画板中。此叠加画板可以多次重复使用。

在"原型"模式中，将连接器从源画板拖曳到包含叠加内容的画板上，使两个画板建立链接。单击连接器，在"属性"面板中设置交互参数，可以构建叠加的交互效果。图5-65所示为App界面上叠加显示键盘的交互效果。

图5-65 App界面上叠加显示键盘的交互效果

触发条件：单击"触发"下拉按钮，在打开的下拉列表框中选择"点击"选项。

操作类型：单击"类型"下拉按钮，在打开的下拉列表框中选择"叠加"选项。

动画：选择叠加内容出现时所播放的动画类型。如果用户选择"上滑"或者"下滑"选项，Adobe XD会自动将叠加定位到源画板的边缘。

5.5.2　应用案例——设计制作App搜索界面交互动效

源文件：资源包\源文件\第5章\5-5-2.xd
素材：资源包\素材\第5章\55201.xd、55202.jpg
技术要点：掌握为【画板添加叠加交互效果】的方法

扫描观看视频　扫描下载素材

STEP 01 打开"素材\第5章\55201.xd"文件，使用"选择工具"单击"自定义大小"画板名称，按住【Alt】键不放并向右拖曳复制画板，删除画板中的多余内容。添加UI资源并对资源进行调整，更改画板名称为"搜索主题文章"，如图5-66所示。

STEP 02 单击工具栏中的"画板"按钮，在工作区域中按住鼠标左键不放并拖曳，创建一个1080px×900px尺寸的画板，将"55202.jpg"图片拖曳到新创建的画板中，调整图片的摆放位置，更改画板名称为"键盘"，如图5-67所示。

157

图5-66 绘制"搜索主题文章"画板　　　　图5-67 绘制"键盘"画板

STEP 03 切换到"原型"模式，使用"选择工具"单击"自定义大小"画板右上角的"搜索"图标，拖曳连接器到"搜索主题文章"画板上建立链接，在"属性"面板中设置交互参数，如图 5-68 所示。

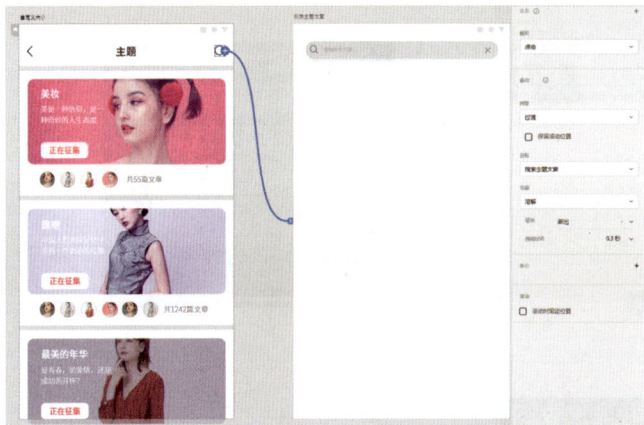

图5-68 为"搜索"图标和"搜索主题文章"画板建立链接

STEP 04 使用"选择工具"单击"搜索主题文章"画板名称将其选中，拖曳连接器到"键盘"画板上建立链接，在"属性"面板中设置"触发"选项和"类型"选项，将"搜索主题文章"画板中的"叠加"图标移动到画板底部，如图 5-69 所示。

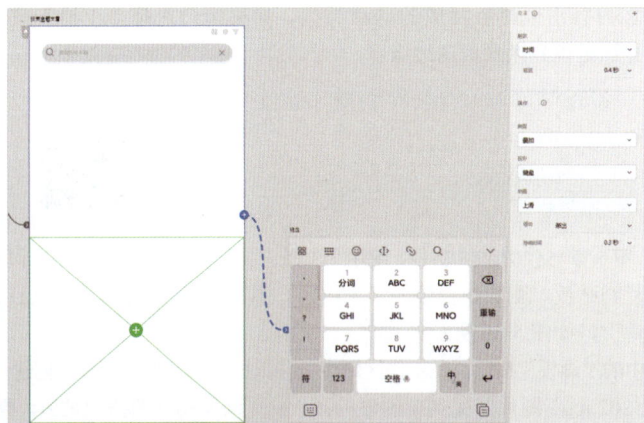

图5-69 为"搜索主题文章"画板和"键盘"画板建立链接

交互设计需要遵循的习惯

在为移动 UI 设计交互时，可以充分发挥个人的想象力，使界面在方便操作的前提下更加美观和易用。但是无论如何设计，都要遵循用户的一些习惯，如地域文化、操作习惯和心理认知等，将自己化身为用户，找到用户的操作习惯是非常重要的。

接下来分析哪些方面需要遵循用户的习惯。

● 遵循用户的文化背景

一个群体或者民族的习惯是需要遵循的，如果违反了这种习惯，产品不但不会被接受，还可能使产品形象大打折扣。

● 用户群的人体机能

不同的用户群的人体机能也不相同，如老人一般视力下降，需要较大的字体；盲人看不到东西，需要在触觉和听觉上着重设计。如果不考虑用户群的特定需求，任何一款产品都注定会失败。

● 坚持以用户为中心

设计出来的产品通常是被其他人使用的，所以在设计时要坚持以用户为中心，充分考虑用户的要求，而不是以设计人员的喜好为主。将自己模拟为用户，融入整个产品设计中，摒弃个人的一切想法，这样才能够设计出被广大用户接受的产品。

● 遵循用户的浏览习惯

用户在浏览 App 界面的过程中，通常都会形成一种特定的浏览习惯。例如，首先会横向浏览，然后下移一段距离后再次横向浏览，最后会在界面的左侧快速纵向浏览。这种已经形成的习惯一般不会更改，在设计时最好先遵循用户的习惯，然后再从细节上进行超越。

越来越多的 App 应用开始使用对话框或者气泡的设计形式来呈现信息，这种设计形式可以很好地避免打断用户的操作，并且更加符合用户的行为习惯，如图 5-70 所示。

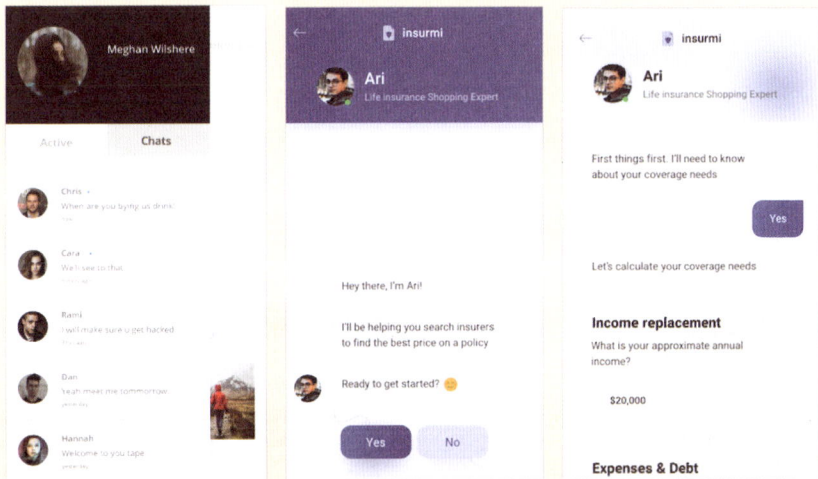

图5-70 对话框和气泡形式

5.6 创建锚点链接

通过在Adobe XD中为元素创建锚点链接，可以使画板上的特定内容以滚动的方式呈现在使用者眼前。接下来讲解如何创建锚点链接，以优化和完善移动App UI设计中的导航体验。

为App界面设计长页面表单或者长文本文章时，为该界面的导航添加锚点链接可以简化导航的搜索过程并提升UI设计的可用性。

在"设计"模式下，将想要单独展示的特定内容根据分类进行编组，编组完成后为每个图层组命名，如图5-71所示。

　　切换到"原型"模式，在画板上选择要添加锚点链接的对象，按住鼠标左键并向下拖曳对象右侧边线中间的连接手柄，将连接手柄移至关联的内容编组区域上方，松开鼠标建立锚点链接。

　　为画板中每个想要添加锚点链接的对象建立链接，单击连接线可以查看"属性"面板中的交互参数，参数设置如图5-72所示，完成锚点链接的创建。

图5-71 编组并命名　　　　　　　　图5-72 设置参数

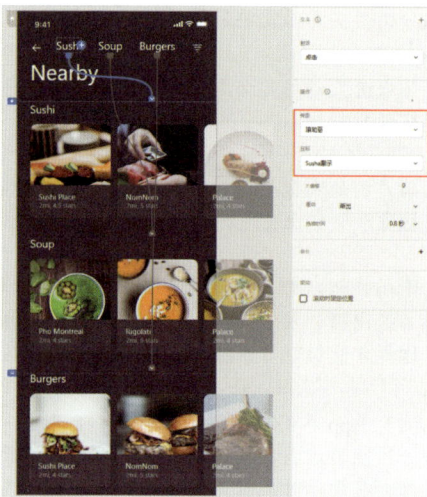

　　触发条件：单击"触发"下拉按钮，在打开的下拉列表框中选择"点击"选项。

　　操作类型：一般情况下，在用户建立锚点链接后，此选项应变为"滚动至"，如果没有变化，用户可以单击"类型"下拉按钮，在打开的下拉列表框中选择"滚动至"选项。

　　操作目标：一般情况下，在用户建立锚点链接时，此选项应变为目标图层或者组，如果与之不匹配，用户可以使用与操作类型相同的设置方法进行手动设置。

　　Y偏移：在选项后面的文本框中输入具体数值，链接对象顶部将沿垂直方向发生偏移，同时画板中出现Y偏移值的滑块，如图5-73所示。向上或者向下拖曳滑块，可以调整Y偏移值，如图5-74所示。链接对象上方的任何值均表示负偏移，下方的任何值均表示正偏移。

图5-73 Y偏移值的滑块　　　　　　　　图5-74 调整Y偏移值

5.7 预览UI与UX设计

　　完成交互式移动App UI设计后，用户可以准确预览移动App UI设计的交互动效，包括屏幕过渡、动画效果和锚点链接等。

5.7.1 预览UI设计

在实时预览移动App UI设计的过程中，如果用户对某些交互效果或者视觉设计不满意，可以及时返回Adobe XD中更改视觉设计或者交互动效，实现优化和完善移动App UI设计与UX设计的目的。

● 预览交互动效

完成移动App的UI设计与交互动效后，单击模式栏右侧的"桌面预览"按钮 ▶，打开"预览+文件名称"的预览界面，如图5-75所示。

"预览"界面中显示了包含当前选定对象的画板，如果没有选择对象，打开的"预览"界面会显示移动App的"主页"画板。

在"预览"界面中，单击建立链接的元素或者画板，"预览"界面将播放设置好的过渡动画和缓动动画，如图5-76所示。需要注意的是，如果用户在Adobe XD中对移动App UI设计进行了更改，"预览"界面中的移动App UI设计将会立即更新。

图5-75 "预览"界面   图5-76 预览交互效果

如果想要关闭"预览"界面，单击右上角的"关闭"按钮即可。

● 预览"语音"命令下的交互动效

为移动App UI设计设置触发条件为"语音"选项，继续设置其他交互操作选项后，单击模式栏右侧的"桌面预览"按钮 ▶，得到如图5-77所示的"预览"界面。按住键盘上的空格键并重复说出设定好的语音命令，即可预览移动App UI界面的交互动效，如图5-78所示。

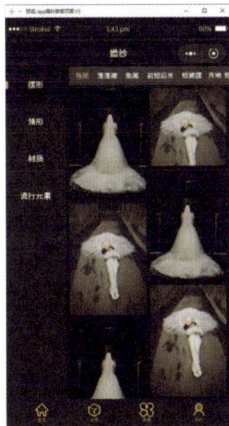

图5-77 "预览"界面   图5-78 预览交互动效

5.7.2 应用案例——预览App界面中的交互动效

源文件：无

素材：资源包\素材\第5章\57201.xd、57202.xd

技术要点：掌握【预览移动App界面交互动效】的方法

扫描下载素材

STEP 01 打开"素材\第5章\57201.xd"文件，使用"选择工具"单击"置顶删除-1"画板名称将其选中，单击Adobe XD界面模式栏右侧的"桌面预览"按钮，打开"预览"界面，如图5-79所示。

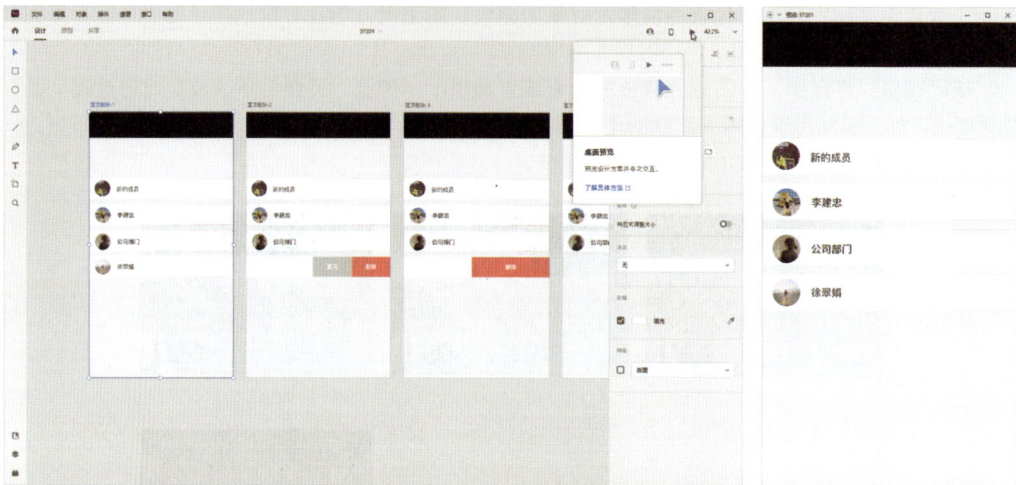

图5-79 打开文件、选中第1个画板并预览App界面

STEP 02 在"预览"界面中选择第4个信息栏，栏目中弹出"置顶"和"删除"两个按钮，继续单击"删除"按钮，栏目中出现确定"删除"按钮，如图5-80所示。

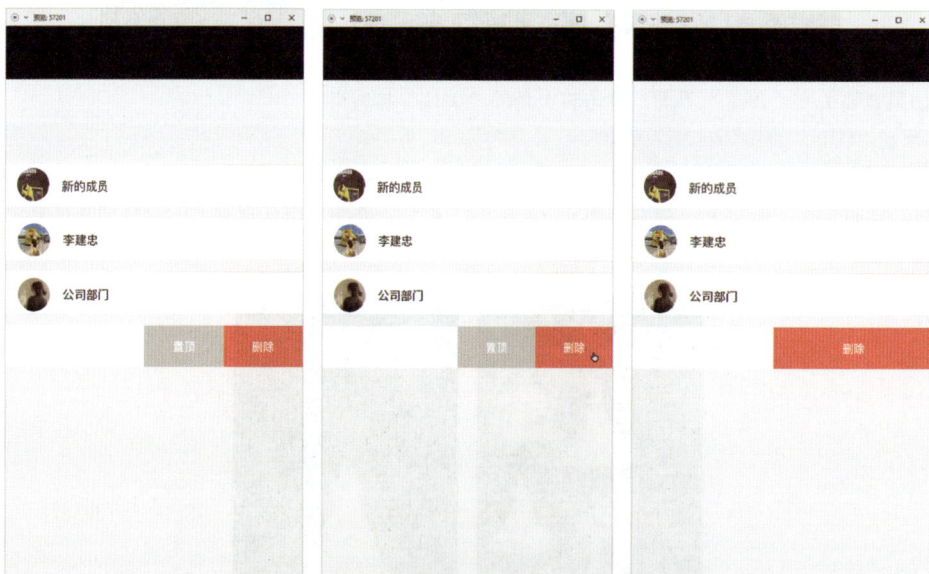

图5-80 预览删除信息栏的交互效果

STEP 03 单击确定"删除"按钮，App界面中的第4个栏目即被删除。选择"预览"界面中的第3个信息栏，栏目中弹出"置顶"和"删除"按钮后，单击"置顶"按钮，App界面中的第3栏将移动到第1栏，同时出现"已置顶"的提示信息，如图5-81所示。

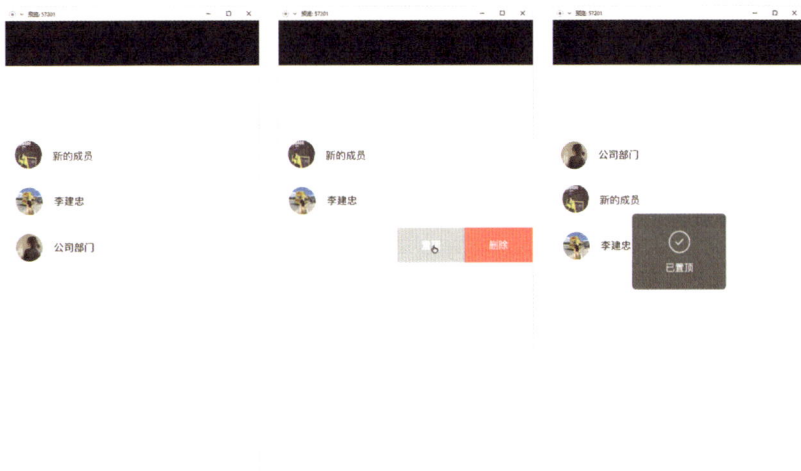

图5-81 预览置顶信息栏的交互效果

STEP 04 打开"素材\第 5 章\57202.xd"文件，使用"选择工具"单击"自定义大小"画板名称将其选中，单击模式栏右侧的"桌面预览"按钮，打开"预览"界面。单击"预览"界面右上角的"搜索"图标，"主题"界面将切换到"搜索"界面，同时界面中叠加键盘，如图 5-82 所示。

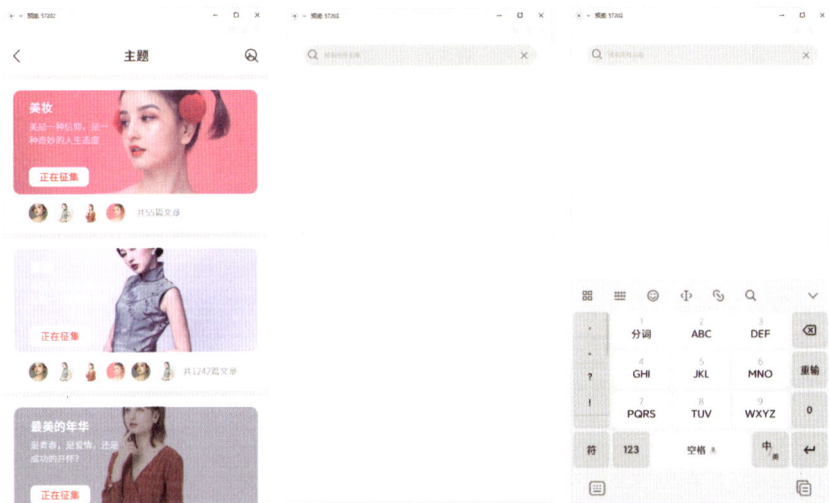

图5-82 预览App"搜索"界面的交互效果

？疑问解答　交互设计需要考虑的内容

如果说产品的 UI 设计是"形"，那么交互设计就是"法"，"形"与"法"的相关融合就在于提升产品的用户体验。在进行产品的交互设计时需要考虑的因素很多，绝对不是随便在界面中放置一些内容和控件那么简单。

● 确定需要这个功能

当看到策划文案中的一个功能时，要确定该功能是否需要，有没有更好的形式将其融入其他功能中，直至确定必须保留。

● 选择最好的表现形式

不同的表现形式会直接影响用户与界面的交互效果。例如对于提问功能，必须使用文本框吗？单选列表框或者下拉列表框是否可行？是否可以使用滑块？

● 设定功能的大致轮廓

一个功能在页面中的位置、大小可以决定其内容是否被遮盖、是否滚动，合理设置既节省屏幕空间，又不会给用户造成输入前的心理压力。

● 选择适当的交互方式

针对不同的功能选择恰当的交互方式，有助于提升整个设计的品质。例如对于一个文本框来说，是否添加辅助输入和自动完成功能？数据采用何种对齐方式？选中文本框中的内容时是否显示插入光标？这些内容都是交互设计过程中需要考虑的。

图 5-83 所示为一款指南针 App，该 App 界面采用了滑动指针的动画交互方式，再配合磨砂质感的界面背景和拟物化元素，可以在第一时间取悦用户。

图5-83 指南针App登录页面交互方式

5.8 解惑答疑

对于刚刚接触移动App UI设计和交互动效的用户来说，清晰、明确地分辨UI设计和交互设计的工作内容，以及使用哪些设计工具可以制作出符合用户体验的交互动效等，这些知识都需要一一明确，才能在学习完本章内容后有所启发。

5.8.1 交互用户的工作内容

所谓交互，即交流互动，其实这个词语离人们的日常生活很近，例如在大街上遇到熟人打个招呼，简单的几句话，搭配眼神和动作，向对方传递礼貌、亲近等诸多含义，就可以理解为人与人之间的交互。

那么人和机器之间的交互是什么样的呢？举个例子，如果用户想解锁一个手机，用户与手机的交互可能是下面这样的场景：

——按手机上的Home键（嗨，手机，好久不见！）

——手机屏幕亮了，但需要输入解锁密码（你好，是老王来了吗？）

——输入密码（是的）

——手机解锁成功，进入主界面

通过以上人与手机交互的场景，可以这样来理解交互：当人和一件事物（无论是人、机器、系统还是环境等）发生双向的信息交流和互动时，就是一种交互行为。

图5-84所示为一款用户登录框的设计，当用户在登录框中输入正确信息或者错误信息时，登录表单会给用户相应的反馈，特别是当用户所输入的信息错误时，会根据错误的类型反馈给用户相应的信息提示，这种人与界面之间的信息交流，就是一个交互。

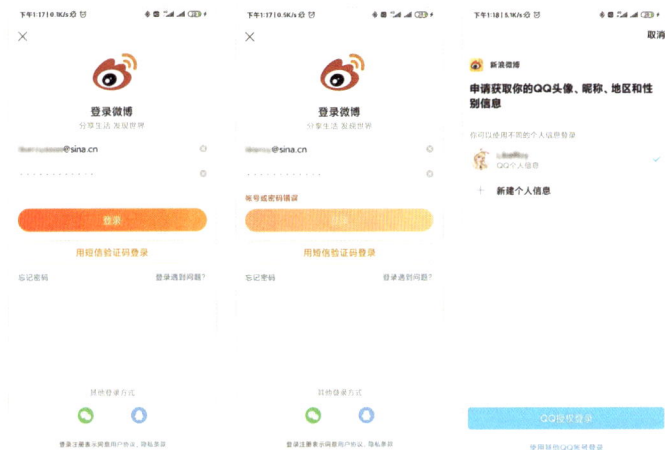

图5-84 用户登录操作的交互界面

交互设计在于定义产品（软件、移动设备、人造环境、服务、可穿戴设备及系统的组织结构等）在特定场景下的反应方式相关的界面，通过对界面和行为进行交互设计，可以让用户使用设置好的步骤来完成目标，这就是交互设计的目的。

从用户角度来说，交互设计是一种如何让产品易用、有效且让人愉悦的技术，它致力于了解目标用户和他们的期望，了解用户在同产品交互时彼此的行为，了解"人"本身的心理和行为特点。同时还包括了解各种有效的交互方式，并对它们进行增强和扩充。交互设计还涉及多个学科，以及和交互设计领域人员的沟通。

许多人认为UI交互用户就是画流程图、线框图的，其实这种说法非常片面，因为流程图和线框图确实是UI交互设计进行设计时的一种表现方式，但这种说法忽略了除这些可视化产物外，用户所进行的思考工作。下面使用图形关系简单描述交互用户的相关工作，如图5-85所示。

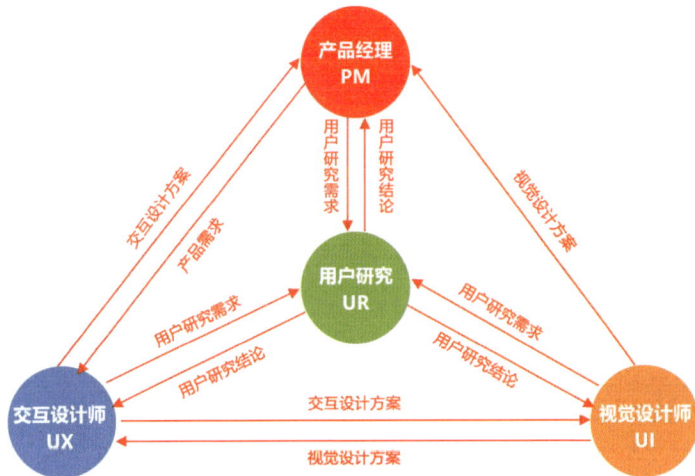

图5-85 交互用户的相关工作

5.8.2 动效设计制作工具有哪些

随着移动App UI设计的不断发展，UI动效越来越多地被应用于实际生活中，这也使得制作交互动效的工具大量涌现。除了本书中介绍的Adobe XD工具，用户还可以使用Adobe After Effects、Adobe Animate、CINEMA 4D和Pixate等工具制作UI交互动效。

◀» Adobe After Effects

After Effects简称AE，是目前最热门的交互动效设计软件。After Effects的功能非常强大，UI交互动效其实只使用到了该软件中很小的一部分功能，很多美国大片都是通过它来进行后期合成制作的，再配合Photoshop和Illustrator等软件，会更加得心应手。图5-86所示为After Effects软件的启动界面。

图5-86 After Effects软件的启动界面

◀» Adobe Animate

Flash在以前因特网动画的应用中非常普遍，可以说是过去交互动画的王者，但是其缺点也非常明显，Flash动画的播放需要浏览器插件的支持，并且随着移动互联网的发展，Flash动画在移动端应用的弊端愈发明显，而随着HTML 5和CSS 3等新技术的崛起，Flash目前已经基本被淘汰。

Adobe为了适应HTML 5和CSS 3设计的发展趋势，在Flash的基础上添加了HTML 5动画的新功能和新属性，从而开发了新的取代Flash的软件——Adobe Animate CC。图5-87所示为上述两款软件的启动界面。

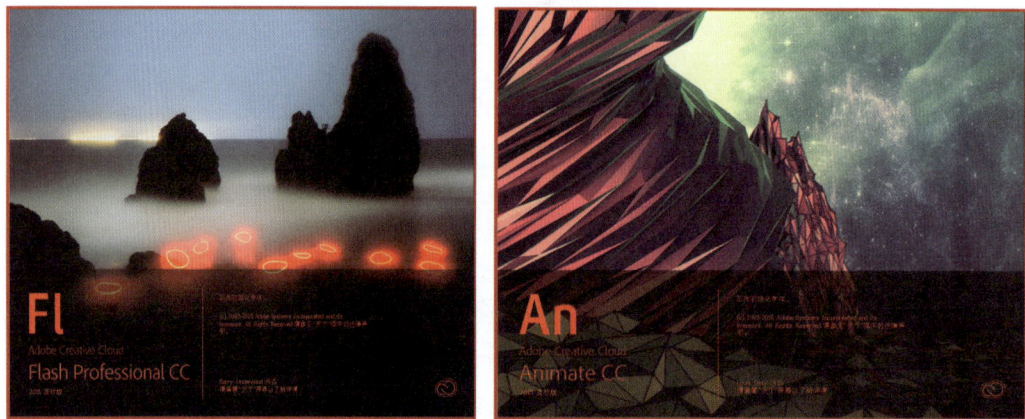

图5-87 Flash和Animate软件的启动界面

◀» CINEMA 4D

CINEMA 4D是近几年比较流行的一款三维动画制作软件，其特点是拥有极高的运算速度和强大的渲染插件。

与众所周知的其他3D软件一样，CINEMA 4D同样具备高端3D动画软件的所有功能。所不同的是在研发过程中，CINEMA 4D的工程师更加注重工作流程的流畅性、舒适性、合理性、易用性和高效性。

因此，使用CINEMA 4D会让用户在创作设计时感到非常轻松愉快，赏心悦目，在使用过程中更加得心应手，从而将更多的精力置于创作之中。即使是新用户，也会感觉到CINEMA 4D非常容易上手。图5-88所示为CINEMA 4D软件的启动界面。

图5-88 CINEMA 4D软件的启动界面

🔊 Pixate

Pixate是一款图层类交互原型设计软件，其优点是可交互、共享性强，与Sketch软件的结合相对比较高，同时对Google Material Design的支持也比较好，有许多MD相关预设。Pixate软件的缺点是没有时间轴，层级管理不是非常明确，当有多个图层时就会显得非常繁杂。

5.9　总结扩展

Adobe XD的原型交互功能相对来说比较简单，但可以为App界面制作各种用户所需的交互动效。

如果用户想要使用"原型"模式下的"属性"面板制作出绝佳的交互动效，不仅需要使用者能够熟练地对"属性"面板中的交互参数进行设置，还需要具有丰富的交互基础知识，这样才能充分发挥"原型"模式的作用，制作出符合用户体验的App交互动效。

5.9.1　本章小结

本章主要介绍了为App界面添加交互动效的各种方法。通过对"原型"模式下"属性"面板的相关参数的学习，使读者理解不同触发条件和操纵类型的区别与联系，从而使用"属性"面板中的各项参数实现丰富的动效制作，提升App界面的用户体验。

5.9.2　扩展练习——设计制作App界面中的轮播图

源文件：资源包\源文件\第5章\5-9-2.xd
素材：资源包\素材\第5章\59201.jpg~59203.jpg
技术要点：掌握使用【Adobe XD制作App轮播图】的方法

扫描观看视频　扫描下载素材

学习完本章内容后，接下来通过在"原型"模式下为画板或者对象添加"触发"、"类型"和"缓动"选项，完成为移动App界面创建轮播图的交互效果，检验一下使用Adobe XD完成UX设计的学习效果，同时加深对所学知识的理解，案例效果如图5-89所示。

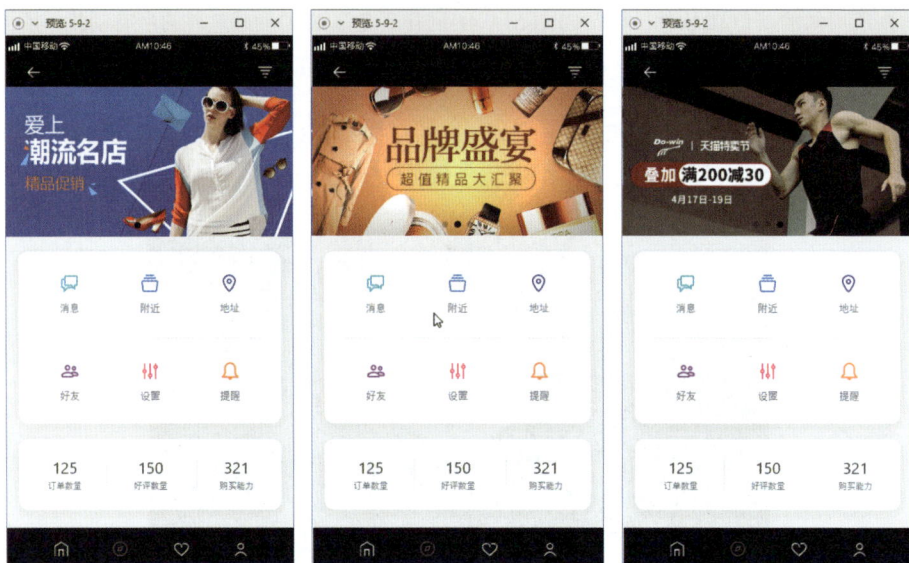

图5-89 案例效果

读书
笔记

第6章 输出、标注和共享UI设计

由于移动端设备的分辨率不同，所以用户需要将制作完成的移动App UI设计图稿适配到不同设备中，使移动App UI设计可以在不同系统和分辨率的设备中正确显示。

制作完成一个移动App项目需要整个团队的共同努力，因此当用户完成UI设计后，还需要对设计稿进行标注和共享等操作，方便团队中的其他成员对移动App项目进行开发和完善。

6.1 使用Adobe XD输出设计资源

在Adobe XD中完成移动App UI设计后，可以将UI设计中的素材图像、图标、背景图案、文本或者整个画板导出为PNG、SVG、JPG和PDF格式的切片资源，这些切片资源可以帮助开发人员快速完成iOS系统和Android系统应用程序的App结构部署。

6.1.1 导出切片资源

在Adobe XD中选择一个对象、组、组件或者画板，执行"文件>导出"命令，打开"导出"命令的子菜单，其中包含批处理、所选内容、所有画板、整个画板和After Effects 5个命令，如图6-1所示。选择任一命令，即可导出对应的切片资源。

图6-1 "导出"命令的子菜单

◀») 批处理

逐一选中Adobe XD中想要进行批处理的对象、组或者画板，为这些元素添加导出标记。添加标记后，该元素"属性"面板底部的"添加导出标记"复选框显示已被选中，如图6-2所示。

为多个元素添加导出标记后，执行"文件>导出>批处理"命令或者按【Shift+Ctrl+E】组合键，弹出"导出资源"对话框，如图6-3所示。

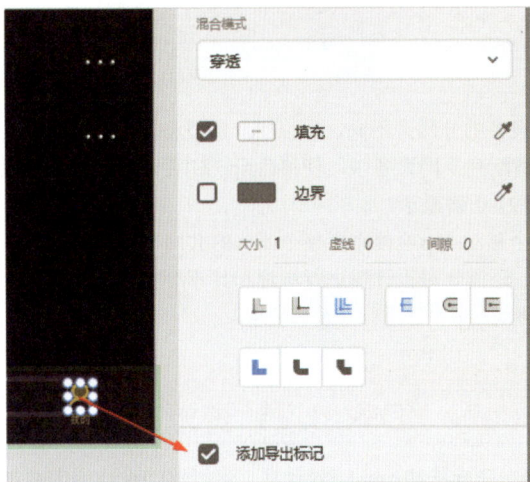

图6-2 添加导出标记

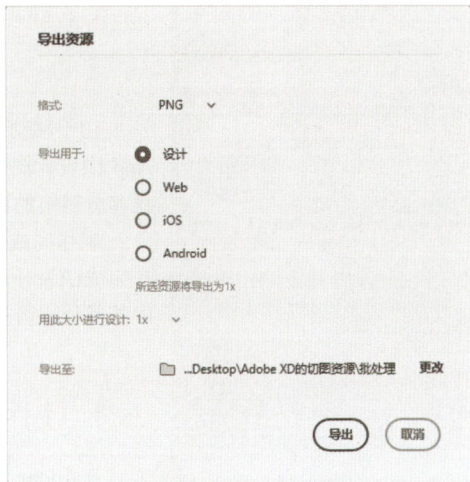

图6-3 "导出资源"对话框（1）

用户可以在该对话框中为切片资源设置格式、导出地址和切图大小倍率等参数。设置完成后，单击"导出"按钮，批量导出的切片资源将被导出到设定好的文件夹中，如图6-4所示。

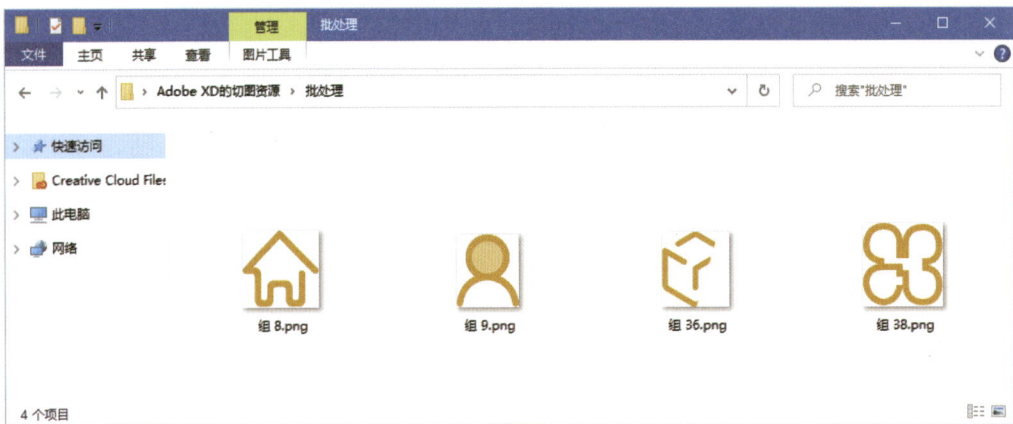

图6-4 导出的批处理切片资源

> **提示** 导出的切片资源名称将使用 Adobe XD 中元素的名称。

🔊 **所选内容**

选择Adobe XD画板中的一个对象、组或者组件，执行"文件>导出>所选内容"命令或者按【Ctrl+E】组合键，如图6-5所示。

弹出"导出资源"对话框，在该对话框中设置格式、导出地址和切图大小倍率等参数。设置完成后，单击"导出"按钮，即可将选中元素导出到已经设定好的文件夹中，如图6-6所示。

图6-5 选中元素并执行"所选内容"命令

图6-6 导出单个切片资源

提示　如果想要将多个对象导出为一个资源，用户必须在导出之前将多个对象编为一组，然后选中这个组，将其作为选中内容进行导出。

◀)) 所有画板

在Adobe XD中，执行"文件>导出>所有画板"命令，弹出"导出资源"对话框，如图6-7所示。

用户可以在该对话框中设置格式、导出地址和切图大小倍率等参数。设置完成后，单击"导出所有画板"按钮，即可导出移动App项目中的所有画板，如图6-8所示。

图6-7 "导出资源"对话框（2）

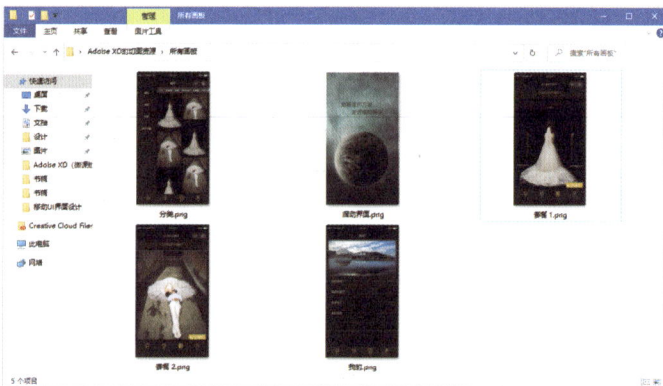

图6-8 导出移动App项目中的所有画板

提示　导出的切片资源名称将使用 Adobe XD 中画板的名称。

◀)) 整个画布

在Adobe XD中，执行"文件>导出>整个画布"命令，弹出"导出资源"对话框，如图6-9所示。

用户可以在该对话框中设置格式、导出地址和切片大小倍率等参数。设置完成后，单击"导出整个画布"按钮，即可将移动App项目中的整个画布导出为一张图片，如图6-10所示。

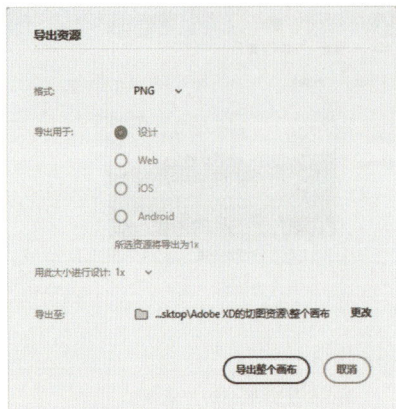

图6-9 "导出资源"对话框（3）　　　图6-10 导出整个画布为切片资源

> **提示**　导出的切片资源名称将使用 Adobe XD 文件的名称。

◀》 After Effects

在Adobe XD中，选择要导出到After Effects中的一个或者多个元素，执行"文件>导出>After Effects"命令或者按【Ctrl+Alt+F】组合键，即可启动After Effects软件并将选中元素导入After Effects软件中，如图6-11所示。用户可以在该软件中对选中元素进行更加详细的动效设置。

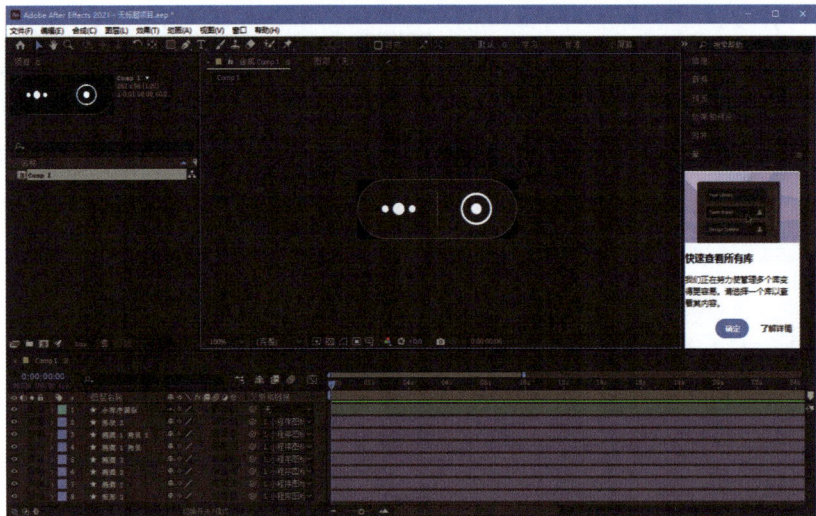

图6-11 启动After Effects软件并导入选中元素

> **提示**　用户的计算机中必须存在安装好的 After Effects 软件，才可以将 Adobe XD 中的选中元素导入 After Effects 中。

6.1.2 不同格式的切片资源

开发人员利用Swift或者Java等计算机语言，在iOS和Android应用程序中搭建UI设计内容时，所需的图片资源被称为切片资源。

一般情况下，最常见的切片资源是位图图像。位图图像拥有多种格式，Adobe XD为用户提供了4种资源导出格式。用户可以根据移动App项目团队的要求，将切片资源导出为PNG、SVG、PDF和JPG格式中的任意一种或者多种。

◀)) PNG

在"导出资源"对话框中，选择切片资源的导出格式为PNG时，用户可以将切片资源导出为设计、Web、iOS或者Android平台所用图片，如图6-12所示。

选中"设计"单选按钮，切片资源导出为1倍分辨率的PNG图像，此选项为默认选项。选中Web单选按钮，切片资源导出为1倍和2倍分辨率的PNG图像，如图6-13所示。

图6-12 导出格式为PNG　　　图6-13 选中Web单选按钮

选中iOS单选按钮，切片资源导出为1倍、2倍和3倍分辨率的PNG图像，如图6-14所示。选中Android单选按钮，切片资源以Android系统的屏幕密度进行优化，优化后将切片资源导出为idpi、mdpi、hdpi、xhdpi、xxhdpi和xxxhdpi屏幕密度的PNG图像，如图6-15所示。

图6-14 选中iOS单选按钮　　　图6-15 选中Android单选按钮

设置完成后，单击对话框右下角的"导出"、"导出所有画板"或者"导出整个画布"按钮，即可将元素或者画板导出为PNG格式的位图图像。

◀)) SVG

在"导出资源"对话框中，选择切片资源的导出格式为SVG时，用户可以为图像设置样式、保存图像的方式和文件大小等参数，如图6-16所示。

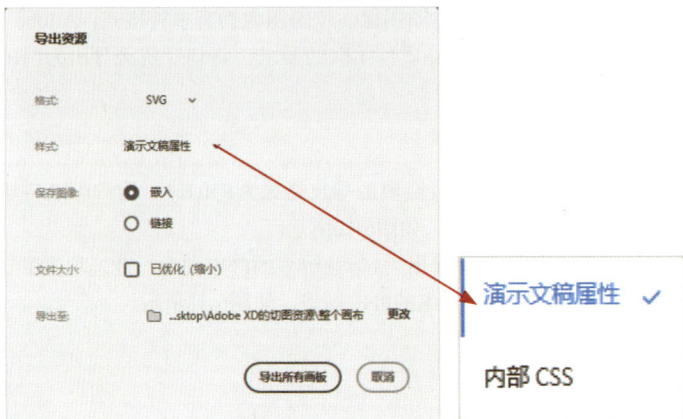

图6-16 导出格式为SVG

● 样式

选择"演示文稿属性"样式，Adobe XD将对每个SVG标记上的单独样式属性使用单独的XML属性。导出Android Studio中的SVG资源需要使用此格式。

选择"内部CSS"样式，切片资源使用带CSS类的单个样式标记，并在具有相同样式的各个对象之间共享样式参数，从而生成较小的文件。

● 保存图像的方式

选择"嵌入"方式保存图像，资源图像将会编码到SVG文件中。选择"链接"方式保存图像，资源图像将单独存储并引用SVG文件。

设置完成后，单击对话框右下角的"导出"、"导出所有画板"或者"导出整个画布"按钮，即可将元素或者画板导出为SVG格式的位图图像。

🔊 PDF

在"导出资源"对话框中，选择切片资源的导出格式为PDF时，用户可以将所选切片资源另存为单个PDF文件或者多个PDF文件，如图6-17所示。

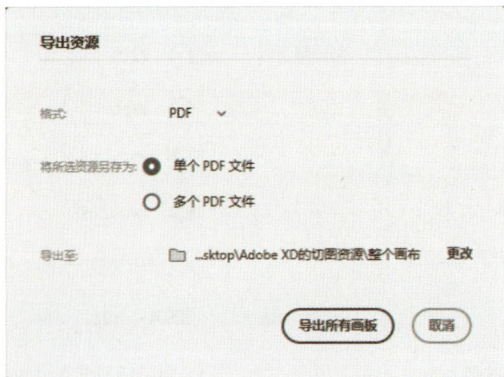

图6-17 导出格式为PDF

选中"单个PDF文件"单选按钮，用户可将选择的多个元素或者画板导出为一个PDF文件；选中"多个PDF文件"单选按钮，用户可将选择的多个元素或者画板分别导出为不同的PDF文件，Adobe XD会为每个选定的元素或者画板创建独立的PDF文件。

选择完成后，单击对话框右下角的"导出"、"导出所有画板"或者"导出整个画布"按钮，即可将元素或者画板导出为PDF格式的单个或多个文件。

🔊 JPG

在"导出资源"对话框中，选择切片资源的导出格式为JPG时，用户可以为导出资源设置品质和导出地址，如图6-18所示。

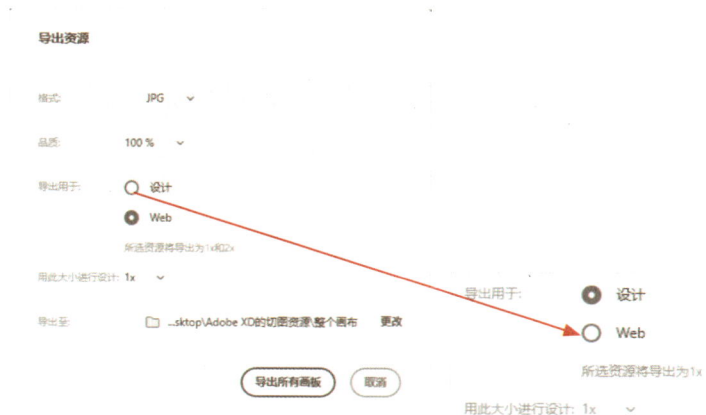

图6-18 导出格式为JPG

设置完成后，单击对话框右下角的"导出"、"导出所有画板"或者"导出整个画布"按钮，即可将元素或者画板导出为JPG格式的位图图像。

6.2 输出iOS系统的UI设计

目前iOS的主流移动设备有iPhone 6/7/8/SE、iPhone 6/7/8 Plus、iPhone XR/XS Max/11、iPhone X/XS/11 Pro、iPhone12/12 Pro和iPhone12 Pro Max，这些设备的尺寸各不相同。如何让一款App能同时在多个不同尺寸的设备上正确显示，是用户需要着重考虑的问题。

在实际的移动App设计工作中，用户通常只需设计一套基准设计图，然后再适配多个分辨率的设备即可。可以选择iPhone 6/7/8的尺寸750px×1334px作为中间尺寸和基准，向下适配iPhone SE（640px×1136px），向上适配iPhone 6/7/8 Plus（1242px×2208px）和iPhone X（1125px×2436px），如图6-19所示。

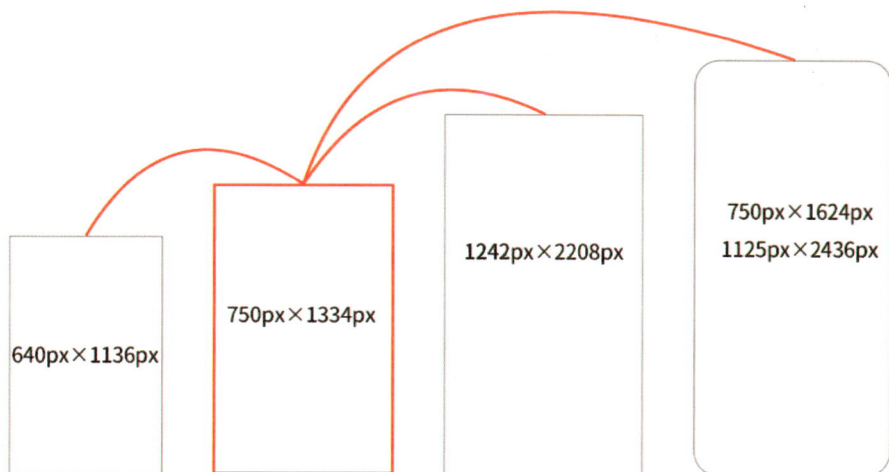

图6-19 适配多个分辨率的设备

175

6.2.1 iOS系统向下和向上适配

750px×1334px和640px×1136px两个尺寸的界面都使用@2x的像素倍率，所以它们的切片大小是完全相同的，即系统图标、文字和高度都无须适配，只需适配宽度即可。

打开一款移动App设计稿，其设计尺寸为750px×1334px，如图6-20所示。调整画板大小为640px×1136px，如图6-21所示。

图6-20 设计尺寸　　　　　　　　　图6-21 调整画板大小

改变画板大小后，设计稿的右边和下边都被裁切，蓝色蒙版部分即为被裁切部分。画板缩小成640px×1136px。

状态栏和导航栏中的内容重新居中，效果如图6-22所示。由于750px/640px的比值为1.17，因此Banner图的高度除以1.17后居中，宽度为640px，如图6-23所示。如果App界面中包含入口图标，则需要将其向左移动，保持两侧边距一致，并使图标的间距等宽。

图6-22 适配导航栏　　　　　　　　　图6-23 适配Banner图

继续使用相同的方法对设计稿下部分的图片和文字进行适配，适配完成前后的对比效果如图6-24所示。

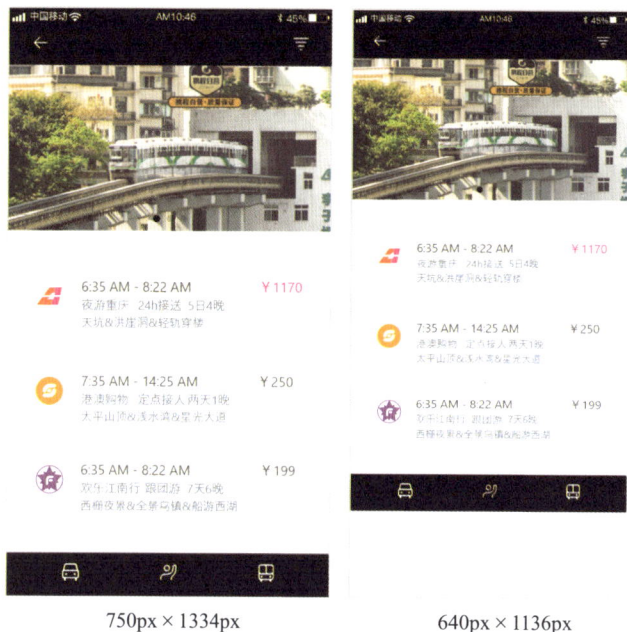

750px×1334px　　　　640px×1136px

图6-24 适配iPhone SE对比效果

　　向上适配需要适配两种尺寸：iPhone 6/7/8 Plus和iPhone X，本节主要讲解iPhone 6/7/8 Plus的适配。

　　iPhone 6/7/8 Plus的尺寸为1242px×2208px，为@3x的像素倍率，也就是说1242px×2208px界面上所有元素的尺寸都是750px×1334px界面上元素的1.5倍。在进行适配时，直接将界面的图像大小变为原来的1.5倍，再调整画板大小为1242px×2208px，最后调整界面图标和元素的横向间距的大小，即可完成适配。

　　首先将750px×1334px的画板尺寸调整为150%，也就是1125px×2001px，设计稿中的图片跟随画板尺寸变化增大为原尺寸的150%。调整前后的对比效果如图6-25所示。

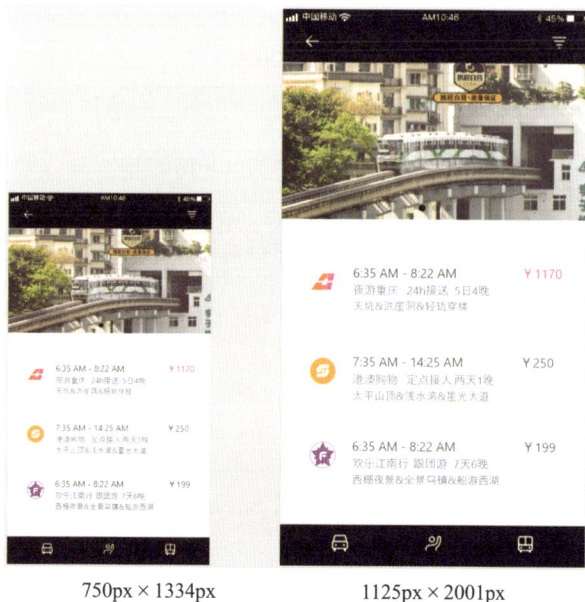

750px×1334px　　　　1125px×2001px

图6-25 将图像大小调整为1.5倍的效果

177

接下来将1.5倍的1125px×2001px画板尺寸调整为1242px×2208px。

状态栏和导航栏内容居中，由于1242px/750px的比值为1.65，因此Banner图的高度除以1.65后居中，宽度为1242px。中间的内容向右移动，保持两侧边距一致，并使图标的间距等宽，适配前后的对比效果如图6-26所示。同时需要注意页面中的装饰线和分割线还保持为1px。

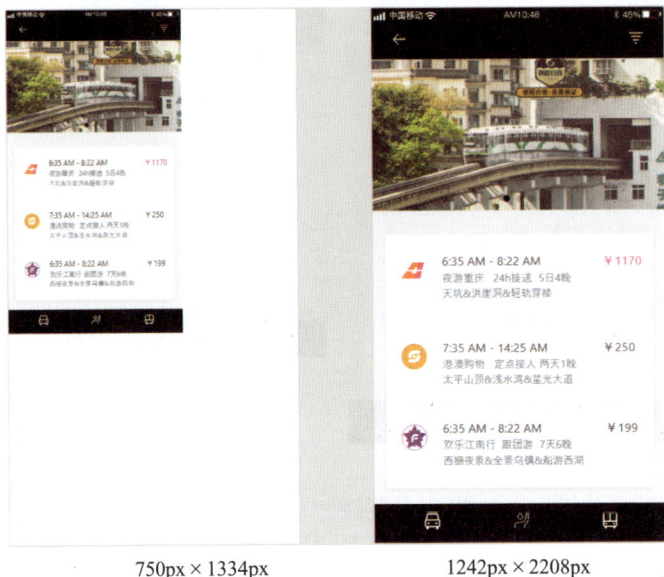

750px × 1334px　　　　　　　1242px × 2208px

图6-26 适配iPhone 6/7/8 Plus对比效果

6.2.2 适配切片命名规范

一款App产品的落地，必将先经历需求分析、产品定位、项目拟定、功能分析、原型交互设计、UI设计和输出设计稿等步骤。接下来进入开发步骤，开发之前，设计人员需要与开发人员进行沟通，完成切图和标注等操作。

对于移动App项目来说，产品的优化迭代是必经过程。遇到突发情况时，比如完成设计后需要改动某个图标，在众多的切片资源中寻找一个图片非常麻烦。

因此，养成良好的命名习惯很重要，既方便产品的修改与迭代，又方便设计团队人员的沟通，还能方便与开发人员沟通。

通常输出的切片都会以英文命名，其命名规范遵循以下3个原则。

（1）较短的单词可通过去掉"元音"形成缩写。

（2）较长的单词可取单词的前几个字母形成缩写。

（3）也可以运用一些约定俗成的英文单词缩写。

下面提供3种命名规则供用户参考使用，但是在实际的设计工作中，使用时还要与团队成员沟通协调。

● 产品模块_类别_功能_状态.png

例如：发现_图标_搜索_点击状态.png可以命名为found_icon_search_pre.png。

● 场景_模块_状态.png

例如：登录_按钮_默认状态.png可以命名为login_btn_nor.png。

● 产品模块_场景_二级场景_状态.png

例如：按钮_个人_设置_默认状态.png可以命名为btn_personal_set_nor.png。

输出的切片资源基本命名规范如表6-1所示。

表6-1 切片资源基本命名规范

分　类	命　名	解　释
名词命名	bg（background）	背景
	nav（navbar）	导航栏
	tab（tabbar）	标签栏
	btn（button）	按钮
	img（image）	图片
	del（delete）	删除
	msg（message）	信息
	icon	图标
	content	内容
	left/center/right	左/中/右
	logo	标识
	login	登录
	register	注册
	refresh	刷新
	banner	广告
	link	链接
	user	用户
	note	注释
	bar	进度条
	profile	个人资料
	ranked	排名
	error	错误
操作命名	close	关闭
	back	返回
	edit	编辑
	download	下载
	collect	收藏
	comment	评论
	play	播放
	pause	暂停
	pop	弹出
	audio	音频
	video	视频
状态命名	selected	选中
	disabled	无法点击
	highlight	点击时
	default	默认
	normal	一般
	pressed	按下
	slide	滑动

179

> **提示** 用户需要注意，iOS 切片需要在命名后加上 @2x、@3x 后缀名。例如一个首页处于正常状态下的按钮命名为 home_btn_nor@2x.png。

6.2.3 应用案例——完成iOS系统UI界面的切片输出

源文件：资源包\源文件\第6章\6-2-3
素材：资源包\素材\第6章\62301.xd
技术要点：掌握【输出iOS系统界面切片资源】的方法

扫描观看视频　扫描下载素材

STEP 01 启动 Adobe XD 软件，打开"62301.xd"文件，选中"主页"画板中的第一幅大图，在"属性"面板底部选择"添加导出标记"复选框，如图 6-27 所示。

STEP 02 为需要作为一款元素导出的元素、组或者组件，选择"属性"面板底部的"添加导出标记"复选框，如图 6-28 所示。

图6-27 打开文件并添加导出标记　　　图6-28 选择"添加导出标记"复选框

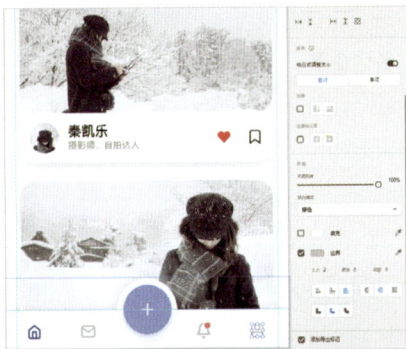

STEP 03 逐一检查界面中需要导出的元素是否已添加导出标记，执行"文件 > 导出 > 批处理"命令，弹出"导出资源"对话框，参数设置如图 6-29 所示。

STEP 04 单击"导出"按钮，即可将界面中开发人员使用的素材导出 3 种尺寸，以适配不同的设备，如图 6-30 所示。

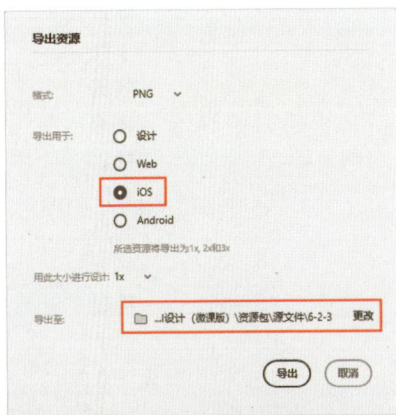

图6-29 "导出资源"对话框　　　　图6-30 导出3种尺寸的界面元素

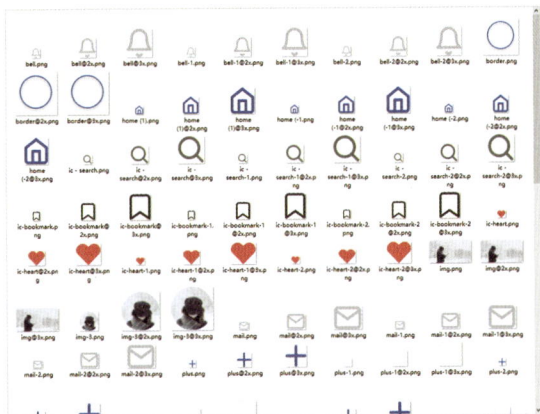

> **提示** 为了便于开发人员使用导出素材，需要对导出的素材重命名。重命名操作会增加额外的工作量。在导出元素前，可以先在"图层"面板中对导出对象重命名或者在设计制作时就注意使用正确的名称，可以大大减少后期的工作量。

6.3　输出Android系统的UI设计

由于Android系统的设备种类众多，用户完成移动App UI设计后，需要保证界面能够在每个设备上正确显示。要想实现这种效果，就需要开发人员做好不同设备的适配工作，用户则要完成输出切片资源工作。

6.3.1　Android系统中的"点9"切图

"点9"是针对Android系统开发的一种特殊的切图，"点9"这个名称的由来是因为点9切图的命名后缀为".9.png"，如top_button.9.png。

◀)) 点9切片方式

Android平台包含多种尺寸的屏幕分辨率，"点9"就是为了适配分辨率的多样性而诞生的一种切图方式。它可以将切片沿纵向或者横向不断拉伸，而保留像素的精确度、质感和渐变等元素，丝毫不影响切片的细节。图6-31所示为微信聊天气泡应用"点9"切图的效果。

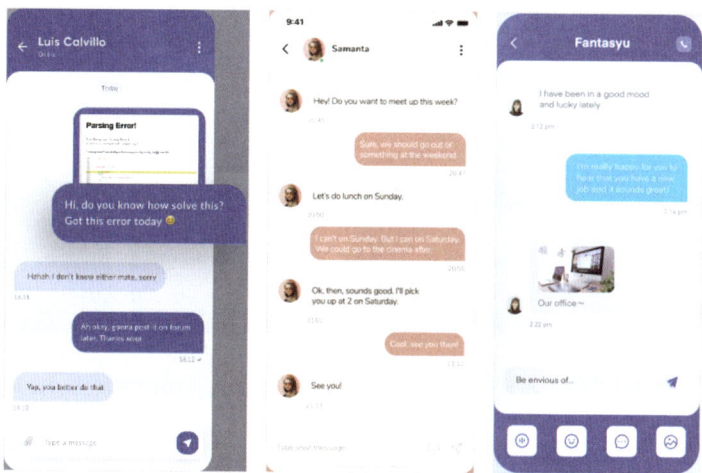

图6-31　"点9"切图的应用效果

提示　"点9"切图只是在技术端进行像素点的拉伸，既能将图片完美地显示在不同分辨率的屏幕上，又可以减少不必要的图片资源。

当用户的切片资源中包含内容，而切片大小需要根据内容多少来确定尺寸时，就可以使用"点9"方式输出切片。例如切片里有文字，切片的大小会根据文字的多少进行扩展，那么这个切片就可以使用"点9"来制作。

图6-32所示为对话气泡，气泡的尺寸随着内容的多少而撑开。它的上边和左边有两个黑色的小点，代表切片的上边和左边为拉伸区域。

操作：点一个1px×1px的黑点
位置：切片左边和上边外部的1像素

图6-32　上边和左边为拉伸区域

图片的右边和下边有两条黑色的直线，用来表示填充内容的区域。气泡顶部的三角形内不能有文字，因此右边的黑线并没有将三角形包含进去，填充区域如图6-33所示。

操作：一条高1像素、宽自定义的黑色直线
位置：切片右边和下边外部的1像素

图6-33 填充区域

在"点9"切图中添加内容后，效果如图6-34所示。

如果希望图片上下拉伸，可在切片左边外，点一个黑点，设置拉伸点的位置。代表要上下拉伸水平方向的一行红色像素，如图6-35所示。

如果希望图片左右拉伸，可在切片上边外，点一个黑点，设置拉伸点的位置。代表要左右拉伸垂直方向的一行红色像素，如图6-36所示。

图6-34 添加内容效果　　　　图6-35 上下拉伸　　　　图6-36 左右拉伸

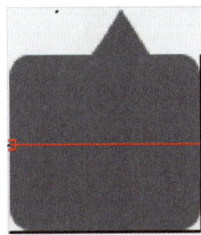

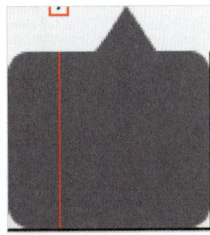

如果在切图顶部三角形的两侧都添加一个黑点，如图6-37所示，则图片拉伸效果如图6-38所示。

图6-37 添加黑点　　　　　　　图6-38 拉伸效果

"点9"切图在Android系统中的应用方式非常多，图6-39所示为应用"点9"切图完成的标签文本框。

图6-39 应用"点9"切图完成的标签文本框

182

> **提示** "点9"切图是后期拉伸的，因此文件越小越好。在制作"点9"切图时，要与开发工程师多沟通，多尝试。

🔊 制作"点9"切图

制作"点9"切图是一件非常麻烦的事情，这里向用户推荐一个优秀的Android设计切图工具，使用该工具可以在线自动生成"点9"切图。首先在浏览器地址栏中输入网址http://romannurik.github.io/AndroidAssetStudio/nine-patches.html，进入网站页面，如图6-40所示。

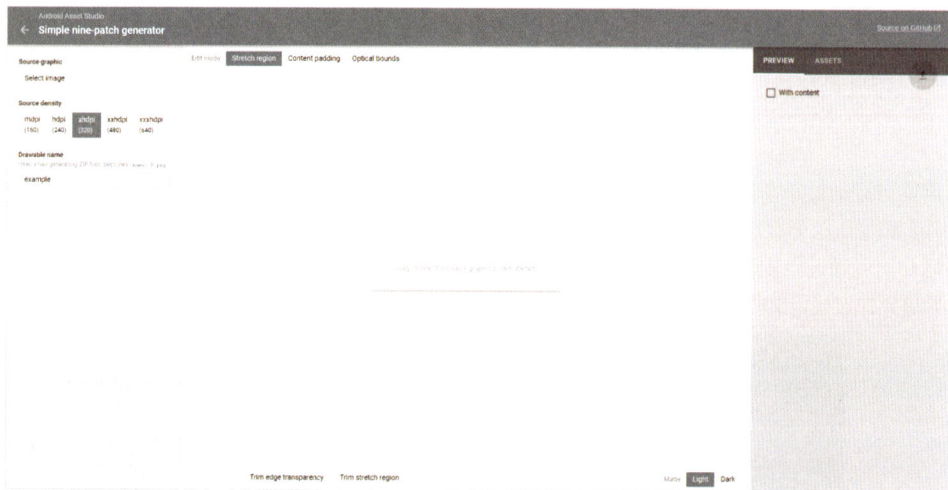

图6-40 进入网站页面

单击页面左上角的"Select image"按钮，如图6-41所示，在弹出的对话框中选择要制作的图片文件后，在"Source density"选项下选择输出屏幕标准，如图6-42所示。

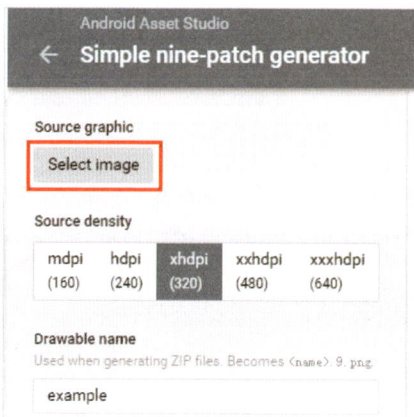

图6-41 选择图片

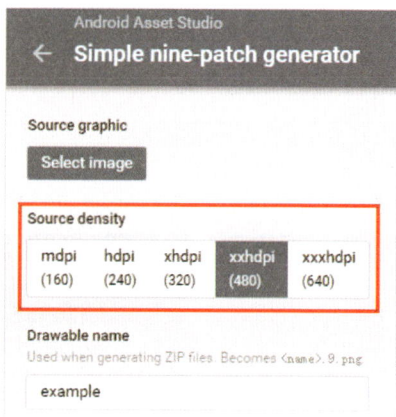

图6-42 选择输出屏幕标准

> **提示** 该网站支持的图片格式有 PNG、JPG、GIF、SVG 和 ETC。

然后在"Drawable name"选项下的文本框中输入文件名，如图6-43所示。在"Stretch region"选项卡中单击"Auto-stretch"（自动伸缩）按钮，效果如图6-44所示。

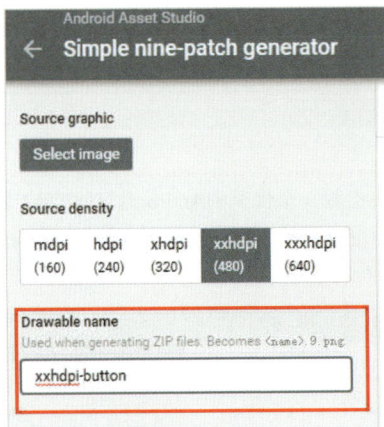

图6-43 设置名称

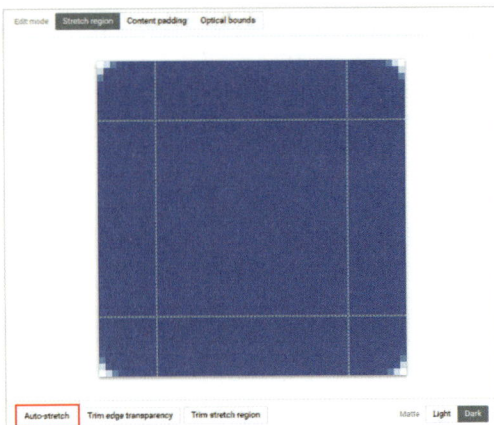

图6-44 单击自动伸缩按钮

　　用户可以通过单击下方的"Trim edge transparency"和"Trim stretch region"按钮，实现修剪边缘透明度和修剪拉伸区域的操作，如图6-45所示。

　　用户可以通过点击顶部的"Content padding"和"Optical bounds"按钮，实现对图片的内容填充和光学边界的设置，如图6-46所示。

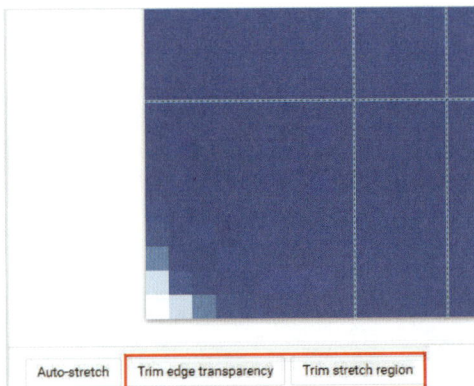

图6-45 修剪边缘透明度和拉伸区域

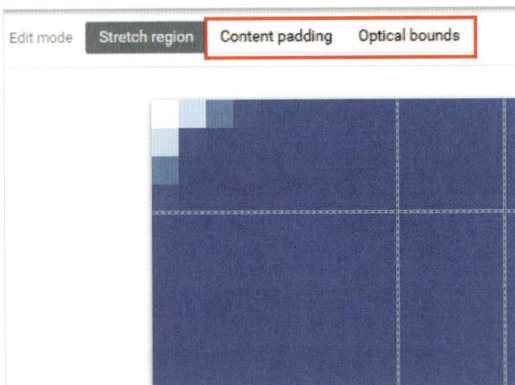

图6-46 设置内容填充和光学边界

　　在页面右侧的"PREVIEW"面板中，选择"With content"复选框，可以预览填充内容的效果，如图6-47所示。单击右上角的"Download ZIP"按钮，即可下载转换后的图片，如图6-48所示。

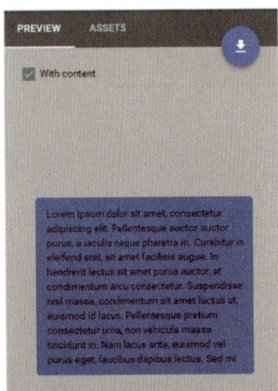

图6-47 预览填充内容

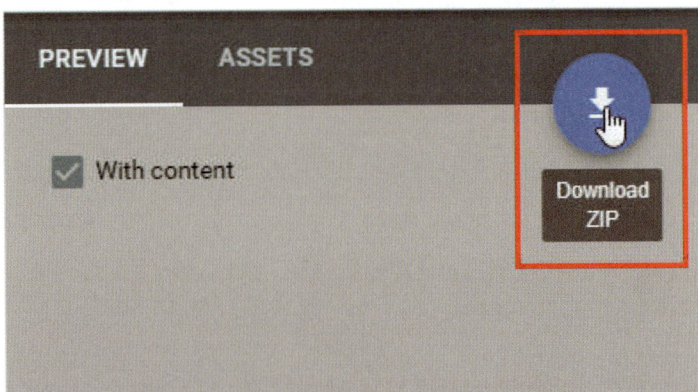

图6-48 下载转换文件

下载的文件是一个格式为ZIP的压缩包，解压后可以看到生成的内容，如图6-49所示。每个文件夹中都存放着对应的"点9"切片资源，如图6-50所示。

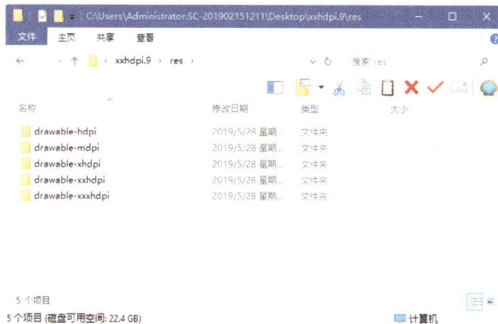

<table>
</table>

图6-49 生成的内容　　　　　　　　　　图6-50 "点9"切片文件

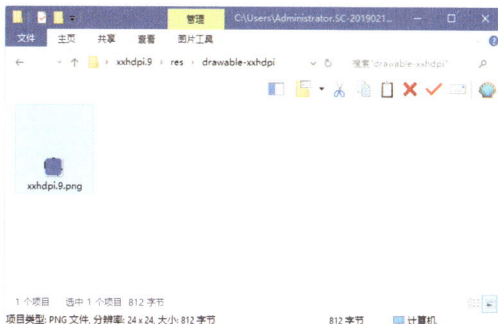

6.3.2 适配输出中的一稿两用

所谓一稿两用，是指设计师只需要设计iOS系统的移动App设计稿，然后将iOS系统的设计稿适配到Android系统设备中即可。

在iOS系统中，通常采用750px×1334px的设计尺寸作为基准尺寸，此设计尺寸的屏幕密度已经达到Android系统下XHDPI级别的屏幕密度。750px×1334px的@3x切片资源正好是Android系统下XHDPI（1080px×1920px）的切片资源。图6-51所示为iOS@3x与Android xxhdpi下图标切片的对比。

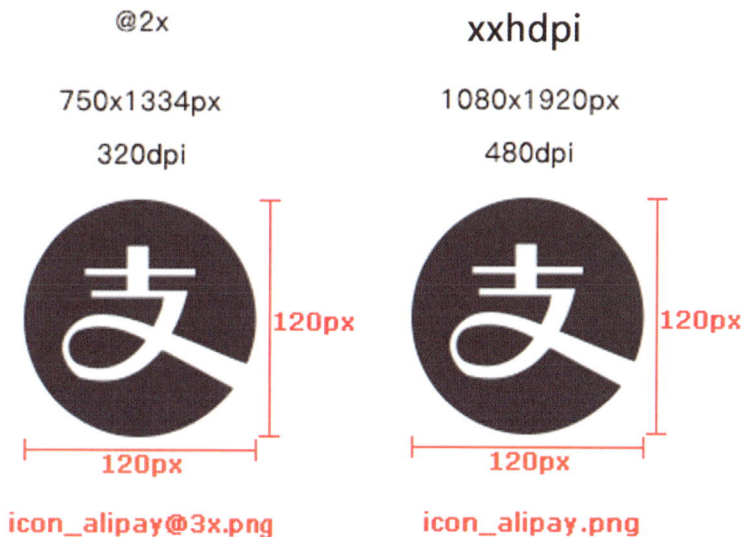

图6-51 iOS @3x的切片资源大小=Android xxhdpi的切片资源大小

在与开发工程师充分沟通后，设计师使用iOS的设计稿进行换算后，即可用作Android系统开发。

设计师也可以将iOS系统下750px×1334px的设计稿等比例调整尺寸到Android系统的1080px×1920px尺寸下，并对各个控件进行调整，重新提供dp标注。也就是说，设计师需要提供两套标注，一套用于iOS系统，一套用于Android系统。

使用Adobe XD导出Android切片资源时，如图6-52所示，会自动生成6个drawable文件夹，如图6-53所示。

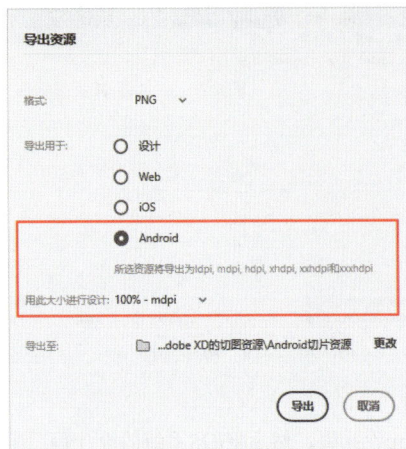

图6-52 使用Adobe XD导出切片资源

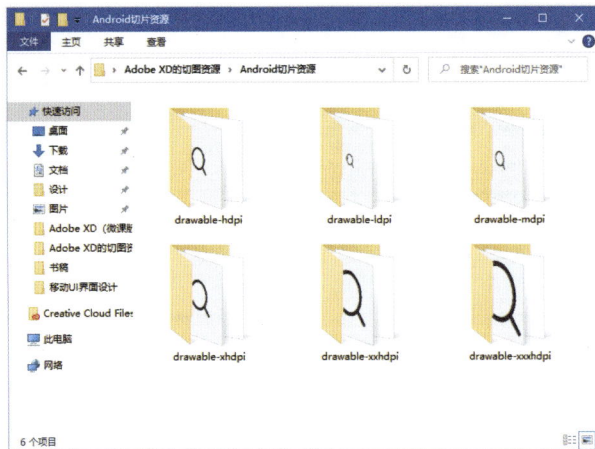

图6-53 自动生成的文件夹

？疑问解答　Android 系统的开发单位

Google 为了方便计算，为 Android 系统独立开发了开发单位，包括长度单位 dp 和字体单位 sp。

● 长度单位dp

dp 即 dip，是由安卓开发的一个长度单位。dp 会随着不同屏幕而改变控件长度的像素数量。当屏幕像素点密度为 160ppi 时，1dp 等于 1px。

计算公式：$dp \times dpi/160=px$

例如：以 $720 \times 1280px$（320dpi）为例。

$1dp \times 320/160=2px$

计算得到 1dp=2px

● 字体单位sp

sp 是字体单位，sp 与 dp 类似，可以根据用户的字体大小首选项进行缩放。当屏幕像素点密度为 160ppi 时，1sp 等于 1px。

计算公式：$sp \times dpi/160=px$

例如，以 $720 \times 1280px$（320dpi）为例。

$1sp \times 320/160=2px$

计算得到 1sp=2px

在设计 Android 系统 UI 作品时，大部分用户为了方便与统一，会使用 px 和 pt 作为开发单位。

6.3.3 应用案例——完成Android系统UI界面的切片输出

源文件：资源包\源文件\第6章\6-3-3
素材：资源包\素材\第6章\63301.xd
技术要点：掌握【输出Android系统界面切片资源】的方法

扫描观看视频　扫描下载素材

STEP 01 启动 Adobe XD 软件，打开"63301.xd"文件。选中"自定义大小"画板中的图片，在"属性"面板底部选择"添加导出标记"复选框，如图 6-54 所示。

STEP 02 将需要作为一款元素导出的对象编组，在"属性"面板底部选择"添加导出标记"复选框，使用步骤 1 的方法为其余元素添加导出标记，如图 6-55 所示。

图6-54 打开文件并添加导出标记

图6-55 为其他元素添加导出标记

STEP 03 逐一检查界面中需要导出的元素是否添加导出标记,执行"文件>导出>批处理"命令,弹出"导出资源"对话框,参数设置如图 6-56 所示。

STEP 04 单击"导出"按钮,即可将界面中开发人员使用的素材导出 6 种尺寸,以适配不同分辨率屏幕的设备,如图 6-57 所示。

图6-56 "导出资源"对话框

图6-57 导出6种倍率的界面元素

6.4 标注移动App UI设计

　　移动App UI设计适配输出后,接下来要对UI设计进行标注操作。标注对App界面开发人员来说非常重要,开发人员能否完美地还原设计稿,很大程度上取决于UI设计的标注。

6.4.1 App界面标注内容

　　不需要将每一张效果图都进行标注,多个页面中共同的地方可以只标注一次,如导航栏文字大小、颜色、左右边距等。标注的页面能够保证开发人员顺利地进行开发工作即可。图6-58所示为完成的页面标注效果。

图6-58 页面标注效果

一般情况下，移动App UI设计需要标注的内容有以下几项。

（1）文字：字体类型、字体大小、字体颜色。

（2）段落文字：字体大小、字体颜色、行距。

（3）布局控件属性：控件的宽和高、背景色、透明度、描边、圆角大小。

（4）列表：列表高度、列表颜色、列表内容上下左右间距。

（5）间距：控件之间的距离、左右边距。

6.4.2 标注的声明文档

标注完美的设计稿其实就像一张准确的工程图纸，能够让开发人员进行像素级还原，所以源文件本身必须经过规范、标准的操作。页面从整体到局部细节，每个元件的摆放位置、大小尺寸、色彩都遵循一定的标准，有规律、有章法、有延续性。

移动App项目中的通用元素，如背景、基本主色和线条等，以及常用的模块，如状态栏和标签栏的属性样式，它们都会在每个页面中反反复复出现，只需统一声明一次，以后就不用重复声明了。

下面选择一个具有代表性的移动App UI设计进行说明，如图6-59所示。

图6-59 标注总表配图

　　将声明写成一篇文档、一份表格或者画成一幅图，如图6-60所示，交给开发人员，就能解决页面中的许多问题。声明中罗列得越详细，后面需要标注的内容就越少。

- 页面背景底色：=F5F5F5
- 模块底色（若无特殊注明）：=FFFFFF
- 屏幕内容左右间距：30px
- 水平/垂直分隔线：1px 宽，色值=E5E5E5

- 头部栏高度：88px（不含分隔线）
- 头部栏背景底色：#1199EE
- 头部栏图标大小：48x48，触碰响应区大小为 88x88
- 头部栏标题文字字号：36px
- 头部栏链接文字字号：28px
- 头部栏文字颜色：=FFFFFF

- 底部栏高度：98px（不含分隔线）
- 底部栏背景底色：#FFFFFF
- 底部栏图标大小：48x48
- 底部栏链接文字字号：24px
- 底部栏链接文字颜色（当前选中）：=1199EE
- 底部栏链接文字颜色（未选中）：=999999

- Tab 二级导航栏高度：66px（不含分隔线）
- Tab 二级导航栏背景底色：#FFFFFF
- Tab 二级导航栏链接文字字号：32px
- Tab 二级导航栏链接文字颜色（当前选中）：=1199EE
- Tab 二级导航栏链接文字颜色（未选中）：=666666
- Tab 二级导航栏选中下画线颜色：#1199EE

图6-60 声明文档

6.4.3　应用案例——使用PxCook标注App浏览界面

源文件：资源包\源文件\第6章\6-4-3.pxcp

素材：资源包\素材\第6章\62301.xd

技术要点：掌握使用【PxCook为App界面添加标注】的方法

扫描观看视频　扫描下载素材

STEP 01 启动 Adobe XD 软件，打开"62301.xd"文件。执行"文件 > 导出 >PxCook"命令，弹出"创建项目"对话框，设置各项参数。单击"创建项目"按钮，在弹出的"导入画板"对话框中选择"主页"画板，如图 6-61 所示。

STEP 02 单击"导入"按钮，将选中画板导入到 PxCook 中。双击"主页"画板，进入"主页"页面。在软件顶部的标签栏中设置标注的各项参数，如图 6-62 所示。

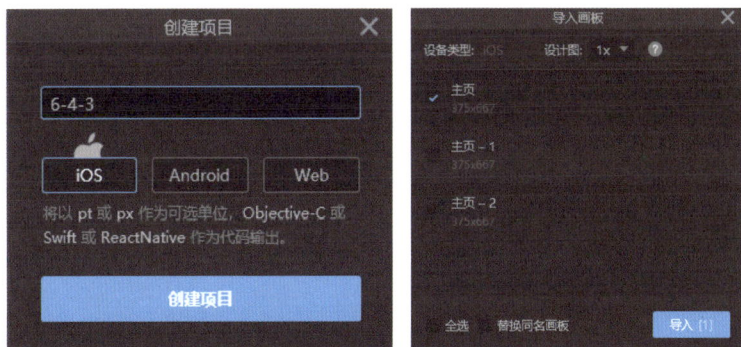

图6-61 创建项目

图6-62 设置参数

STEP 03 选中画板导航栏左侧的返回图标，单击左侧工具箱中的"生成尺寸标注"按钮 ▦。单击左侧工具箱中的"距离标注"按钮，将图标与文本的距离标注出来。使用"距离标注"将界面的边距标注出来，如图6-63所示。

STEP 04 选中图片，单击"生成区域标注"按钮。选中页面中的文本，单击"生成文本样式标注"按钮。执行"项目 > 导出标注图 > 当前画板"命令，将标注好的"主页"画板导出，效果如图6-64所示。

图6-63 标注尺寸、距离和间距

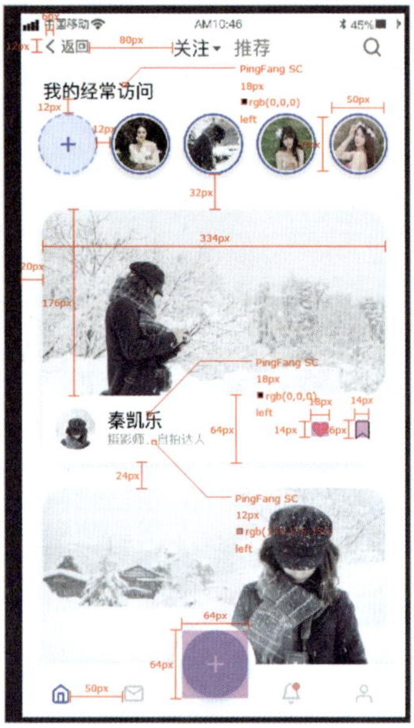

图6-64 导出标注画板

6.4.4 UI设计的标注规范

用户在为移动App UI设计进行标注时，也需要遵循一定的标注规范，使完成后的所有标注都成为有效标注，提高开发人员的工作效率。

🔊 **位置与尺寸的标注规范**

对于元素的位置标注，只需要标注这个元素在它的父级容器的相对位置，而不是标注它在整个页面中的全局位置，图6-65所示为错误的标注方式。因此通常的做法为先把大模块划分好，然后再标注里面的子元素，图6-66所示为正确的标注方式。

图6-65 错误的标注方式

图6-66 正确的标注方式

由于屏幕规格的多样性，位置与尺寸通常都不是固定的值。用户要会剖析自己的设计稿，了解每个模块的构成。

在垂直维度上，图标、文字和栏目容器等大多数页面元素并不发生变化，页面总高度的增加会让之前无法看全的内容显示更多。所以垂直高度和垂直距离只用直接标注数值即可，如图6-67所示。

但有一种特殊情况，即含有可变图片（广告banner、内容配图等）的容器。当图片宽度拉伸时，为了保持图像比例不变形，高度也会同步拉伸，从而撑高其父级容器的高度。所以，通常不用标注容器的高度，只需标注内部元素之间的垂直间距即可，如图6-68所示。也就是说，容器的高度由它的内容来决定。

图6-67 标注垂直高度

图6-68 标注内部元素

在水平维度上，页面元素的宽度拉伸适配情况较为复杂，比较常见的有等分适配、百分比伸缩适配和固定一边适配，如图6-69所示。

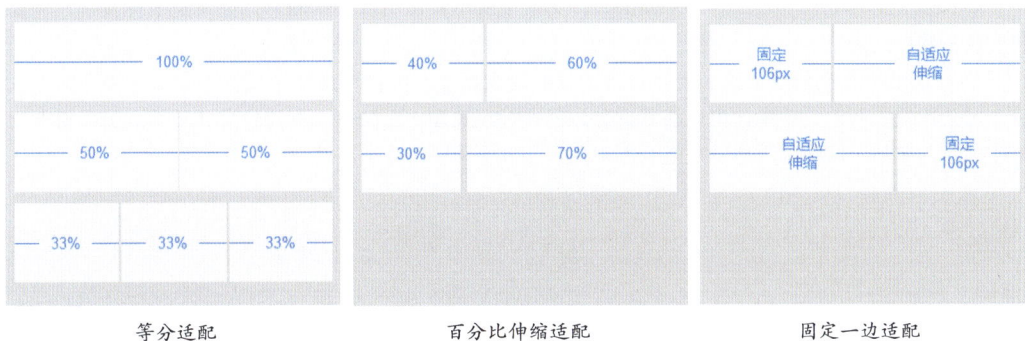

等分适配　　　　　　　百分比伸缩适配　　　　　　　固定一边适配

图6-69 宽度适配情况

在标注横向宽度之前，要明确设计稿采用哪种分割结构，然后再开始标注工作。由于手机屏幕空间比较有限，从交互体验上来讲，应该不会出现比上述更复杂的结构划分方式了。如果有，则表示这个界面设计得过于复杂，需要进行优化。

在划分完大的模块结构后，接下来开始标注内部元素。元素在垂直方向上通常都是"居顶"，水平方向上包括"居左"、"居中"和"居右"3种情况。居左的元素只需标注与父级容器的左边距，居右的元素只需标注右边距，居中的元素只需注明"居中"即可，如图6-70所示。

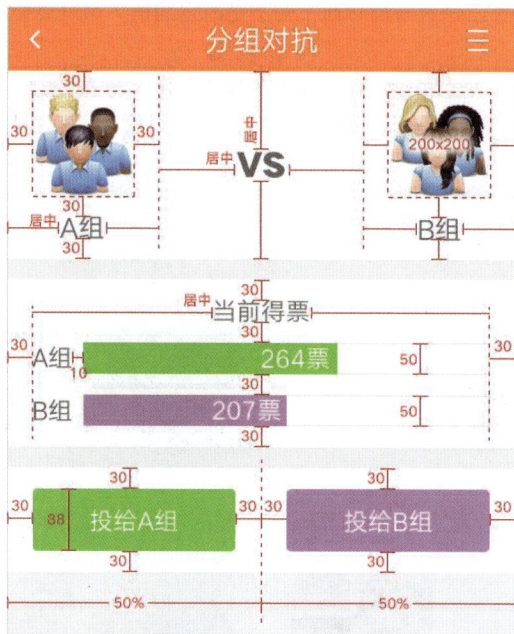

图6-70 标注内部元素

> **提示**　所有标注必须使用偶数，这是为了保证最佳的设计效果，避免出现0.5像素的虚边。

🔊 **色彩和文字的标注规范**

　　标注的色彩单位使用Hex值（如#fffff）；文字字号单位使用像素（px）。如果是多行文本，需要将行高参数标注出来。

　　标注所用的文字和线条色彩要与背景图像有较大反差，可以添加描边或者外发光效果，便于区分。对于比较复杂的设计稿，可以将其拆分为两份标注页面，一份专门标注位置和尺寸，另一份专门标注色彩与字号。这样做的好处是既互不干扰，又方便阅读。

> **提示**　界面标注的作用是给开发人员提供参考，因此在标注之前需要和开发人员进行沟通，了解他们的工作方式，标注完成之后宣讲注意事项，以便更加快捷、高效地完成工作，并且最大限度地进行视觉还原。

6.4.5 应用案例——使用PxCook标注App主题界面

　　源文件：资源包\源文件\第6章\6-4-5.pxcp
　　素材：资源包\素材\第6章\63301.xd
　　技术要点：掌握使用【PxCook为App界面添加标注】的方法

扫描观看视频　扫描下载素材

STEP 01 启动 Adobe XD 软件，打开"63301.xd"文件。执行"文件 > 导出 >PxCook"命令，弹出"创建项目"对话框，在其中设置各项参数。单击"创建项目"按钮，在弹出的"导入画板"对话框中选择"自定义大小"画板，如图 6-71 所示。

STEP 02 单击"导入"按钮，将选中画板导入到PxCook中。双击"自定义大小"画板，进入"自定义大小"页面。在软件顶部的标签栏中设置标注的各项参数，如图 6-72 所示。

图6-71 创建项目

图6-72 设置参数

STEP 03 选中画板导航栏左侧的返回图标，单击左侧工具箱中的"生成尺寸标注"按钮 。单击左侧工具箱中的"距离标注"按钮，将图标与文本的距离标注出来。使用"距离标注"将界面的边距标注出来，如图 6-73 所示。

STEP 04 选中图片，单击"生成区域标注"按钮。选中页面中的文本，单击"生成文本样式标注"按钮。执行"项目>导出标注图>当前画板"命令，将标注好的"自定义大小"画板导出，效果如图 6-74 所示。

图6-73 标注尺寸、距离和间距

图6-74 导出标注画板

6.5 共享移动App UI设计

　　Adobe XD为用户提供了"共享"功能，让用户可以将制作好的移动App项目发布到网上，与项目团队人员共享移动App UI设计，包括共同编辑、审阅移动App项目，以及使用该移动App项目的设计规范。

6.5.1 共享UI设计

　　在"共享"模式下，用户可以将包含单个或者多个交互流程的设计规范或移动App UI设计共享给项目团队人员、领导和客户。

◀)) 使用场景预设

Adobe XD为用户提供了5种共享UI设计的场景预设，使用户可以为共享UI设计的不同用途轻松创建可共享的链接。

例如，用户需要创建一个用于检查、审阅的UI设计时，只需要根据自己或者项目团队的要求设置链接访问权限，然后将UI设计共享即可。而无须为共享的UI设计设置评论选项或者导航控件等内容。

在Adobe XD的"共享"模式下，单击"属性"面板中的"查看设置"下拉按钮，如图6-75所示，打开"查看设置"下拉列表框，其中包含5种用于共享UI设计的场景预设，如图6-76所示。

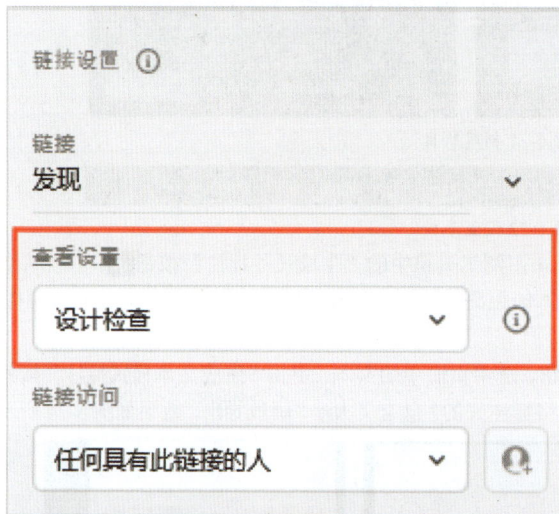

图6-75 "查看设置"选项   图6-76 5种场景预设

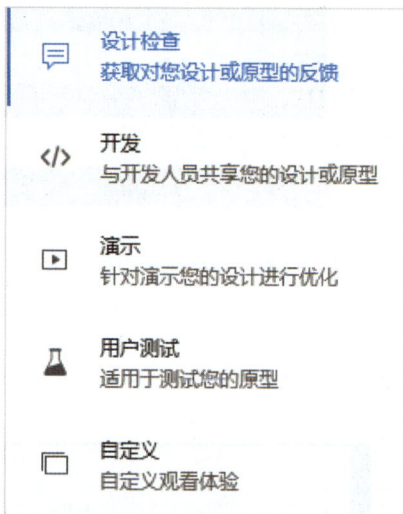

选择任一选项，可以为共享的UI设计设置相应的属性参数。下面以表格的形式为用户介绍这5种场景预设的共享用途及默认设置，如表6-2所示。

表6-2 场景预设的共享用途及默认设置

场景预设名称	共享用途	默认设置
设计检查	获取共享UI设计的建议或者反馈	注释、热点提示和导航控件
开发	与开发人员共享移动App UI设计的设计规范	注释、热点提示、导航控件和设计规范
演示	优化并向领导或者客户展示共享的UI设计	热点提示、导航控件和全屏
用户测试	邀请团队人员测试共享的UI设计	全屏
自定义	用户自己定义共享UI设计的观看要素	自定义

◀)) 创建共享链接

根据共享用途选择对应的场景预设，并完成属性参数的设置后，单击"属性"面板中的"链接访问"下拉按钮，如图6-77所示，打开"链接访问"下拉列表框，其中包含3种链接访问权限，如图6-78所示。

图6-77 "链接访问"选项

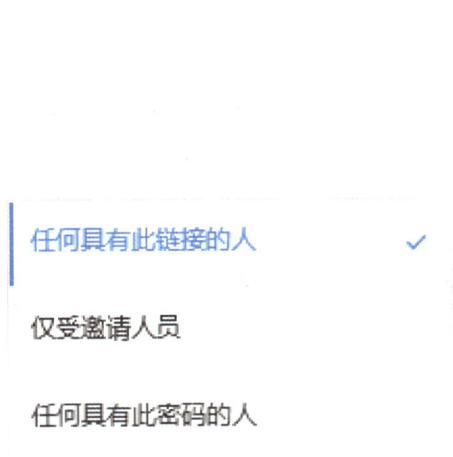

图6-78 3种链接访问权限

　　选择自己所需的一种链接访问权限，单击"创建链接"按钮，即可创建共享链接，Adobe XD 的"属性"面板将显示创建链接的进度，如图6-79所示。当进度到达100%时，共享链接创建完成，"属性"面板的"链接访问"选项下方出现链接网址，如图6-80所示。

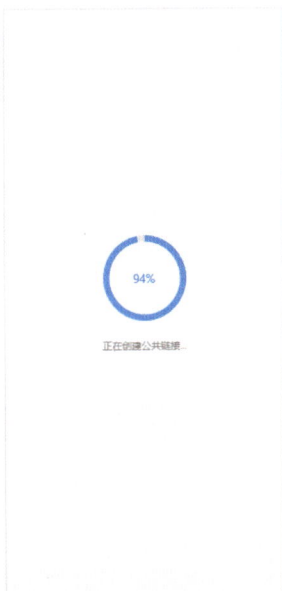

图6-79 显示创建链接的进度

图6-80 链接网址

◀)) 为单个交互流程创建共享链接

　　用户可以为具有单个交互流程的UI设计创建共享链接，项目团队人员根据共享链接可以使用具有单个交互流程的UI设计。

　　在共享单个交互流程前，用户需要在"原型"模式下为移动App UI设计添加"主页"画板，定义交互动效的起始点，按自己所需的交互顺序正确排列画板，如图6-81所示。

　　完成后切换到"共享"模式，单击"属性"面板中的"创建链接"按钮，即可为移动App项目中的单个交互流程创建共享链接。共享链接创建完成后，交互流程名称的后面出现"链接"图标，如图6-82所示。

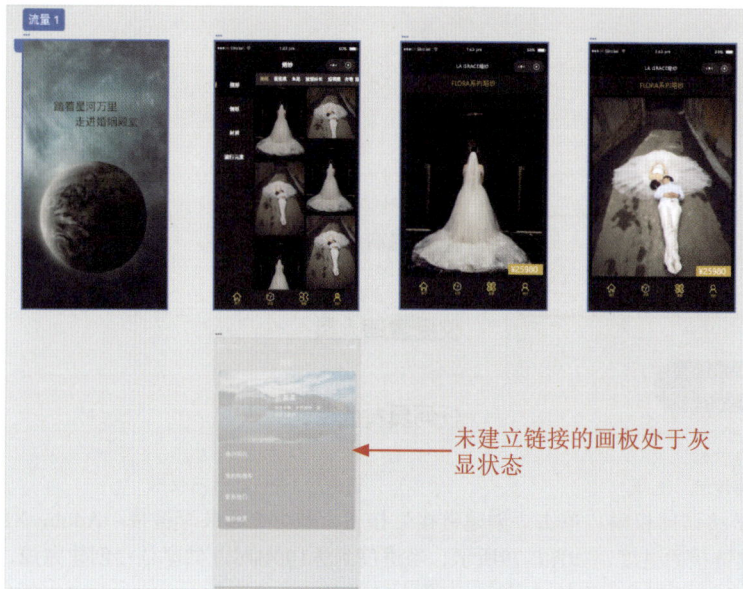

未建立链接的画板处于灰显状态

图6-81 创建链接前的准备工作

图6-82 "链接"图标

选中单个交互流程中的某个画板，并删除该画板上的所有交互链接，可为该画板创建共享链接，与项目团队人员共享单个画板。在"原型"模式下，取消"主页"画板，可以为单个交互流程中的所有画板创建一个共享链接。

◀)) 为多个交互流程创建共享链接

用户可以为具有多个交互流程的移动App UI设计定义、共享和发布共享链接，用以得到项目团队人员的建议和反馈。

为多个交互流程创建共享链接前，用户需要在Adobe XD的"原型"模式下，为每个交互流程设置"主页"画板和流程名称。完成后切换到"共享"模式下，选中任一交互流程，为其创建共享链接。

> 提示 多个交互流程的名称或者单个交互流程的画板名称将显示在"属性"面板的"链接"下拉列表框中，用户可以根据设计需求进行修改。

◀)) 更新共享链接

当用户修改了移动App 的UI设计项目或者交互流程后，只需单击"属性"面板中的"更新链接"按钮，即可将修改内容更新到已经发布的共享链接中。

◀)) 管理共享连接

在Adobe XD中创建共享链接后，用户可以对共享链接进行选择、新建、复制、查看和删除等管理操作。

单击"属性"面板中的"链接"下拉按钮，打开"链接"下拉列表框，其中包括"管理链接"和"新建链接"两个选项，以及所有发布过的共享链接，如图6-83所示。

选择任意一个共享链接，即可选中该共享链接，"属性"面板中"链接访问"选项下方的网址也随之变化。单击网址后面的"复制链接"图标，如图6-84所示，即可复制该共享链接。

图6-83 "链接"下拉列表框　　　　　　　图6-84 复制共享链接

　　选择"新建链接"选项，"属性"面板将显示"创建链接"按钮并隐藏发布过的链接网址，如图6-85所示。此时，用户可以使用"属性"面板继续为移动App UI设计创建共享链接。

　　选择"管理链接"选项，即可打开浏览器并转到管理共享链接的网站。将光标移至任意共享链接缩略图上，缩略图左上角出现复选框，选择该复选框，如图6-86所示，即可对该共享连接进行复制或者永久删除操作。

图6-85 显示"创建链接"按钮　　　　　　　　　图6-86 选择复选框

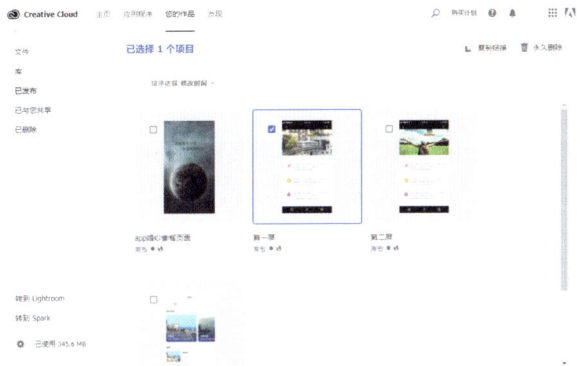

6.5.2　使用共享UI设计

　　使用Adobe XD，用户可以轻松地与项目团队人员一起处理共享过的移动App UI设计。当用户作为审阅者时，可以通过体验交互动效、浏览UI设计和添加评论等方式，查阅共享的移动App UI设计。

　　● 体验交互动效

　　共享的UI设计具有交互性。在浏览器中打开UI设计的共享链接时，用户可以通过单击底部的导航控件体验UI设计中的交互动效，也可以通过拖动、过渡、音频和语音播放等操作体验交互动效。

　　● 浏览UI设计

　　切换到"共享"模式，在"属性"面板中设置参数，如图6-87所示，选择"显示导航控件"复选框，创建共享链接。

　　用户在浏览器中打开启用了"显示导航控件"功能的UI设计共享链接，可以通过单击UI设计底部的"上一个画板"按钮 、"下一个画板"按钮 或者"主页"按钮 ，浏览移动App UI设计的所有界面内容。

图6-87 设置参数

● 添加评论

用户可以通过在共享的UI设计中添加评论，优化与完善共享的移动App UI设计，最新评论将与共享链接时刻保持同步。

6.5.3 创建共享链接

在"共享"模式下创建共享链接时，Adobe XD为用户提供了3种不同的访问权限方式，用户可以根据访问权限创建公共、私有和密码3种共享链接。

🔊)) 创建公共链接

在"属性"面板中，设置"链接访问"为"任何具有此链接的人"选项，如图6-88所示。单击"创建链接"按钮，即可创建公共共享链接。创建公共共享链接后，持有共享链接网址的用户即可查看和编辑移动App UI设计。

如果用户想要将UI设计的共享链接嵌入外部网站，单击"属性"面板中链接网址后面的"复制嵌入代码"按钮 </> 即可，如图6-89所示。

图6-88 选择"任何具有此链接的人"选项

图6-89 复制嵌入代码

使用公共链接共享移动App UI设计的局限性在于安全性比较低，优势则是用户可以将移动App项目进行广泛地分享与传播。

🔊)) 创建私有链接

设置"链接访问"为"仅受邀请人员"，单击"创建链接"按钮，"属性"面板中将出现共享私有链接的创建进度。

当进度为100%时，弹出"邀请人员"对话框，如图6-90所示。用户可在该对话框中输入想要邀请人员的电子邮箱地址和信息，还可以设置邀请人员对共享链接的权限，如图6-91所示。

图6-90 "邀请人员"对话框　　　　图6-91 设置邀请人员的权限

邀请信息设置完成后，单击对话框右下方的"邀请"按钮，即可向邀请人员发送信息。Adobe XD"属性"面板的"链接访问"选项下方出现邀请人员的电子邮箱地址，如图6-92所示。单击"链接访问"选项后面的 按钮，弹出"邀请人员"对话框，如图6-93所示。使用该对话框，可以继续邀请其他人员共享UI设计。

图6-92 "属性"面板　　　　图6-93 添加其他邀请人员

创建私有共享链接后，只有接到邀请的协作者才有权访问共享的移动App设计规范或者UI设计。

🔊 创建密码链接

设置"链接访问"为"任何具有此密码的人"，选项下方出现"密码"输入框。用户需要在其中设定一个符合规范的密码，如图6-94所示。

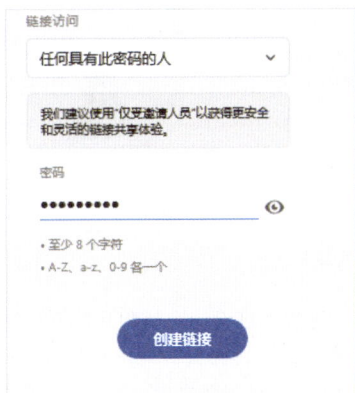

图6-94 输入密码

输入密码的过程中，单击输入框后面的 ⊙ 按钮，可以显示或者隐藏密码的可见性。密码设置完成后，单击"创建链接"按钮，即可创建密码共享链接。密码共享链接创建完成后，只有拥有密码的协作者才能访问共享的移动App项目。

6.5.4 应用案例——共享移动App UI界面

源文件：无
素材：资源包\素材\第6章\62301.xd
技术要点：掌握【共享移动App UI界面】的方法

扫描下载素材

STEP 01 启动 Adobe XD 软件，打开"62301.xd"文件。切换到"共享"模式，在"属性"面板中设置"查看设置"和"链接访问"参数，如图 6-95 所示。

STEP 02 单击"创建链接"按钮，弹出"邀请人员"对话框，添加邀请人员的电子邮箱地址，如图 6-96 所示。

图6-95 设置参数 　　　　图6-96 添加邀请人员

STEP 03 单击"邀请"按钮，Adobe XD 自动为邀请人员发送消息，完成后的"属性"面板如图 6-97 所示。

STEP 04 单击共享链接网址，打开默认浏览器并转到"检查与设计共享链接"页面，如图 6-98 所示。

图6-97 "属性"面板 　　　　图6-98 打开浏览器

6.5.5 使用设计规范

在Adobe XD中使用设计规范，可为项目设计人员和开发人员的工作进度带来突破性改变。它的主要作用是提高开发人员的工作效率，简化设计人员与开发人员之间的沟通，加快项目的工作进度，并提升移动App项目的性能。对移动App项目团队来说，这是一项非常实用的功能。

◀)) 发布设计规范

打开想要发布设计规范的XD文件，切换到"共享"模式。在"属性"面板中选择任一"链接"选项；设置"查看设置"为"开发"，然后单击"导出用于"下拉按钮 ⌄，打开"外观输出规格"下拉列表框，如图6-99所示。

图6-99 "外观输出规格"下拉列表框

如果选择iOS选项，输出资源的默认单位为pt，并且以1倍、2倍和3倍的倍率提供资源。如果选择Web选项，输出资源的默认单位为px，并且以1倍和2倍的倍率提供资源。如果选择Android选项，输出资源的默认单位为dp。

设置完成后，单击"创建链接"按钮，即可生成共享链接。

◀)) 查看设计规范

发布设计规范后，单击"属性"面板中的公共链接网址，即可在默认的浏览器中查看设计规范，如图6-100所示。用户也可以单击"复制链接"按钮，复制公共链接并将其发送给开发人员，让开发人员根据设计规范进行检查。

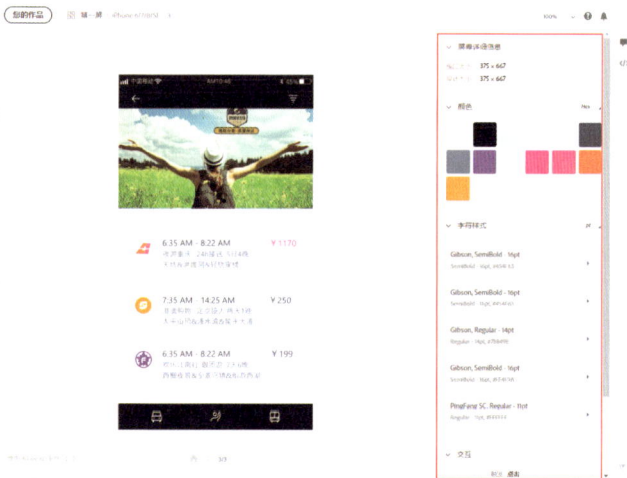

图6-100 查看设计规范

提示　用户共享设计规范的公共链接后，也可以继续更新移动 App 的 UI 设计。需要注意的是，用户更新 UI 设计后，需要单击"更新链接"按钮，将修改部分更新到共享链接的移动 App 项目中。

? 疑问解答 导出和下载设计规范中的资源

如果用户为移动 App 项目中的元素添加了导出标记，同时在发布设计规范时，选择了"属性"面板中的"可下载资源"复选框，则项目人员可以通过已发布的设计规范链接下载这些资源。

6.5.6 应用案例——发布与共享App的设计规范

源文件：无
素材：资源包\素材\第6章\63301.xd
技术要点：掌握【发布与共享App设计规范】的方法

扫描下载素材

STEP 01 启动 Adobe XD 软件，打开"63301".xd 文件。在"设计"模式下，为所有想要作为共享资源的元素，选择"属性"面板底部的"添加导出标记"复选框，如图 6-101 所示。

STEP 02 在"资源"面板中将画板中的公共元素创建为颜色资源、字符样式资源和组件资源。执行"文件 > 另存为"命令，将文件保存为云文档。单击"资源"面板顶部的"发布为库"按钮，弹出"资料库"对话框，单击"发布"按钮，如图 6-102 所示。

图6-101 添加导出标记

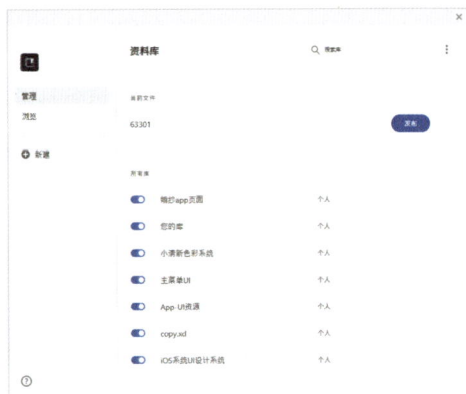
图6-102 发布为库

STEP 03 切换到"共享"模式，在"属性"面板中设置"查看设置"和"链接访问"。设置完成后，单击"创建链接"按钮，如图 6-103 所示。

STEP 04 单击"属性"面板底部的共享链接网址，可在打开的默认浏览器中查看设计规范，如图 6-104 所示。

图6-103 创建链接

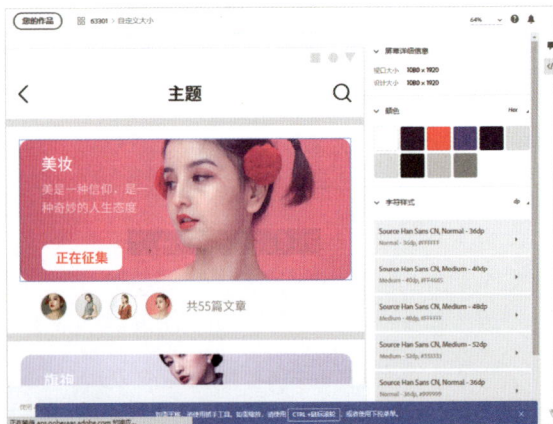
图6-104 查看设计规范

6.6 解惑答疑

输出移动App项目切片资源的操作虽然较为简单，但是用户在制作过程中仍然需要遵守一定的行业规则，如切片资源的尺寸必须是双数。

切片资源是为进行后台开发的程序员提供的，用户也可以将移动App项目共享出来，与他人共同编辑UI设计。下面讲解如何与他人协同编辑共享的移动App UI设计。

6.6.1 切片的尺寸为什么必须是双数

由于智能手机的屏幕大小都是双数值，如通常使用的iOS设计稿iPhone 8的屏幕分辨率为750px×1334px。所以在切片操作中，所有切片尺寸必须为双数。

切片资源尺寸之所以必须为双数，是为了保证切片资源在程序员开发时高清显示。因为1px是智能手机能够识别的最小单位，也就是说1px不能在智能手机中被分为两份，所以如果切片尺寸是单数的话，手机系统将自动拉伸切片，从而导致切片元素边缘模糊，使开发后的App界面效果与原设计效果存在差别。图6-105所示为切图尺寸为双数和单数的效果对比。

图6-105 切图尺寸双数和单数效果对比

6.6.2 如何协同编辑共享的UI设计

当协作者向用户发送共同编辑移动App UI设计的邀请时，用户将收到电子邮件，Creative Cloud桌面应用程序也会收到通知，用户接收到的XD文件被称为"与您共享"的文档。使用Adobe XD打开接收到的共享文档，即可开始对该移动App UI设计进行编辑与协作。

任何人都可以向用户发送协同编辑的共享文档。如果用户加入了付费计划，则可以不受限制地协同编辑这些文档。如果用户加入了入门计划，则在编辑"与您共享"的文档时，将受到以下限制。

（1）免费用户发送的共享文档：用户可以不受限制地进行协同编辑。

（2）付费用户发送的共享文档：在免费试用软件的30天中，用户可以协同编辑共享文档。使用期限过后，用户只能查看共享文档而无法编辑。

6.7 总结扩展

Adobe XD的强大功能除了体现在设计与原型的结合使用上，还体现在Adobe XD允许用户共享移动App项目，使用户可以与其他设计师共同完成一个项目，这无疑为Adobe XD的强大功能又增添了一项强有力的功能。

6.7.1 本章小结

本章主要介绍了输出App界面切片资源、标注移动App UI设计，以及共享移动App UI设计等内容。

通过对"导出"命令、"共享"模式及PxCook软件的学习，读者需要能够理解切片资源、标注和共享UI设计的作用和条件，从而完成导出、标注和共享移动App项目的操作，完善移动App项目的工作流程。

6.7.2 扩展练习——完成UI界面的切片输出

源文件：资源包\源文件\第6章\6-7-2
素材：资源包\素材\第6章\67201.xd
技术要点：掌握【输出移动App UI界面切片资源】的方法

扫描观看视频 扫描下载素材

学习完本章内容后，接下来通过利用"导出"子菜单中的"批处理"命令，检验一下输出切片资源的学习效果，同时加深对所学知识的理解，案例效果如图6-106所示。

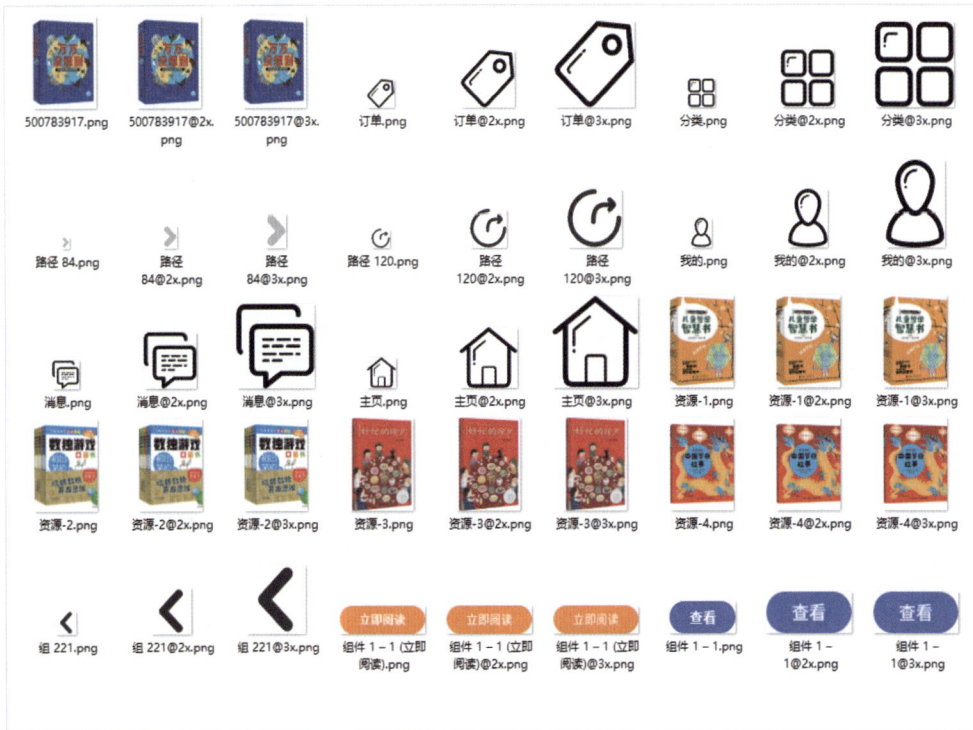

图6-106 案例效果

第 7 章 综合案例

经过前面章节的学习，相信用户已经熟练掌握Adobe XD的操作方法和使用技巧了，本章将通过设计制作3个移动App项目，帮助用户巩固前面所学的知识，同时加深用户对移动UI设计规范的理解。

7.1 设计制作美妆App项目

本案例将设计制作一款美妆App产品，采用全工作流程的方法向用户详细讲解Android系统下App界面设计的流程和技巧。

为了能够让用户更全面地了解App项目的制作流程，本案例将完成"首页"页面、"分类"页面、"购物车"页面、"我的"页面和"直播"页面的制作，全方位讲解Android系统中界面设计的流程和要点，完成效果如图7-1所示。

图7-1 美妆App项目完成效果

7.1.1 美妆App项目分析

美妆产品的隐藏关键词是漂亮和精致，符合女性购物者的消费需求。如果购物者为了省钱，可以购买普通的美妆产品。如果购物者追求更加精致、漂亮的妆容和皮肤，则需要购买对应的美妆产品。无论购物者的需求是什么，其潜意识里都有对漂亮和精致的追求。

● 用户性别

此类产品的直接价值是种类齐全和品质保证，因此购买这种类型产品的用户大多数是女性。

● 消费能力

消费能力因人而异，用户可以根据自己的消费能力和购物需求购买美妆产品。

● 用户年龄

该产品应该是针对20～55岁之间的女性用户而设计的，根据不同年龄段的用户需求，采用上述方法进行分析，获得美妆App项目的用户画像，如表7-1所示。

表7-1 美妆App项目用户画像

性别	年龄段	消费能力	购物偏好	产品卖点
以女性为主	20～55岁	或高或低，追求质量和用途	购买频次较高，因为大部分情况下，用户使用完产品后，会再次进行补货，维持自己的购物需求	便捷生活与快速送达

7.1.2 制作美妆App草图

为了确保最后完成的App界面与产品经理的策划书保持一致，在开始设计制作之前，可以先按照策划书的内容，将App产品的草图绘制出来，得到产品经理和开发人员的认可后，再开始界面的设计制作。

◀)) 案例分析

本案例将使用Adobe XD完成美妆App页面草图的制作，完成的部分草图效果如图7-2所示。

图7-2 美妆App部分草图App

本案例共有"首页""分类""购物车""我的"和"直播"5个二级页面。使用"矩形工具""椭圆工具""直线工具""钢笔工具"和"文本工具"完成页面的草图制作。通过在"资源"面板中创建"字符样式"并应用到不同的文本对象中，提高制作的准确度和工作效率。

◀)) 制作步骤

源文件：资源包\源文件\第7章\7-1-2.xd
素材：无
技术要点：掌握【美妆App草图】的绘制方法

扫描观看视频

STEP 01 启动 Adobe XD 软件，新建一个 1080px×1920px 尺寸的 XD 文件。进入软件的工作界面后，在画板名称处双击，修改画板名称为"首页"。将光标移至画板顶部边缘，当光标变成⇕时，按住鼠标左键并向下拖曳创建辅助线，如图7-3所示。

STEP 02 使用"矩形工具"绘制3个矩形，使用"文本工具"在画板中单击并输入文本，在"属性"面板中设置文本的字体和字体大小。打开"资源"面板，选中刚刚输入的文本，将其创建为字符样式，如图7-4所示。

图7-3 新建文件并添加辅助线   图7-4 绘制矩形并添加文字

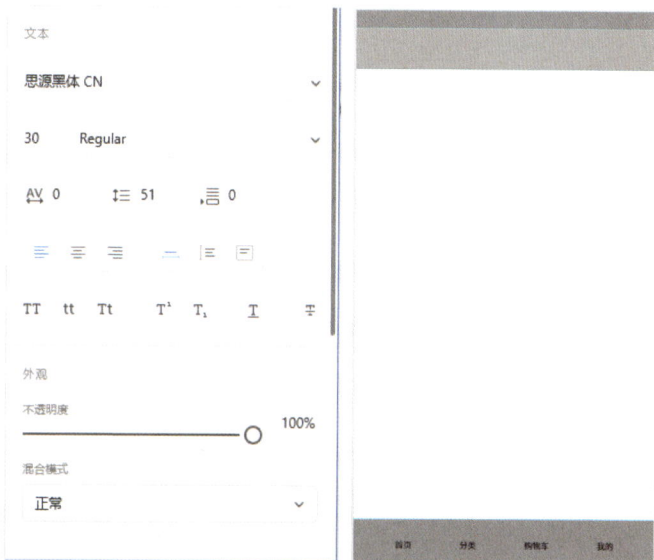

STEP 03 使用步骤2的方法完成页面中其余文字内容的输入，为不同模块的文字创建字符样式。使用"矩形工具"在画板中绘制两个矩形，完善页面结构，如图7-5所示。

STEP 04 使用"矩形工具"在画板中绘制两个圆角矩形和多个矩形，完成后调整界面底部矩形和圆角矩形的图层顺序，如图7-6所示。

图7-5 创建字符样式并完善页面结构   图7-6 绘制圆角矩形和矩形并调整图层顺序

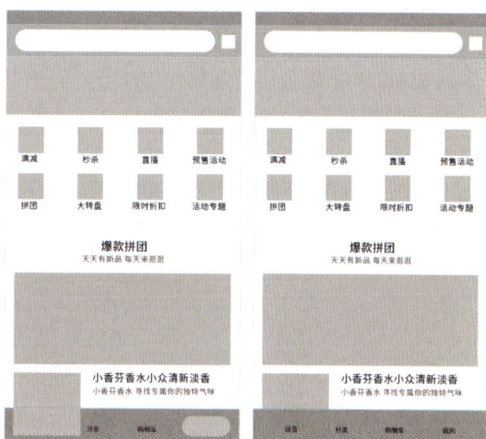

STEP 05 使用步骤1～步骤4的绘制方法，完成美妆App中"分类"和"购物车"界面的原型绘制，界面效果如图7-7所示。

STEP 06 继续使用步骤1～步骤4的绘制方法，完成美妆App中"我的"和"直播"界面的原型绘制，界面效果如图7-8所示。

207

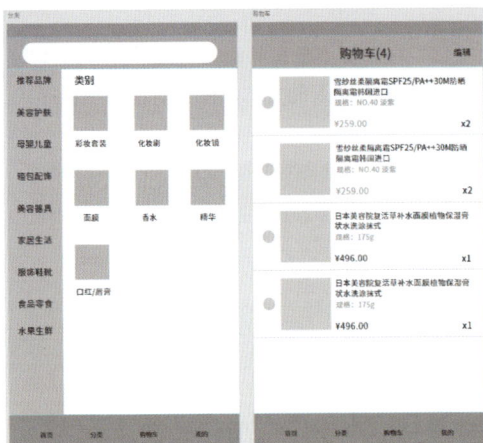

图7-7 绘制"分类"和"购物车"原型界面

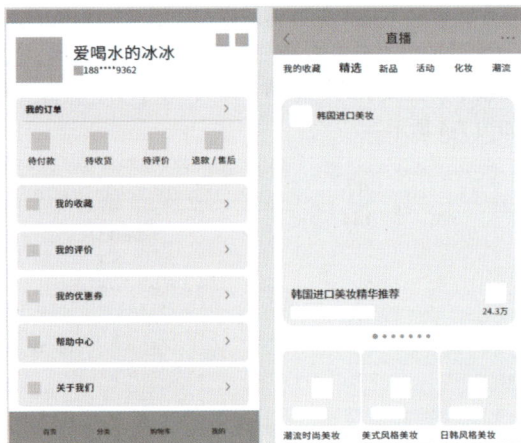

图7-8 绘制"我的"和"直播"原型界面

7.1.3 美妆App界面色彩搭配

根据策划方案的内容完成了美妆App的草图制作后，交给各部门进行确认，确认后即可开始UI界面的设计制作。在开始设计工作之前，首先要确定App界面的配色方案，以保证整个项目风格统一。配色方案通常包括主色、辅助色、强调色和文本颜色。

◀)) **确定界面主色**

本项目为一款美妆App产品，要向用户展示各类美妆产品给用户传递时尚、品味和精致的感觉。在众多色彩中白色具有品质和高级的感觉，红色具有热爱和美好的感觉，黑色具有神秘和科技的感觉，如图7-9所示。

图7-9 符合美妆App要求的颜色

黑色过于沉重，在美妆中属于少见的颜色。红色虽然非常具有时尚感和精致美好的感觉，但是许多其他App产品也会使用红色作为主色，容易与其他App混淆，没有突出特点，不易留住用户。

洋红色既具有红色的热情色彩意向，又能够很好地与其他颜色相搭配，给人以精致与女性的心理暗示，因此本案例采用了洋红色作为主色。

由于灰色的种类很多，为了能更好地烘托产品的色彩，界面中将使用浅灰色和深灰色两种灰色，达到主体突出、层次丰富的效果。图7-10所示为本项目界面中使用的主色。

| #F927A2 | #FFFFFF |

图7-10 确定界面主色

◀)) **确定界面辅助色**

确定主色后，接下来可以根据主色确定辅助色。白色的背景虽然简洁、时尚，但这种单调的颜色又显得非常无趣，可以采用热烈轻松的颜色作为辅助色，增加页面趣味性的同时，还能引导用户按照设定好的流程访问页面。本案例将使用明度较低的粉红色和橘色作为辅助色，如图7-11所示。

图7-11 确定界面辅助色

确定界面文本颜色

美妆App项目中的文本内容相对较少。通常包括标题文本、正文文本和强调文本3种。标题文本和正文文本可采用黑色和白色，正文文本相对标题文本要有所降级；而强调文本可以简单直接地使用主色作为文本色，如图7-12所示。

标题文本颜色和正文文本颜色　　　　强调文本颜色

图7-12 确定界面文本颜色

7.1.4 美妆App界面元素分析

美妆App界面中的元素包括图片、文本和按钮。图片的作用主要是为了展示美妆产品；文本的作用主要是对活动或者产品进行介绍；按钮则是用户与App界面进行交互的主要媒介。

案例分析

因为与用户发生交互的按钮与图标是App界面中很重要的元素，又由于本案例中的图标是具有一致性的界面元素，因此将App界面中的功能图标组和标签栏图标组单独拿出来独立制作，完成后再将其发布为组件资源，方便用户之后绘制App的多个UI界面时随时调用。

制作完成后，标题栏图标组效果如图7-13所示，功能图标组效果如图7-14所示。标签栏图标组效果如图7-15所示。

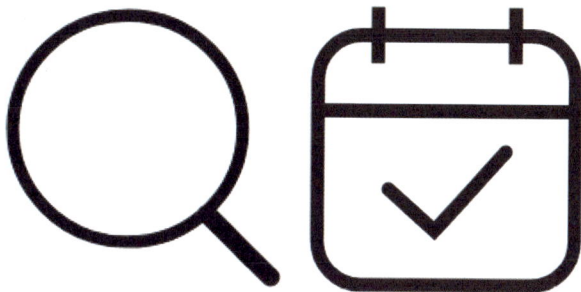

图7-13 标题栏图标组

图7-14 功能图标组

图7-15 标签栏图标组

　　为了追求更好的视觉效果，提高用户体验，Google公司规定Android系统中文本的字体必须使用Roboto或者思源黑体，字号使用规范可以参考之前章节中讲解的移动UI设计规范的相关内容。

　　同时为了保证用户在Android系统界面中阅读的流畅性，Android系统界面设计元素的间距可以使用8dp的栅格系统进行划分和规整。

🔊 **制作步骤**

源文件：资源包\源文件\第7章\7-1-4.xd
素材：无
技术要点：掌握【美妆App图标组】的绘制方法

扫描观看视频

STEP 01 启动 Adobe XD 软件，打开"7-1-2.xd"文件。使用"画板"按钮在工作区域中单击创建一个新的画板，在"属性"面板中修改画板尺寸为1080px×1920px，"视口高度"为1920px。双击画板名称并修改画板名称为"图标组"，如图7-16 所示。

STEP 02 使用"椭圆工具"在画板中绘制一个黑色圆环，使用"直线工具"在画板中绘制一条直线，选中黑色圆环和直线将其编组并重命名为"搜索"。使用"矩形工具"在画板中绘制一个圆角矩形，设置填充颜色为无，边界颜色为3，使用"直线工具"在画板中绘制 3 条直线，使用"钢笔工具"在画板中绘制"对勾"对象，选中刚刚绘制的多个对象将其编组并重命名为"扫一扫"，效果如图 7-17 所示。

图7-16 打开文件并新建画板

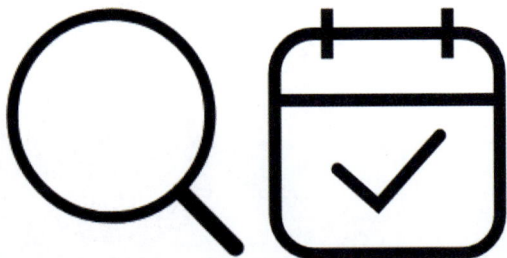

图7-17 绘制图标

STEP 03 使用"椭圆工具"在画板中绘制正圆并设置填充颜色为线性渐变，使用"文本工具"在正圆对象上输入文字，完成"满减"图标的绘制。使用"椭圆工具"在画板上绘制正圆和圆环对象，使用"钢笔工具"在正圆对象内绘制不规则对象，完成"秒杀"图标的绘制，效果如图 7-18 所示。

STEP 04 使用步骤 3 的绘制方法，完成美妆 App 界面中其余功能图标的绘制。所有功能图标绘制完成后，选中每个图标的关联图层将其编组，并为每个图层组重新命名，效果如图 7-19 所示。

图7-18 绘制"满减"和"秒杀"图标

图7-19 绘制其余功能图标

STEP 05 使用"多边形工具"在画板中绘制三角形，使用"矩形工具"在画板中绘制两个圆角矩形，设置三角形和圆角矩形的填充颜色为无，边界颜色为 3px，完成主页图标的绘制。使用同样的绘制方法，绘制标签栏中其余的 3 个图标，效果如图 7-20 所示。

STEP 06 选中各个标签栏图标的关联图层将其编组并重命名，复制所有标签栏图标，将复制的标签栏图标的颜色修改为 App 界面的主色。打开"资源"面板，将所有图标创建为组件资源。图标效果如图 7-21 所示。将文件另存为"7-1-4.xd"。

图7-20 绘制标签栏图标

图7-21 复制图标组并修改颜色

7.1.5 美妆App UI设计

完成图标组的制作后，接下来开始进行美妆App的UI设计。App界面的风格要与图标的风格保持一致，极简的设计风格能够更好地向用户传达产品信息。

🔊)) **案例分析**

本案例将使用Adobe XD软件设计制作一个美妆App UI界面。该界面共分为广告、导航和内容展示3部分。用户在熟悉美妆网站的制作流程的同时，还要熟悉Adobe XD的工作界面和基本操作，完成的部分美妆App界面效果如图7-22所示。

图7-22 美妆App界面效果

🔊 **制作步骤**

源文件：资源包\源文件\第7章\7-1-5.xd
素材：资源包\素材\第7章\71501.png～71517.jpg
技术要点：掌握【美妆App UI界面】的绘制方法

扫描观看视频　扫描下载素材

STEP 01 启动 Adobe XD 软件，打开"7-1-4.xd"文件。选中"首页"画板标签栏下方的矩形并调整矩形的大小。将"71508.jpg"图片拖曳到矩形对象上，调整图片的大小。使用"多边形工具"、"椭圆工具"和"矩形工具"在画板中绘制状态栏内容，效果如图 7-23 所示。

STEP 02 选中标题栏中的圆角矩形，在"属性"面板中设置大小和阴影等参数。删除画板中多余的矩形对象，打开"资源"面板，将相应的图标拖曳到画板中并调整摆放位置，使用"文本工具"在搜索图标后面输入文字，效果如图 7-24 所示。

图7-23 绘制广告与状态栏内容

图7-24 添加图标并输入文字

STEP 03 选中画板底部的矩形，在"属性"面板中设置填充颜色和阴影等参数。打开"资源"面板，将标签栏组件拖曳到画板底部，使用"资源"面板中的洋红色主页图标替换黑色主页图标，调整文字的位置和填充颜色，效果如图 7-25 所示。

STEP 04 选中"爆款拼团"下方的矩形,将"71509.png"图片拖曳到矩形上,使用"矩形工具"在画板中绘制一个黑色矩形,并设置不透明度。使用"文本工具"和"矩形工具"在广告图片上绘制广告和按钮,效果如图 7-26 所示。

图7-25 绘制首页的标签栏

图7-26 界面效果

STEP 05 隐藏画板底部的标签栏,选中画板底部左侧的矩形,将"71510.jpg"图片拖曳到矩形上,使用"矩形工具"、"文本工具"和"钢笔工具"完成画板底部其余内容的绘制,首页效果如图 7-27 所示。

STEP 06 使用步骤 1 ~ 步骤 5 的绘制方法,完成美妆 App 中"分类"、"购物车"、"我的"和"直播"界面的 UI 设计,绘制完成的 App 界面效果如图 7-28 所示。

图7-27 绘制画板底部的内容

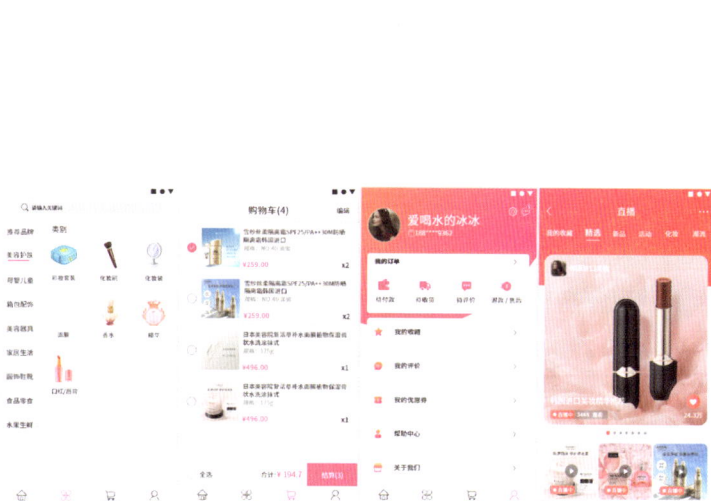

图7-28 绘制完成的App界面效果

7.1.6 美妆App 交互设计

UI界面设计制作完成后,接下来要为界面添加一些与交互相关的内容,以确保能够引导用户正确浏览并使用该界面。美妆App界面中的图片较多,为了避免页面效果过于杂乱,应尽量减少交互动画的效果,只制作简单地点击交互即可。

案例分析

本案例将为美妆App添加交互动效，除了学习页面超链接和颜色的交互，还着重讲解使用Adobe XD制作轮播图的交互效果。

制作步骤

源文件：资源包\源文件\第7章\7-1-6.xd
素材：无
技术要点：掌握【美妆App交互动效】的制作方法

扫描观看视频

STEP 01 启动 Adobe XD 软件，打开"7-1-5.xd"文件。进入"首页"画板，使用"椭圆工具"在画板中绘制 3 个白色的正圆对象，修改第 1 个正圆对象的填充颜色，效果如图 7-29 所示。

STEP 02 选中"首页"画板，连续按住【Alt】键不放并向下拖曳，复制两个"首页"画板。选中"首页-1"画板，调整画板顶部的 Banner 广告图和正圆对象的填充颜色。选中"首页-2"画板，调整画板顶部的 Banner 广告图和正圆对象的填充颜色，界面效果如图 7-30 所示。

图7-29 绘制3个正圆对象并修改颜色

图7-30 复制"首页"画板并进行调整

STEP 03 切换到"原型"模式，选中"首页"画板。将光标移至画板右侧边线中间的连接器上，按住鼠标左键并拖曳至"首页-1"画板上，为两个画板建立链接。在"属性"面板中设置"触发"、"类型"和"缓动"选项，如图 7-31 所示。

STEP 04 选中"首页-1"画板，使用"选择工具"为"首页-1"与"首页-2"画板建立链接，并在"属性"面板中设置参数，如图 7-32 所示。

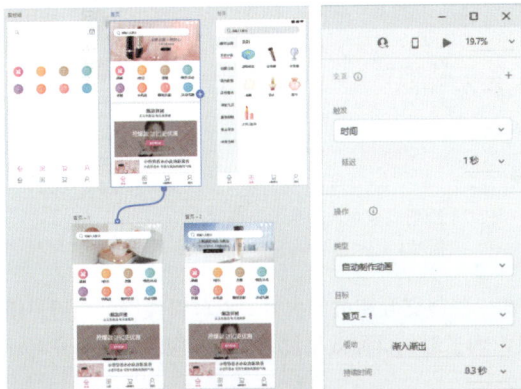

图7-31 建立链接并设置参数

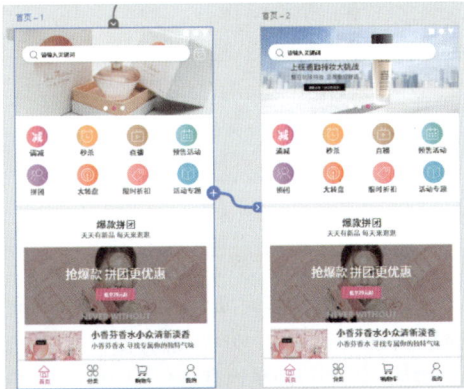

图7-32 建立链接并设置参数

STEP 05 选中"首页 -2"画板顶部的第 1 个正圆对象,为其与"首页"画板建立链接,并在"属性"面板中设置参数。选中画板顶部的第 2 个正圆对象,为其与"首页 -1"画板建立链接,如图 7-33 所示。

STEP 06 使用步骤 1 ~ 步骤 5 的绘制方法,为美妆 App 的标签栏添加相应的交互动效,如图 7-34 所示。

图7-33 为元素添加交互动效

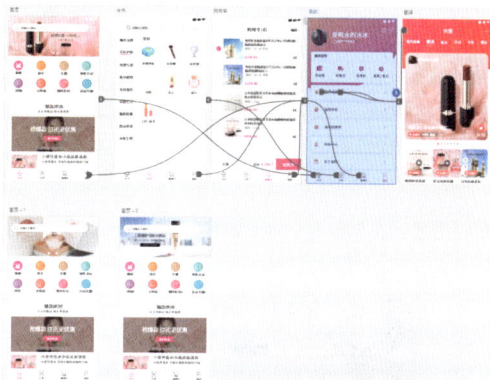

图7-34 创建标签栏交互动效

7.1.7 输出美妆App切片资源

由于Android系统的设备种类有很多种,设计师完成界面设计后,需要保证界面能够在不同种类的设备上正确显示。要想实现这种效果,就需要开发人员做好不同设备的适配工作,而用户则需要完成移动App的切图工作。

◀)) 案例分析

为了兼顾目前大部分的Android机型,用户应向进行后台开发的程序员提供不同密度界面的切片资源。但这会大大提升用户的工作量,而且还会浪费很大的资源空间。

基于此种情况,用户也可以按照移动App的最大尺寸提供一套切片资源给程序员使用,以适配到各个屏幕密度。

这里提到的"最大尺寸"并不是指目前市场上Android手机中最大的尺寸,而是指目前流行的主流机型中的最大尺寸。本案例的输出素材效果如图7-35所示。

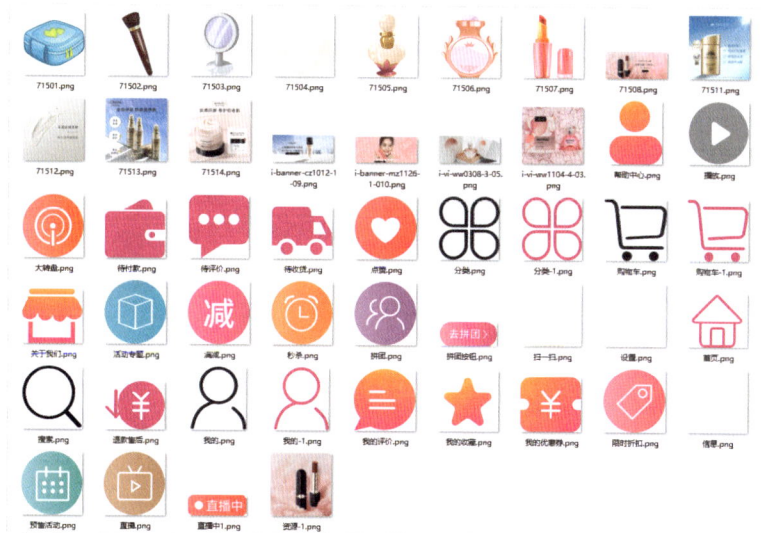

图7-35 输出的切片资源

🔊 **制作步骤**

> 源文件：资源包\源文件\第7章\7-1-7
> 素材：无
> 技术要点：掌握【输出美妆App切片资源】的方法

扫描观看视频

STEP 01 启动 Adobe XD 软件，打开"7-1-6.xd"文件。使用"选择工具"选中"首页"画板中的"搜索"图标，选择"属性"面板底部的"添加导出标记"复选框，为图标添加导出标记，如图 7-36 所示。

STEP 02 逐一选中"扫一扫"图标和 Banner 广告下方的多个功能图标，选择"属性"面板底部的"添加导出标记"复选框，为需要输出的图标添加导出标记，如图 7-37 所示。

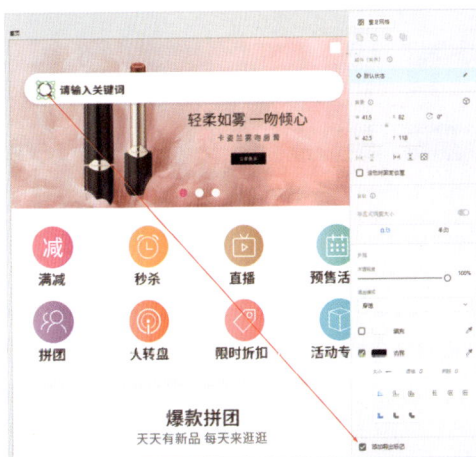

图7-36 为搜索图标添加导出标记

图7-37 为功能图标添加导出标记

STEP 03 逐一选中"首页"画板底部标签栏中的图标，为其添加导出标记。隐藏"首页"画板的标签栏，选中两个按钮并为其添加导出标记，选中的图标和按钮效果如图 7-38 所示。

STEP 04 使用步骤 1～步骤 3 的制作方法，逐一选中"分类"画板、"购物车"画板、"我的"画板、"直播"画板、"首页 -1"画板和"首页 -2"画板中需要输出的图片和图标元素，为选中元素添加导出标记，如图 7-39 所示。

图7-38 选中图标和按钮并添加导出标记

图7-39 添加导出标记

STEP 05 执行"文件 > 导出 > 批处理"命令，弹出"导出资源"对话框，各项参数设置如图 7-40 所示。

STEP 06 设置完成后，单击"导出"按钮，即可将界面中程序员使用的素材导出 6 种尺寸，以适配不同分辨率屏幕的设备，如图 7-41 所示。

图7-40 "导出资源"对话框

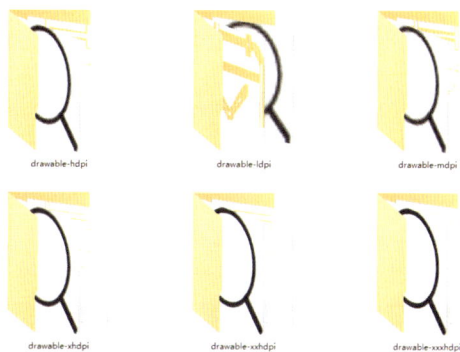

图7-41 输出切片资源

提示

如果用户想要使输出的切片资源拥有符合规范的名称，需要在执行"导出"命令前，为添加了导出标记的各个元素创建符合切片命名规范的名称，将命名好的切片资源导出后再交给程序员，从而提高程序员的工作效率。

7.1.8 标注美妆App

界面设计完成后，设计师要向开发人员提供各种图片素材。为了确保开发效果与设计效果一致，需要对界面进行标注。

◄») 案例分析

为App设计稿进行标注的主要目的是保证设计稿能够高品质呈现，同时也方便开发人员更好地完成界面适配。一个好的设计标注是App设计还原的有效保证，也是提高开发效率的保障。本案例将使用PxCook完成移动App界面的标注，完成标注的部分页面效果如图7-42所示。

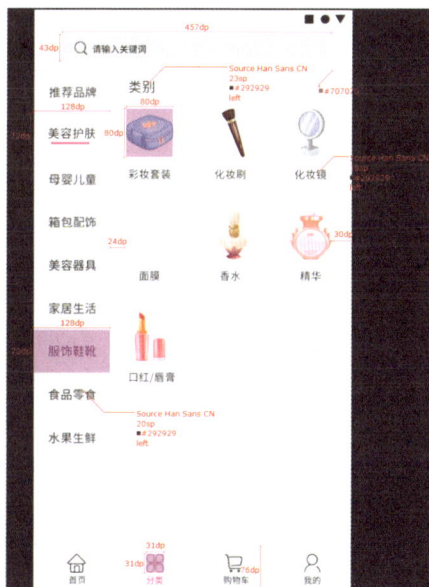

"分类"页面标注

"我的"页面标注

图7-42 完成标注的部分美妆App界面

◀)) **制作步骤**

源文件：资源包\源文件\第7章\7-1-8.pxcp
素材：无
技术要点：掌握【标注美妆App界面】的方法

扫描观看视频

STEP 01 启动 Adobe XD 软件，打开"7-1-6.xd"文件。执行"文件 > 导出 >PxCook"命令，弹出"导入到项目"对话框，单击"新建项目"按钮，弹出"创建项目"对话框，各项参数设置如图 7-43 所示。

STEP 02 设置完成后，单击"创建项目"按钮，弹出"导入画板"对话框，取消选择"首页 -1"、"首页 -2"和"图标组"画板的复选框，如图 7-44 所示。

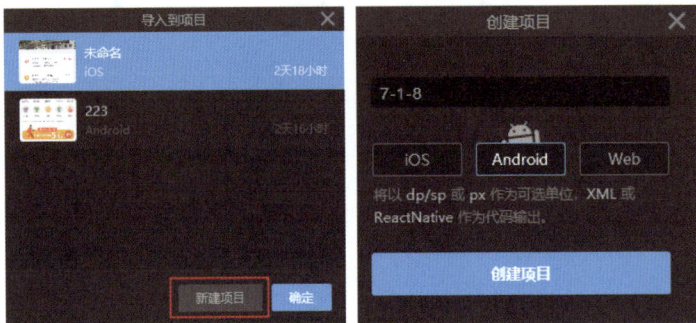

图7-43 创建标注项目　　　　　　　　　　图7-44 "导入画板"对话框

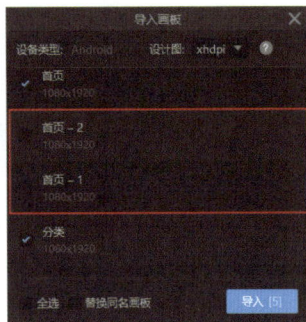

STEP 03 单击"导入"按钮，将选中画板导入到 PxCook 中。双击"首页"画板，进入"首页"画板。在软件顶部的标签栏中设置标注的各项参数，选中画板导航栏右侧的图标，单击左侧工具箱中的"生成尺寸标注"按钮，标注效果如图 7-45 所示。

STEP 04 单击左侧工具箱中的"距离标注"按钮，将功能图标与 Banner 广告的距离标注出来。再次单击"距离标注"按钮，将画板左右两侧的边距标注出来，效果如图 7-46 所示。

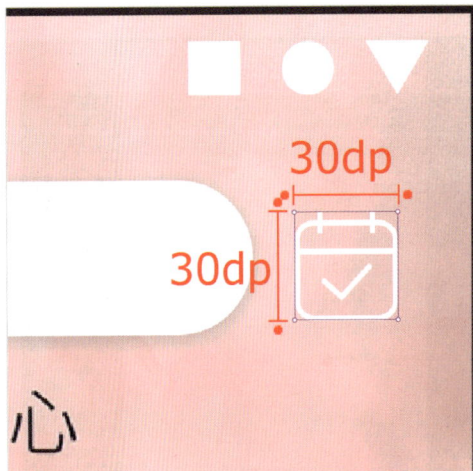

图7-45 标注效果　　　　　　　　　　图7-46 创建距离标注

STEP 05 选中页面中的文本，单击"生成文本样式标注"按钮，为文本添加标注。选中其他文本，分别完成标注操作，效果如图 7-47 所示。

STEP 06 选中功能图标，单击"生成区域标注"按钮，为图标添加标注。使用步骤3～步骤5的制作方法，为"首页"画板中的其余内容和其余画板添加标注，"首页"画板的标注效果如图 7-48 所示。

图7-47 添加文本标注

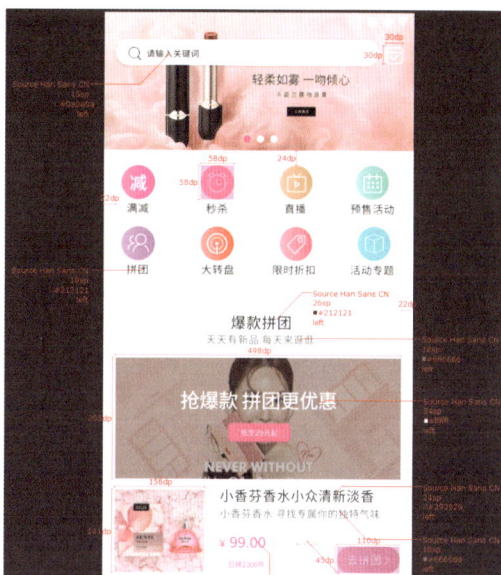

图7-48 "首页"画板标注效果

> **提示**　如果想要对编组对象中的某一个对象进行标注，可以在该组合上单击鼠标右键，在弹出的快捷菜单中选择要标注的对象进行标注即可。

7.2　设计制作社交App项目

　　本案例将设计制作一款社交App产品。为了便于用户学习理解，分别从项目分析、制作草图、色彩搭配、界面元素使用、UI设计、界面交互、输出适配和标注等8个方面进行讲解。社交App项目的完成效果如图7-49所示。

图7-49 社交App项目完成效果

7.2.1 社交App项目分析

App项目是否成功，除了项目产品本身的价值外，与项目整体的定位、风格表达、引流方式、运营节奏等也有很大关系。其中最重要的就是，项目产品功能是否符合用户的需求，以及用户人群定位是否准确。

所谓绘制用户画像，就是确定App项目的目标用户，可以从基本属性、衍生属性和价值属性3个层面进行分析。

● 基本属性

需要明确主要用户的性别和年龄段。

● 衍生属性

需要确定用户的消费能力和购物偏好。

● 价值属性

需要明确App项目在目标用户面前的价值和产品功能的卖点。

采用上述方法进行分析，获得本案例中社交App项目的用户画像，如表7-2所示。

表7-2 社交App项目用户画像

性别	年龄段	消费能力	购物偏好	产品卖点
社交需求人人都有，因此没有明确指向性	15～35岁	消费需求较低，但消费能力各个层级都有	不会频繁购买App项目内的商品，偏向于遇到喜爱的系列或者主题才会购买	即时聊天、信息保存等

7.2.2 制作社交App草图

确定了项目的背景和用户画像后，为了保证最终完成的效果与设计效果一致，通常会先进行App产品草图的制作。在开始制作App产品草图之前，用户要对App的界面尺寸和布局类型进行归纳和总结，以确保最终完成的效果符合系统要求。

◀)) 案例分析

本案例将使用Adobe XD完成社交App项目草图。通过草图的制作可以帮助用户更好地理解产品策划的内容，设计出符合项目要求和产品定位的App界面。完成的产品草图效果如图7-50所示。

图7-50 社交App草图效果

◀») 制作步骤 ···

源文件：资源包\源文件\第7章\7-2-2.xd
素材：无
技术要点：掌握【社交App界面原型】的制作方法

扫描观看视频

STEP 01 启动 Adobe XD 软件，在 Adobe XD 的主页界面中选择"iPhone6/7/8/SE"的预设画板尺寸，进入工作区域。双击画板名称处，修改画板名称为"登录"。将光标移至画板顶部边缘，当光标变成↕时，按住鼠标左键向下拖曳创建辅助线，如图 7-51 所示。

STEP 02 使用"矩形工具"绘制 2 个矩形和 1 个圆角矩形，使用"文本工具"在画板中单击并输入文本，在"属性"面板中设置文本的字体和字体大小。打开"资源"面板，选中刚刚输入的文本，将其创建为字符样式，如图 7-52 所示。

图7-51 新建文件并添加辅助线　　　　　　图7-52 绘制矩形并添加文字

STEP 03 使用步骤 2 的方法，完成页面中其余文字内容的输入，为不同模块的文字创建字符样式。使用"矩形工具"绘制 2 个圆角矩形和 2 个矩形，为圆角矩形添加边界颜色，将矩形移动到文字下方，隐藏圆角矩形的部分边界，效果如图 7-53 所示。

STEP 04 使用"矩形工具"和"文本工具"在画板底部制作"登录"按钮，使用"矩形工具"在画板中绘制 2 个矩形，完成工具图标的制作，使用"文本工具"在画板底部输入文字，效果如图 7-54 所示。

图7-53 绘制圆角矩形和矩形　　　　　　图7-54 绘制按钮并输入文字

STEP 05 使用步骤 1～步骤 4 的绘制方法，完成社交 App 中"主页"界面的原型绘制，原型效果如图 7-55 所示。

STEP 06 使用步骤 1～步骤 4 的绘制方法，完成社交 App 中"消息"和"个人通知"界面的原型绘制，效果如图 7-56 所示。

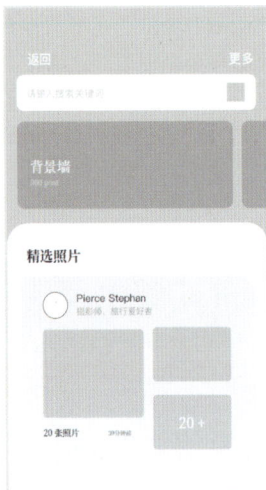

图7-55 绘制"主页"界面原型　　　　图7-56 绘制"消息"和"个人通知"界面原型

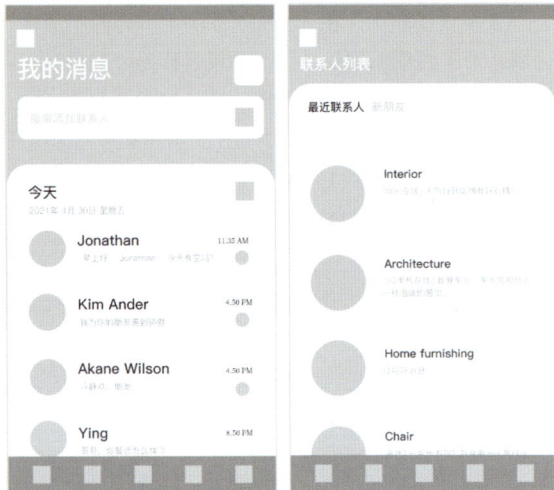

7.2.3 社交App界面色彩搭配

用户完成移动端UI项目的草图后，接下来开始设计制作页面内容。为了确保界面的美观性，首先需要确定一套配色方案。一套配色方案通常由主色、辅助色（强调色）和文本颜色3部分组成。

🔊)) **确定界面主色**

作为一个社交App产品，需要向用户传达可信、健康、轻松和休闲的感受，因此可以选择具有这些色彩意向的颜色作为主色。蓝色、绿色、黄色和青色都能表达轻松、欢快的感觉，如图7-57所示。

图7-57 符合社交App要求的颜色

橙色有热情、甜美的感觉，与社交App中的友善和建立信任主题不相符。而绿色和粉色虽然具有轻松、健康和休闲的感受，但是对于一个全新App产品而言，也无法给用户带来信任感。因此本案例采用了既具有冷静氛围，又能增加信任感的蓝色作为主色。

由于纯蓝色明度较低，不能增加用户的愉悦心情，因此将纯蓝色明度提高作为主色，如图7-58所示。

#5079FF

图7-58 确定界面主色

🔊)) **确定界面辅助色**

确定主色后，接下来可以根据主色确定辅助色。为了将社交App轻松和休闲的感觉最大化呈现，该界面采用同色系搭配方式。尽量采用浅紫色和浅蓝色的图标和图片，如图7-59所示。

图7-59 确定界面辅助色

需要突出或者着重说明的部分可以使用橙色或者粉红色作为强调色，如图7-60所示。整个界面色调统一，内容突出。

图7-60 确定界面强调色

◀)) 确定界面文本颜色

社交App界面中的文字内容较多，而且文本的颜色会影响界面的友好性和易读性，因此将App界面中的标题文本和正文文本设置为墨蓝色和白色。墨蓝色接近黑色但不是黑色，这样做既能保证用户清晰阅读，又能够很好地避免由于黑色的低沉和沉闷而影响App界面的整体效果，在主色背景上使用白色文本，增加文本的可读性。

对于一些需要着重突出的文本，最简单的方式就是直接使用主色，如图7-61所示。

文本颜色　　　　　　　　　　　　　　　突出文本颜色

图7-61 确定界面文本颜色

7.2.4 社交App界面元素分析

一款App项目最能吸引浏览者的就是精美的按钮和优美的广告图片。在一个App界面中，用户体验良好的图标、符合产品特色的图片和准确描述产品功能的文字，是一个高品质App界面的基本元素。

◀)) 案例分析

App界面中的图标通常会作为一个组进行统一设计制作，设计界面与设计图标并不会同时进行。本案例将使用Adobe XD完成社交App界面图标组的绘制，方便用户之后在设计制作社交App界面时直接使用，完成的图标组效果如图7-62所示。

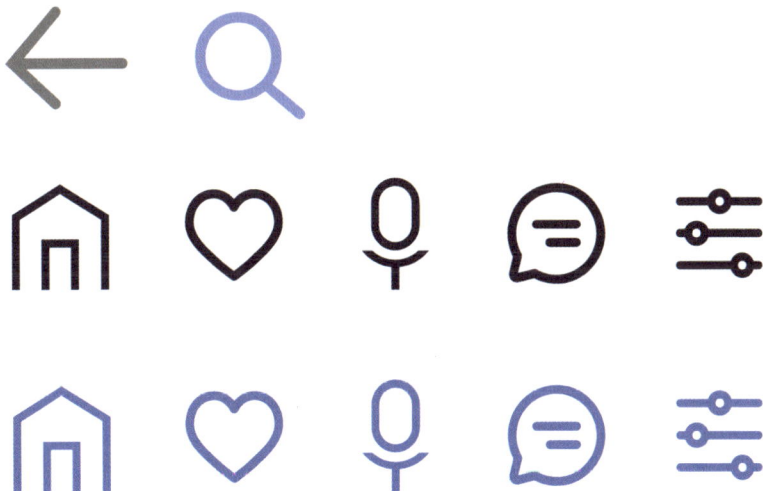

图7-62 完成的图标组效果

在iOS系统中，为了获得较好的视觉效果，界面中的图片都采用16:9的比例，既能充分展示产品的特色，又可以兼顾App界面的美观性。

由于界面中的文字内容较多，iOS系统中的字体应选择苹果公司的苹方字体。按照标题的文字层级分别使用32pt、22pt和20pt的字号。

🔊 **制作步骤**

> 源文件：资源包\源文件\第7章\7-2-4.xd
> 素材：无
> 技术要点：掌握【社交App图标组】的绘制方法

扫描观看视频

STEP 01 启动 Adobe XD 软件，打开"7-2-2.xd"文件，新建一个"iPhone6/7/8/SE"尺寸的画板。双击新建文档中的画板名，修改名称为"图标组"。使用"钢笔工具"在画板中绘制不规则对象，使用"直线工具"在画板中绘制直线，完成图标的绘制，效果如图 7-63 所示。选中不规则对象和直线对象，将其编组并重命名为"返回"。

STEP 02 使用"椭圆工具"在画板中绘制正圆，在"属性"面板中设置边界颜色，取消选择"填充颜色"复选框，使用"直线工具"在画板中绘制直线，使用"选择工具"调整直线角度，完成图标的绘制，效果如图 7-64 所示。选中正圆对象和直线对象，将其编组并重命名为"搜索"。

图7-63 新建画板并绘制图标　　　　　　　图7-64 绘制图标

STEP 03 使用"矩形工具"在画板中绘制圆角矩形，设置填充为无，圆角半径为最大值。继续使用"矩形工具"绘制2个圆角矩形，将第2个圆角矩形调整到小于第1个圆角矩形，同时选中这两个圆角矩形，单击"属性"面板顶部的"减去"按钮，效果如图 7-65 所示。

STEP 04 使用"矩形工具"在画板中绘制矩形，同时选中减去对象和矩形对象，单击"属性"面板顶部的"减去"按钮，减去对象的部分内容。使用"直线工具"在画板中绘制直线，完成图标的绘制，效果如图 7-66 所示。

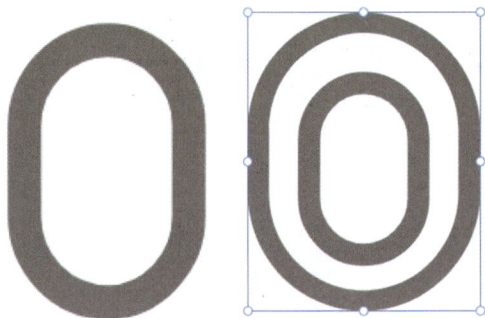

图7-65 减去对象　　　　　　　　　　　　图7-66 绘制图标

STEP 05 使用步骤2～步骤4的绘制方法，完成社交 App 界面标签栏中其余图标的绘制，绘制完成后的效果如图 7-67 所示。

STEP 06 同时选中所有标签栏图标，按住【Alt】键不放向下拖曳复制图标组，复制完成后逐一选中标签栏图标，修改图标的颜色，效果如图 7-68 所示。

图7-67 绘制标签栏图标

图7-68 复制图标组并修改颜色

提示 图标的四周通常会留有一定距离的边界。本案例的尺寸为 30px×30px，边界为 3px，图标的实际尺寸为 24px×24px。

7.2.5 社交App UI设计

完成图标组的制作后，接下来开始制作社交App项目的UI界面。在制作过程中，App的风格要与图标的风格保持一致，都采用极简化的设计风格。如果设计风格不统一，将很难给用户留下深刻的印象。

◀))) 案例分析

本案例将使用Adobe XD软件设计制作一个社交App项目的UI界面。社交App项目共分为"主页"、"登录"、"消息"和"个人通知"4个界面。用户在熟悉社交界面制作流程的同时，还要加深对Adobe XD软件操作的熟练度，完成的社交App UI界面效果如图7-69所示。

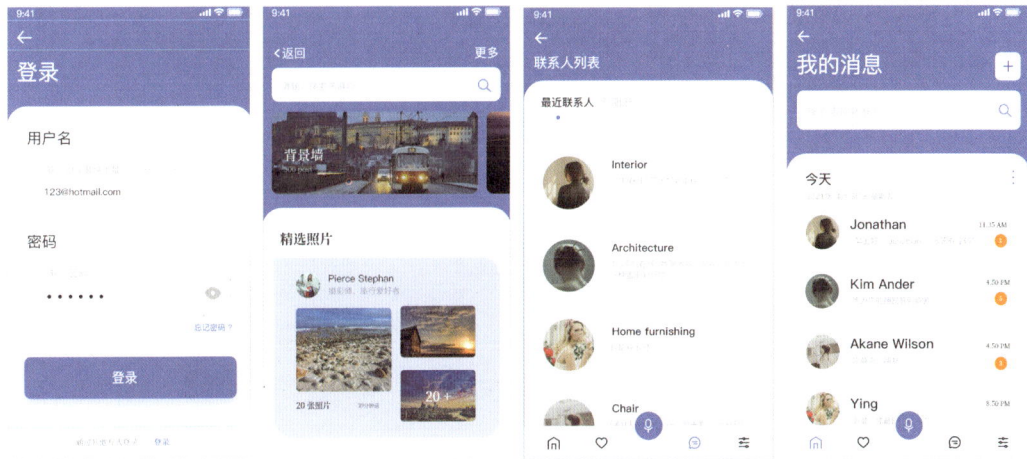

图7-69 社交App UI界面效果

◀))) 制作步骤

源文件：资源包\源文件\第7章\7-2-5.xd
素材：资源包\素材\第7章\72501.jpg～72510.jpg
技术要点：掌握【社交App UI界面】的绘制方法

扫描观看视频　扫描下载素材

STEP 01 启动 Adobe XD 软件，打开"7-2-4.xd"和"状态栏.xd"文件，在"状态栏.xd"文件中选中

白色状态栏内容，复制并粘贴到"登录"画板中。选中"图标组"画板中的"返回"图标，将其复制并粘贴到"登录"画板状态栏下方，修改填充颜色为白色，效果如图 7-70 所示。

STEP 02 选中充当界面背景的矩形和登录按钮的圆角矩形背景，在"属性"面板中修改填充颜色为蓝色。选中"登录"文本，修改颜色为白色。使用"矩形工具"在画板中绘制一个圆角矩形，在"属性"面板中设置对象模糊参数，效果如图 7-71 所示。

图7-70 复制并粘贴状态栏和图标　　　　　　　　　　图7-71 绘制"登录"按钮

STEP 03 选中"忘记密码"和"登录"文本，修改文本的填充颜色为蓝色。使用"钢笔工具"在画板中绘制不规则对象，使用"椭圆工具"在画板中绘制圆形，选中不规则对象和圆形对象，将其编组并重命名为"眼睛"，图标效果如图 7-72 所示。

STEP 04 选中"主页"画板，修改画板外观颜色为蓝色。将"72501.jpg"图片拖曳到矩形对象上，导入图像。使用"矩形工具"在图像上绘制一个圆角矩形，设置填充颜色为墨蓝色，不透明度为 20%，调整圆角矩形的图层顺序，效果如图 7-73 所示。

图7-72 图标效果　　　　　　　　　　　　图7-73 导入图像并绘制圆角矩形

STEP 05 使用步骤 1～步骤 4 的绘制方法，完成社交 App 中"主页"界面的 UI 设计，界面效果如图 7-74 所示。

STEP 06 使用步骤 1～步骤 4 的绘制方法，完成社交 App 中"消息"和"个人通知"界面的 UI 设计，界面效果如图 7-75 所示。

图7-74 绘制"主页"界面　　　　　图7-75 绘制"消息"和"个人通知"界面

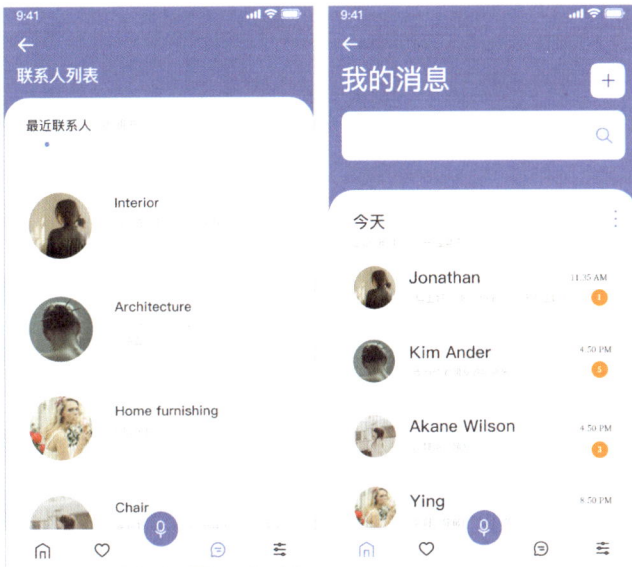

7.2.6 社交App交互设计

为了帮助用户快速找到想要的内容，在设计App界面时通常会通过加粗、改变颜色和添加动画的方法吸引用户点击。当用户点击时，又会出现新的提示，引导用户朝着运营者事先设计好的路径访问，这就是交互为App项目带来的好处。

🔊》 **案例分析** ···

本案例主要实现App界面与界面的过渡直接动效，同时为界面底部的标签栏图标添加相应的颜色变化，使浏览者可以轻松明白地知道自己所处的位置与层级，如图7-76所示。

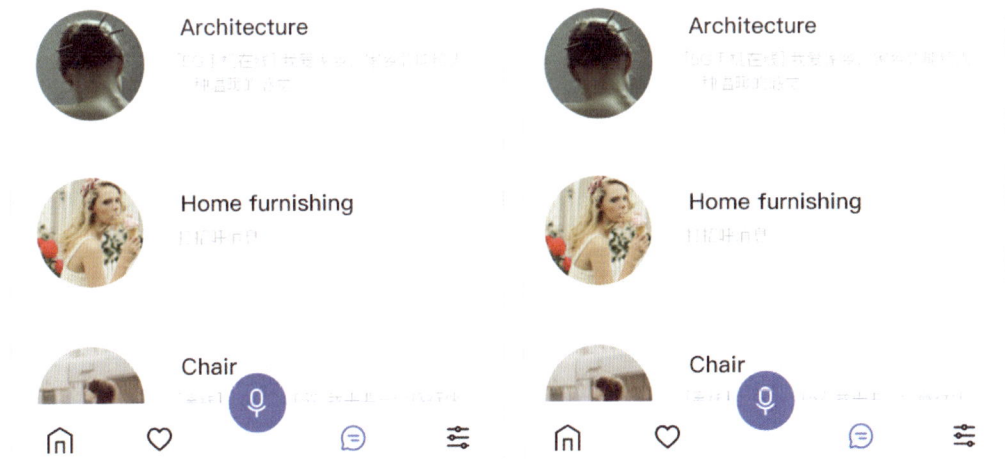

图7-76 标签栏图标的颜色动效

页面的广告位通常会制作成滚动效果，用户可以通过点击或者滑动来查看多个广告，如图7-77所示。也可以在广告中添加提示图形，方便用户随时点击跳转查看广告内容。

图7-77 为界面广告添加滚动效果

🔊)) **制作步骤**

源文件：资源包\源文件\第7章\7-2-6.xd
素材：无
技术要点：掌握【为社交App添加动效】的方法

扫描观看视频

STEP 01 启动 Adobe XD 软件，打开"7-2-5.xd"文件。选中"登录"画板中"登录"按钮的相关图层，将其编组并重命名为"登录按钮"。切换到"原型"模式下，选中"登录"画板，单击画板左上角的"主页"按钮，将"登录"界面设置为首屏，效果如图 7-78 所示。

STEP 02 选中"登录"按钮，将光标移至按钮右侧边线中间的连接器上，拖曳连接线到"消息"画板上，为按钮与画板建立链接，连接线效果如图 7-79 所示。

图7-78 设置首屏

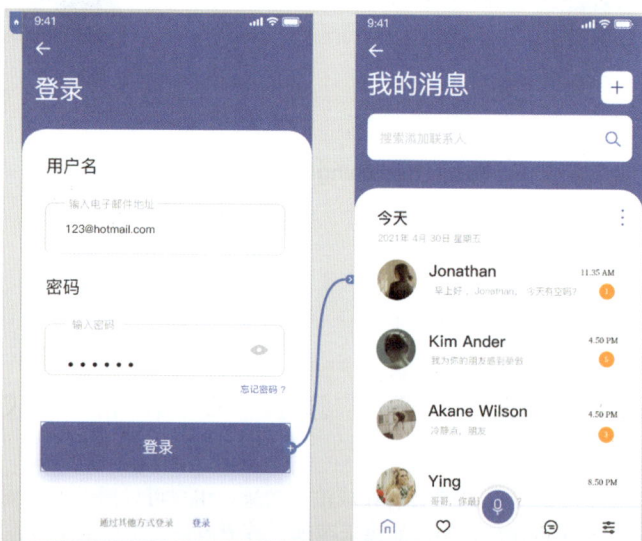

图7-79 建立链接

STEP 03 选中"消息"画板底部标签栏中的第 3 个图标，将光标移至图标右侧边线中间的连接器上，拖曳连接线到"个人通知"画板上，为图标与画板建立链接。选中"个人通知"画板中底部标签栏第 1 个图标，为其与"消息"画板建立链接，连接线效果如图 7-80 所示。

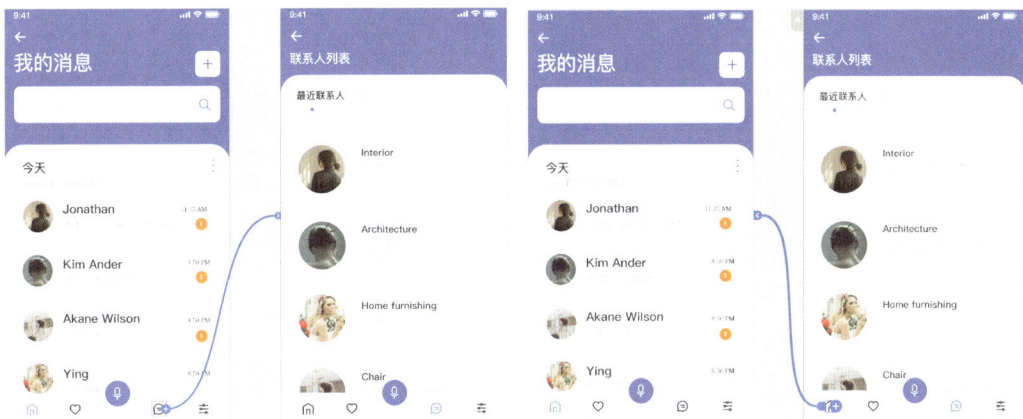

图7-80 为图标与画板建立链接

STEP 04 选中"消息"画板顶部标题栏右侧图标的相关图层，将其编组并重命名为"更多"。将光标移至图标右侧边线中间的连接器上，拖曳连接线到"主页"画板上，为图标与画板建立链接，连接线效果如图 7-81 所示。

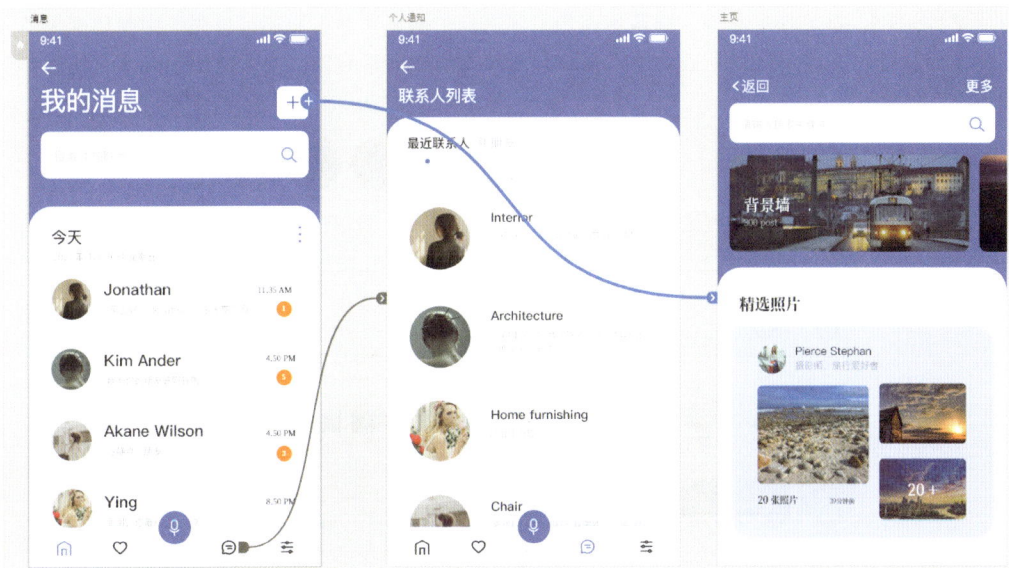

图7-81 连接线效果

STEP 05 切换到"设计"模式，选中"主页"画板中背景墙模块的相关图层，将其编组并重命名为"背景墙"。选中"背景墙"图层组和右侧的蒙版对象，单击"属性"面板中的"滚动组"按钮，调整滚动组的大小，效果如图 7-82 所示。

STEP 06 切换到"原型"模式，选中"主页"画板左上角"返回"按钮的相关图层，将其编组并重命名为"返回"，为"返回"图标与"消息"画板建立链接。在"属性"面板中为各个链接设置"触发"、"类型"、"动画"和"缓动"等参数，如图 7-83 所示。

图7-82 创建滚动组效果

图7-83 为链接设置参数

7.2.7 输出社交App切片资源

在实际的设计工作中，通常只需要设计一套基准设计图，然后再适配多个分辨率的设备即可。这就要求用户在输出切片资源时，输出可以适配多个分辨率设备的图片。

🔊 **案例分析**

在使用Adobe XD导出切片资源时，用户可以首先为需要导出的元素添加导出标记，然后执行"文件>导出>批处理"命令，即可将添加了导出标记的元素导出。还可以先选中想要导出的元素，然后执行"文件>导出>所选内容"命令，直接将所选元素导出。本案例中的导出适配素材效果如图7-84所示。

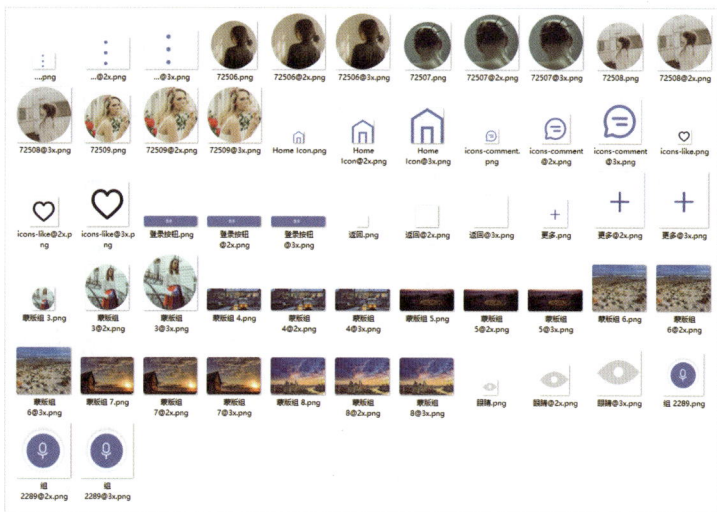

图7-84 输出的切片资源

🔊 **制作步骤**

源文件：资源包\源文件\第7章\7-2-7
素材：无
技术要点：掌握【输出iOS系统App界面切片资源】的方法

扫描观看视频

STEP 01 启动 Adobe XD 软件，打开"7-2-6.xd"文件。使用"选择工具"选中"登录"画板中的眼睛图标，选择"属性"面板底部的"添加导出标记"复选框，为图标添加导出标记，如图 7-85 所示。

STEP 02 逐一选中"返回"图标和"登录"按钮，选择"属性"面板底部的"添加导出标记"复选框，为需要输出的图标添加导出标记，如图 7-86 所示。

图7-85 添加导出标记

图7-86 为图标添加导出标记

STEP 03 逐一选中"消息"画板中的"更多"图标和"搜索"图标，选择"属性"面板底部的"添加导出标记"复选框，为需要输出的图标添加导出标记。逐一选中底部标签栏中的多个图标，为其添加导出标记，如图 7-87 所示。

STEP 04 使用步骤1～步骤3的制作方法，为"个人通知"画板和"主页"画板中的多张图片添加导出标记，如图 7-88 所示。

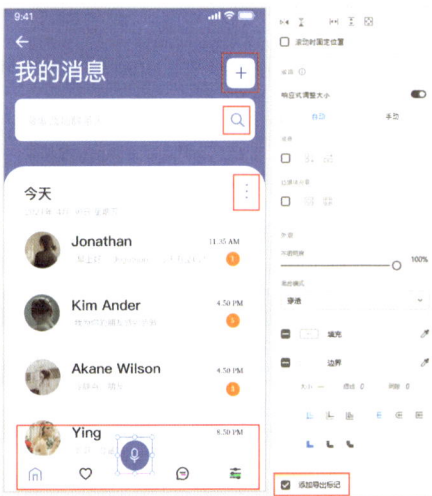

图7-87 为图标添加导出标记

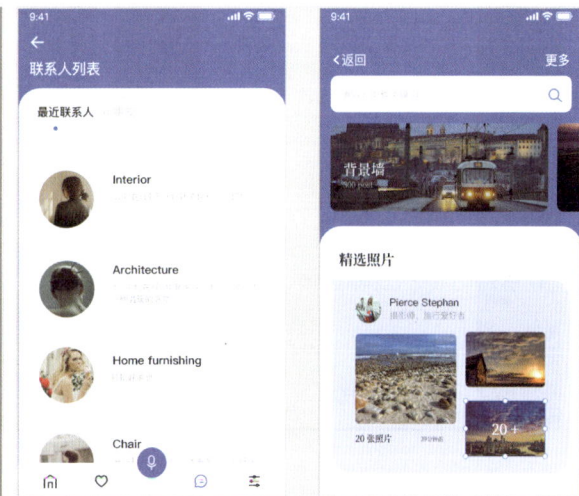

图7-88 为图片添加导出标记

STEP 05 执行"文件 > 导出 > 批处理"命令，弹出"导出资源"对话框，各项参数设置如图 7-89 所示。

STEP 06 设置完成后，单击"导出"按钮。稍等片刻，即可完成导出操作，导出 3 种尺寸的切片资源，如图 7-90 所示。

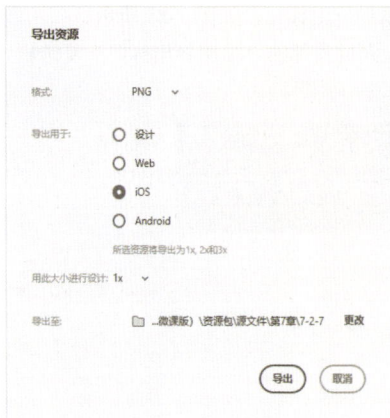

图7-89 设置参数

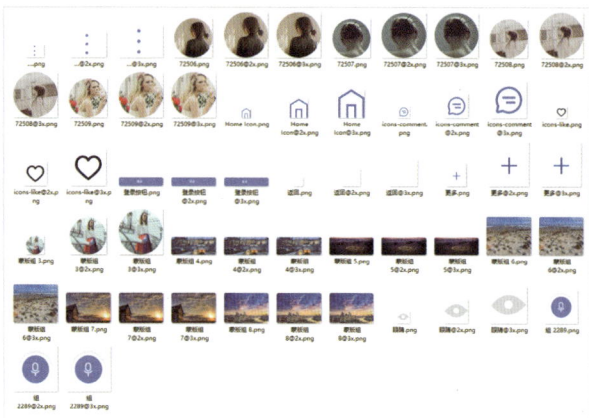

图7-90 导出3种尺寸的切片资源

7.2.8 标注社交App

当移动App项目的界面设计定稿之后，用户需要对界面进行标注，方便开发工程师在还原界面时进行参考。

🔊 **案例分析**

本案例将使用PxCook软件完成社交App UI界面的标注操作。在PxCook中可以对文本、区域、颜色、距离等内容进行标注。标注准确的界面能够更快地使开发人员了解设计人员的意图和参数，有利于更快完成项目的开发工作，提高工作效率。标注完成后，部分社交App界面如图7-91所示。

图7-91 完成标注的部分社交App界面

🔊 **制作步骤**

> 源文件：资源包\源文件\第7章\7-2-8.pxcp
> 素材：无
> 技术要点：掌握【为iOS系统App界面添加标注】的方法

扫描观看视频

STEP 01 启动 Adobe XD 软件，打开"7-2-6.xd"文件。执行"文件 > 导出 >PxCook"命令，弹出"导入到项目"对话框，单击"新建项目"按钮，弹出"创建项目"对话框，各项参数设置如图 7-92 所示。

STEP 02 设置完成后，单击"创建项目"按钮，弹出"导入画板"对话框，选择"个人通知"和"登录"画板的复选框，如图 7-93 所示。

图7-92 创建标注项目　　　　　　　　　　　　　　图7-93 "导入画板"对话框

STEP 03 单击"导入"按钮，将选中画板导入到 PxCook 中。双击"登录"画板，进入"登录"画板。在软件顶部的标签栏中设置标注的各项参数，选中画板导航栏左侧的图标，单击左侧工具箱中的"生成尺寸标注"按钮，标注效果如图 7-94 所示。

STEP 04 单击左侧工具箱中的"距离标注"按钮，将"返回"图标与文本的距离标注出来。再次单击"距离标注"按钮，将画板左右两侧的边距标注出来，效果如图 7-95 所示。

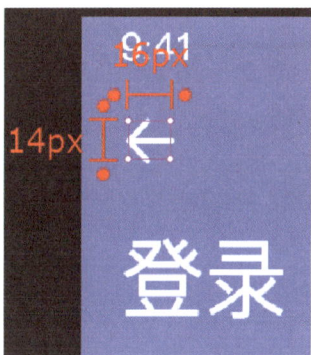

图7-94 生成尺寸标注　　　　　　　　　　　　　图7-95 标注距离

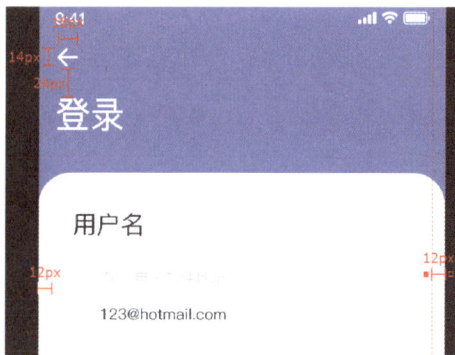

STEP 05 选中页面中的文本，单击"生成文本样式标注"按钮，为文本添加标注。选中其他文本，分别完成标注操作，效果如图 7-96 所示。

STEP 06 选中"登录"图标，单击"生成区域标注"按钮，为图标添加标注。使用步骤 3～步骤 5 的制作方法，为"登录"画板中的其余内容和其余画板添加标注，"主页"画板的标注效果如图 7-97 所示。

图7-96 标注文本　　　　　　　　　　图7-97 "主页"界面标注效果

233

7.3 设计制作日历App项目

本案例将设计制作一款日历App项目，继续采用全工作流程的方法向用户讲解iOS系统下App界面设计的规则和技巧。为了能够让用户更全面地了解不同设备分辨率下的界面设计，本案例中将采用iPhone 12 Pro的尺寸设计App界面，完成后的App界面如图7-98所示。

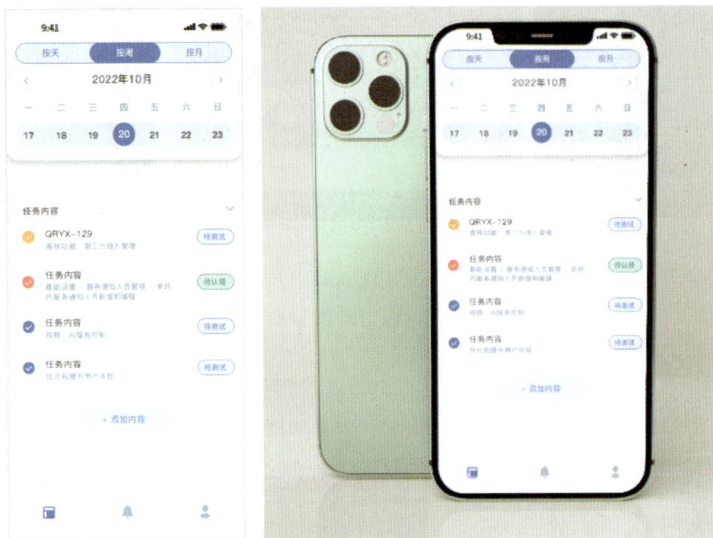

图7-98 日历App项目完成效果

7.3.1 日历App项目分析

一款App项目要想成功，首先要做到对产品进行精准定位，找到真正需要该产品的用户，做到有的放矢。

● 用户性别

根据研究表明，下载日历类App的用户中男性占比较高。之所以出现此种情况，或许与男性偏爱使用工科的方法进行学习与生活有关。

● 用户年龄

目前使用智能手机的人群包括年轻人和中年人。其中，中年人通常有稳定的工作和家庭，根据多年养成的习惯，会使用笔记本和工作簿等纸质物品记录工作与生活中的重要信息。而年轻人由于较早地接触了电子类产品，对其有一定的依赖性，因此会使用日历App应用程序记录重要信息。

采用上述方法进行分析，获得日历App项目的用户画像，如表7-3所示。

表7-3 日历App项目用户画像

性别	年龄段	消费能力	购物偏好	产品卖点
男性居多	20～39岁	或高或低，追求快速、便捷	会购买相关套餐，用于更好地分类与整理信息	随时随地及时查看与记录

7.3.2 制作日历App草图

为了确保最后完成的App项目与产品经理的策划书保持一致，在开始设计制作之前，可以先按照策划书的内容，将App项目的草图制作出来，得到产品经理和开发人员的认可后，再开始界面的设计制作。

◀)) 案例分析

本案例将使用Adobe XD完成日历App项目的草图制作，完成的部分产品草图效果如图7-99所示。

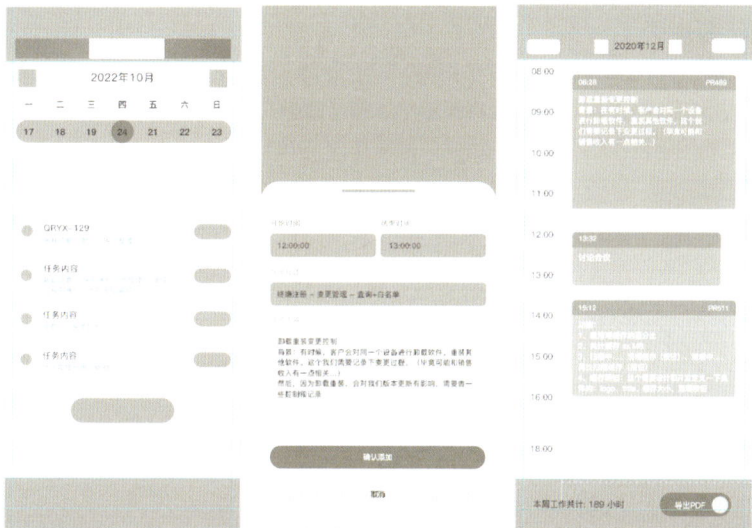

图7-99 日历App的部分产品草图效果

用户也可以使用Axure RP制作App的原型图，但是使用Axure RP制作的原型页面只能用来展示效果，不能输出供开发人员使用，而使用Adobe XD制作的页面却可以直接输出供开发人员使用。

◀)) 制作步骤

源文件：资源包\源文件\第7章\7-3-2.xd

素材：无

技术要点：掌握使用【Adobe XD绘制App草图】的方法

扫描观看视频

STEP 01 启动 Adobe XD 软件，在 Adobe XD 的主页界面中选择"iPhone12/12 Pro"预设画板尺寸，进入工作区域。双击画板名称处，修改画板名称为"主页"。将光标移至画板顶部边缘，当光标变成⇕时，按住鼠标左键向下拖曳创建辅助线，如图 7-100 所示。

STEP 02 使用"矩形工具"在画板中绘制 2 个矩形，使用"选择工具"为画板左右两侧添加参考线，标示 App 界面的左右边距。继续使用"矩形工具"在画板中绘制 3 个矩形，效果如图 7-101 所示。

图7-100 新建画板并添加辅助线

图7-101 绘制形状并添加参考线

235

STEP 03 使用"文本工具"在画板中输入文本内容，在"属性"面板中设置文本参数使其符合 iOS 系统规范。完成后单击"资源"面板"字符样式"分组后面的"添加"按钮，设置字符样式资源。使用"文本工具"完成画板中其余文本内容的输入，并将参数不同的文本添加为字符样式资源，效果如图 7-102 所示。

STEP 04 使用"椭圆工具"在画板中绘制3个正圆，使用"矩形工具"在画板中绘制3个圆角矩形，完成"主页"原型界面的绘制。单击画板名称处将其选中，按【Ctrl+C】组合键复制画板，再按【Ctrl+V】组合键粘贴画板，删除画板中的多余文本，界面效果如图 7-103 所示。

图7-102 输入文本并添加字符样式资源　　　　　图7-103 复制画板并删除文本

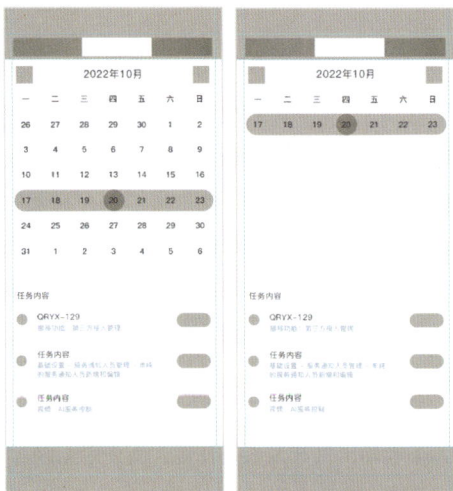

STEP 05 选中对象和文本内容并向上移动位置，再次选中正圆、圆角矩形和文本内容，按住【Alt】键并向下移动复制选中内容。复制完成后适当调整文本内容。使用"矩形工具"在画板中绘制一个圆角矩形，界面效果如图 7-104 所示。

STEP 06 新建一个画板并修改画板名称为"安排行程"，使用"矩形工具"创建一个与画板大小相等的矩形，在"属性"面板中设置"填充"颜色为黑色，"边界"颜色为无，"背景模糊"为12、15和31%，使用步骤2～步骤6的绘制方法，完成"安排行程"画板中的其余内容和"工作行程"画板的全部内容，"安排行程"界面原型如图 7-105 所示。

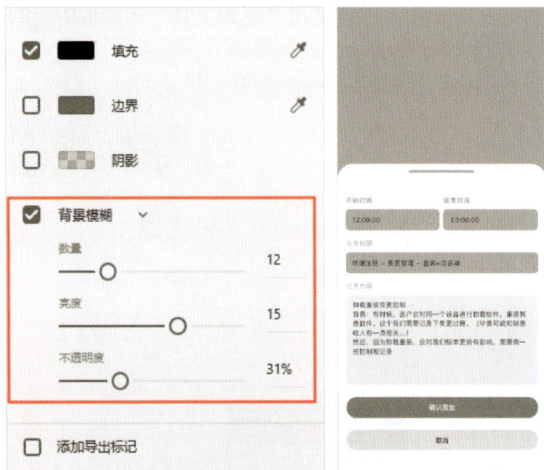

图7-104 界面效果　　　　　图7-105 "安排行程"界面原型

7.3.3 日历App界面色彩搭配

根据策划方案的内容完成了日历App的草图制作后，交给各部门进行确认，确认后即可开始界面的设计制作。在开始设计工作之前，首先要确定App界面的配色方案，以保证整个项目风格统一。配色方案通常包括主色、辅助色、强调色和文本颜色。

◀)) **确定界面主色**

本项目为一款日历App产品，以不同形式向用户展示日期，并且可以帮助用户记录信息。界面要始终向用户传递理性、整洁的感觉。在众多色彩中，具有理性且能够传达沉静与清爽的颜色有蓝色、白色和绿色，如图7-106所示。

图7-106 符合日历App要求的颜色

蓝色和绿色虽然都是理性、清新的颜色，但是如果大面积使用，会给人带来压抑、烦躁的色彩意象，不利于用户长时间浏览App界面。而白色在带给用户清爽感觉的同时，又不会过于沉闷，作为背景使用与该日历App主题相符。因此本案例采用了白色作为主色。图7-107所示为本项目界面中使用的主色。

#ffffff

图7-107 确定界面主色

◀)) **确定界面辅助色**

确定主色后，接下来可以根据主色确定辅助色。日历App中通常会展示很多日期信息，这些文本的色彩非常统一，为了避免界面中颜色过多导致用户难以找到自己想要的信息，本案例将使用蓝色、绿色和红色作为辅助色，如图7-108所示。

图7-108 确定界面辅助色

页面中需要突出显示的部分，可以使用辅助色中拥有理性心理暗示的蓝色作为点缀色，不需要再另外搭配其他颜色。既保证了页面色调的统一，又很好地起到了强调作用，如图7-109所示。

图7-109 确定界面点缀色

◀)) **确定界面文本颜色**

日历App界面中文字的内容相对较多，通常包括标题文本、说明文本和强调文本3种。

标题文本可采用黑色作为文本色；说明文本在大小和颜色上相对标题文本要有所降级，可采用灰蓝色作为文本色；而强调文本可以简单直接地使用点缀色或者主色作为文本颜色，如图7-110所示。

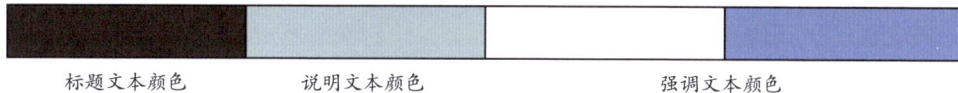

标题文本颜色　　说明文本颜色　　强调文本颜色

图7-110 确定界面文本颜色

7.3.4 日历App界面元素分析

日历App界面中的元素包括文字和按钮。文字的作用主要是对日期或者信息进行阐述；按钮则是用户与App界面交互的主要介质。本案例界面元素的设计规范分析如下。

　　iOS系统中的字体应选择苹果公司的苹方字体，字体大小应以2的倍数进行划分。本项目中字体的大小按照标题的文字层级分别使用12pt、14pt和18pt的字号。图7-111所示为日历App界面中文字的字体和字号。

图7-111 日历App界面中文字的字体和字号

　　本案例界面中的图标有系统图标和功能图标两种。界面中的功能图标尺寸设置为30px×30px，如图7-112所示。

图7-112 功能图标尺寸

　　界面底部标签栏上的系统图标尺寸设置为28px×28px，如图7-113所示。虽然设计的尺寸为28px×28px，但在最终使用时会添加2px的边界，因此系统图标的尺寸与功能图标尺寸相同，也为30px×30px。

图7-113 系统图标尺寸

7.3.5 日历App UI设计

确定了色彩搭配和元素尺寸后，接下来开始制作日历App项目的UI界面。设计过程中，App的风格要与图标的风格保持一致，都采用极简化的设计风格。

◄)) 案例分析

本案例将使用Adobe XD软件设计制作一款日历App项目。该项目共分为主页、工作行程和安排行程等界面。用户在熟悉日历App界面制作流程的同时，还要进一步掌握Adobe XD软件的使用方法和操作技巧，完成的日历App界面效果如图7-114所示。

图7-114 完成的日历App界面效果

◄)) 制作步骤

源文件：资源包\源文件\第7章\7-3-5.xd
素材：无
技术要点：掌握【日历App UI界面】的绘制方法

扫描观看视频

STEP 01 启动 Adobe XD 软件，打开"7-3-2.xd"和"状态栏 .xd"文件，在"状态栏 .xd"文件中选中黑色状态栏内容，复制并粘贴到"主页"画板中。选中画板顶部的矩形，按【Delete】键将其除去，逐一选中矩形和正圆，将矩形调整为圆角矩形，在"属性"面板中设置填充颜色和边界颜色，效果如图 7-115 所示。

STEP 02 选中矩形，在"属性"面板中设置圆角半径值、填充颜色和边界颜色，使用"钢笔工具"在画板中绘制不规则对象，完成图标的绘制。使用"文本工具"在画板中输入文本，选中部分文本，在"属性"面板中更改文本的填充颜色，效果如图 7-116 所示。

图7-115 完成界面效果　　　　图7-116 绘制图标并更改文本颜色

STEP 03 选中画板底部的矩形，在"属性"面板中设置填充颜色和阴影，使用"矩形工具"在画板中绘制 3 个圆角矩形，在"属性"面板中更改 2 个白色圆角矩形的圆角半径值。选中 3 个圆角矩形，将其编组并重命名为"日期"，图标效果如图 7-117 所示。

STEP 04 使用步骤 3 的绘制方法完成标签栏中其余 2 个图标的绘制。逐一选中 3 个正圆并更改填充颜色，使用"钢笔工具"在画板中绘制"对勾"形状，连续复制 2 个形状并向下移动。逐一选中圆角矩形，在"属性"面板中设置填充颜色和边界颜色，使用"文本工具"在圆角矩形上输入文本，效果如图 7-118 所示。

图7-117 图标效果　　　　　　　　　图7-118 绘制界面元素

STEP 05 使用步骤 2～步骤 4 的绘制方法，完成"主页-1"画板中相似内容的绘制。使用"矩形工具"在画板中绘制一个圆角矩形，在"属性"面板中设置填充颜色和阴影，选中画板下方的圆角矩形，更改填充颜色，使用"文本工具"在圆角矩形上输入文本，界面效果如图 7-119 所示。

STEP 06 使用步骤 2～步骤4的绘制方法，完成"安排行程"画板和"工作行程"画板的制作，"工作行程"界面效果如图 7-120 所示。

图7-119 绘制App界面　　　　　　　图7-120 "工作行程"界面效果

7.3.6 日历App交互设计

日历App的界面设计制作完成后，接下来要为界面添加一些与交互相关的内容，以确保能够引导用户正确浏览并使用该界面。

🔊 **案例分析**

本案例中在用户点击菜单时，将改变菜单文字颜色，实现简单的交互效果。设计师在界面中要将交互效果清晰地展示出来，完成后的效果如图7-121所示。

图7-121 日历App的交互动效

🔊 制作步骤

源文件：资源包\源文件\第7章\7-3-6.xd

素材：无

技术要点：掌握【为日历App添加动效】的方法

扫描观看视频

STEP 01 启动 Adobe XD 软件，打开"7-3-5.xd"文件。在"原型"模式中，双击"主页"画板名称处将其选中，单击画板左上角的"主页"图标，将画板设置为主页。选中"主页"画板中的"按周"文本，将光标移至右侧边线中间的连接器上，拖曳连接线到"主页 -1"画板上，为文本与画板建立链接，如图 7-122 所示。

STEP 02 在"属性"面板中，设置"触发"、"类型"、"缓动"和"持续时间"等参数，如图 7-123 所示。使用步骤 1 的方法，为"主页 -1"画板中的"按月"文本与"主页"画板建立链接，并在"属性"面板中设置各项参数。

图7-122 设置主页并建立链接

图7-123 设置参数

STEP 03 选中"主页 -1"画板底部标签栏中的第 2 个图标，将图标右侧边线中间的连接器拖曳到"工作行程"画板上，为图标和画板建立链接，如图 7-124 所示。

STEP 04 选中"工作行程"画板中的"添加"按钮，将按钮右侧边线中间的连接器拖曳到"安排行程"画板上，为按钮和画板建立链接，如图 7-125 所示。

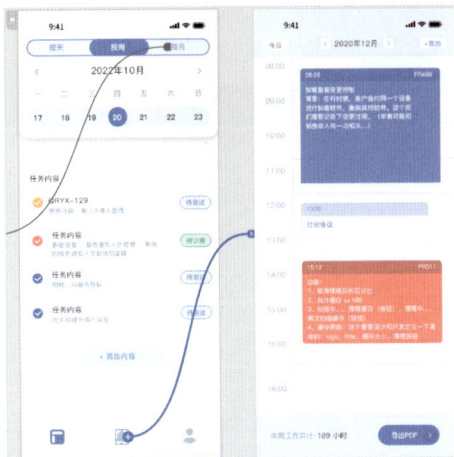

图7-124 为图标和画板建立链接　　　　　　　图7-125 为按钮和画板建立链接

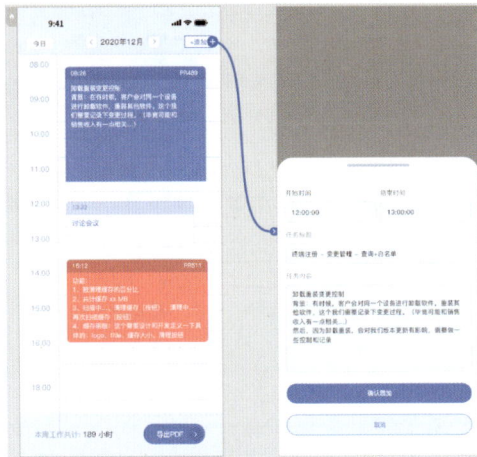

STEP 05 在"属性"面板中，设置"触发"、"类型"、"缓动"和"持续时间"等参数，如图 7-126 所示。

STEP 06 选中"工作行程"画板左上角的"今日"按钮，将按钮右侧边线中间的连接器拖曳到"主页"画板上，为按钮和画板建立链接。选中"主页"画板标签栏底部的第 2 个图标，将图标右侧边线中间的连接器拖曳到"工作行程"画板上，为图标和画板建立链接，连接线效果如图 7-127 所示。

图7-126 设置参数　　　　　　　　　　图7-127 连接线效果

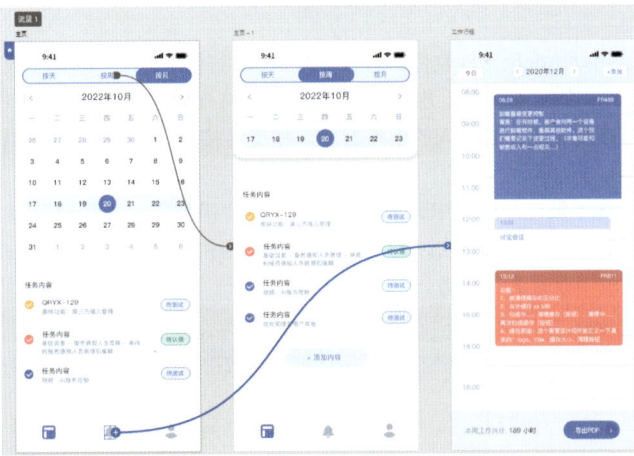

7.3.7　输出日历App切片资源

输出App切片资源是实现设计效果的重要环节，开发人员在实现界面效果的过程中需要计算好各个元素的位置和排列方式，然后再通过调用用户输出的切片图像进行填充。符合规范的切片能够帮助开发人员提高产品的开发效率。

🔊 **案例分析**

完成界面交互动效后，设计师需要将界面中的按钮和图标等元素输出为单独文件，以供开发人员开发程序时直接调用。

输出的文件在命名上要遵守切片输出的命名规范，这个规范并不是唯一的，即需要告诉开发人员：文件是什么、在哪里、第几页、什么状态。本案例导出素材效果如图7-128所示。

图7-128 导出素材效果

◀)) **制作步骤**

源文件：资源包\源文件\第7章\7-3-7

素材：无

技术要点：掌握【输出iOS系统App界面切片资源】的方法

扫描观看视频

STEP 01 启动 Adobe XD 软件，打开"7-3-6.xd"文件。在"设计"模式下，选中"主页"画板左上角图标的相关图层，将其编组并重命名为"后退"，选择"属性"面板底部的"添加导出标记"复选框，如图 7-129 所示。

STEP 02 使用步骤 1 的制作方法，将"主页"画板中需要作为一款元素导出的对象编组，选择"属性"面板底部的"添加导出标记"复选框。逐一将"主页 -1"画板中需要导出的元素编组，并添加导出标记，导出元素如图 7-130 所示。

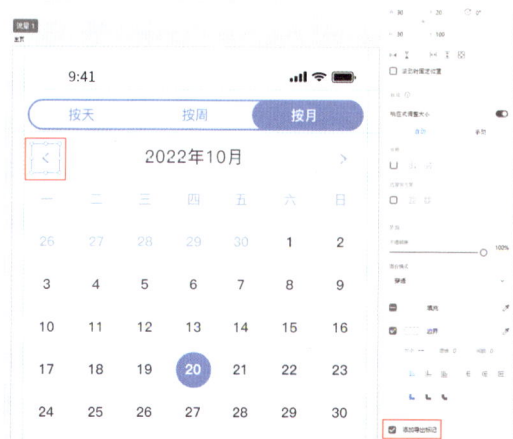

图7-129 添加导出标记

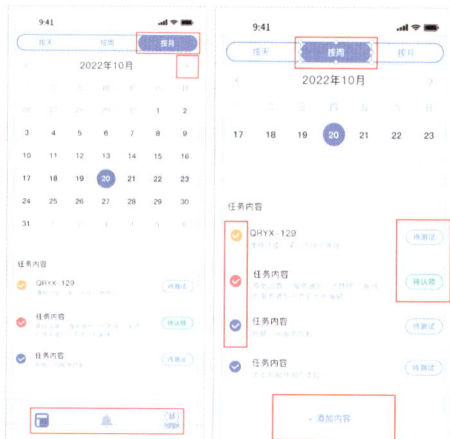

图7-130 导出元素

STEP 03 使用步骤 1 的制作方法，将"工作行程"画板中需要作为一款元素导出的对象编组，选择"属性"面板底部的"添加导出标记"复选框，导出元素如图 7-131 所示。

STEP 04 使用步骤1的制作方法，将"安排行程"画板中需要作为一款元素导出的对象编组，选择"属性"面板底部的"添加导出标记"复选框，导出元素如图 7-132 所示。

图7-131 导出元素

图7-132 添加导出标记

STEP 05 执行"文件 > 导出 > 批处理"命令，弹出"导出资源"对话框，各项参数设置如图 7-133 所示。

STEP 06 设置完成后，单击"导出"按钮。稍等片刻，即可完成导出操作，导出 3 种尺寸的切片资源，如图 7-134 所示。

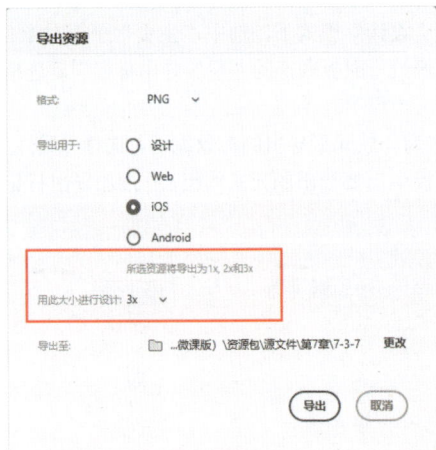

图7-133 "导出资源"对话框

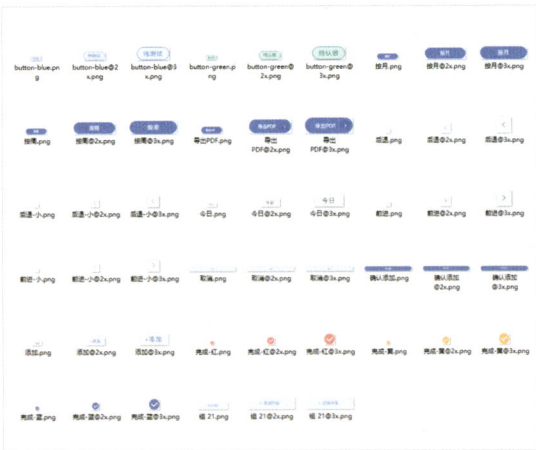

图7-134 输出切片资源

7.3.8 标注日历App

将日历App的切片资源输出后，接下来要对界面进行标注操作。标注对App界面开发人员来说是非常重要的，开发人员能否完美地还原设计稿，很大一部分取决于界面的标注。

◀)) **案例分析**

完成日历App的界面设计和切片输出后，需要开发人员编码完成最终的App项目。为了便于开发人员制作出与设计稿完全相同的界面，需要为最终完成的设计稿进行标注操作。本案例将使用PxCook完成界面的标注，标注效果如图7-135所示。

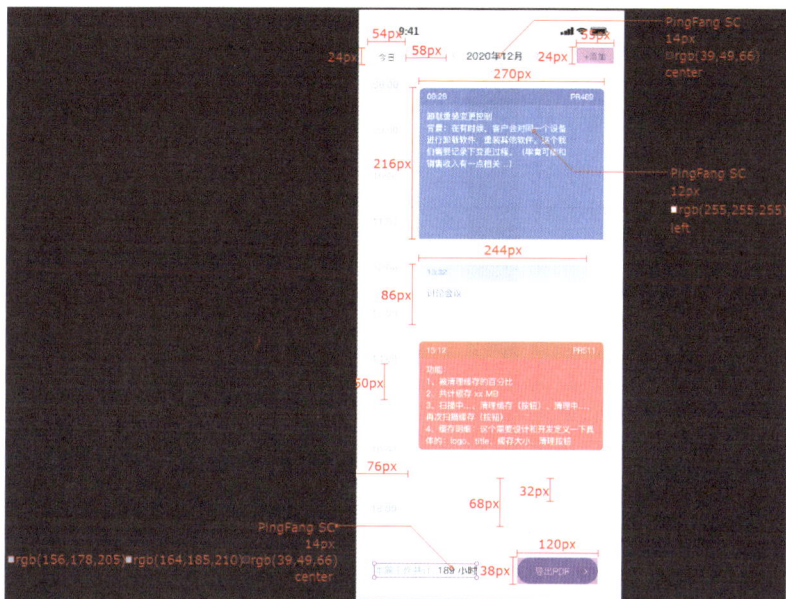

图7-135 完成标注的界面效果

🔊 制作步骤

源文件：资源包\源文件\第7章\7-3-8.pxcp

素材：无

技术要点：掌握【为iOS系统App界面添加标注】的方法

扫描观看视频

STEP 01 启动 Adobe XD 软件，打开"7-3-6.xd"文件。执行"文件 > 导出 >PxCook"命令，弹出"导入到项目"对话框，单击"新建项目"按钮，弹出"创建项目"对话框，各项参数设置如图7-136所示。

STEP 02 设置完成后，单击"创建项目"按钮，弹出"导入画板"对话框，选择"主页"、"工作行程"和"安排行程"画板的复选框，如图7-137所示。

图7-136 新建项目

图7-137 导入画板

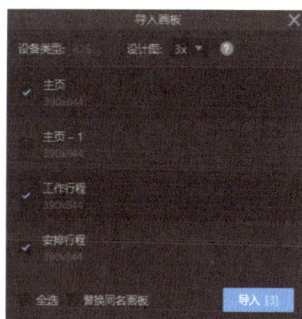

STEP 03 单击"导入"按钮，将选中画板导入到 PxCook 中。双击"主页"画板，进入"主页"画板。在软件顶部的标签栏中设置标注的各项参数，选中画板导航栏右侧的标题按钮，单击左侧工具箱中的"生成尺寸标注"按钮，标注效果如图 7-138 所示。

STEP 04 选中画板左上角的"后退"图标，单击工具箱中的"生成尺寸标注"按钮，为图标添加尺寸标注。单击左侧工具箱中的"距离标注"按钮，将"前进"图标与文本的距离标注出来。再次单击"距离标注"按钮将画板左右两侧的边距标注出来，如图 7-139 所示。

图7-138 生成尺寸标注

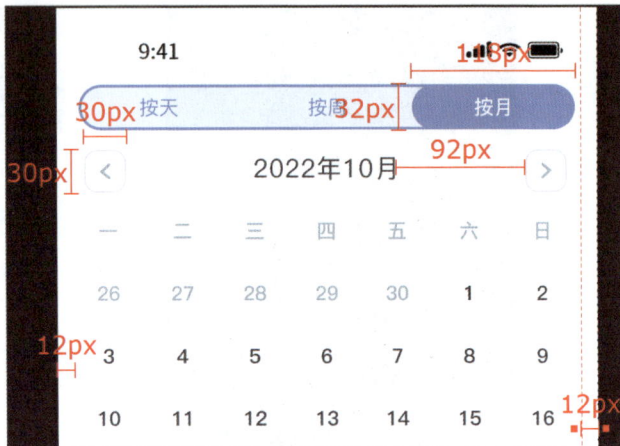

图7-139 标注距离

STEP 05 选中页面中的文本，单击"生成文本样式标注"按钮，为文本添加标注。选中其他文本，分别完成标注操作，效果如图 7-140 所示。

STEP 06 选中"待测试"图标，单击"生成区域标注"按钮，为图标添加标注。使用步骤3～步骤5的制作方法，为"主页"画板中的其余内容和其余画板添加标注，"主页"画板的标注效果如图 7-141 所示。

图7-140 标注文本

图7-141 "主页"画板标注效果